《煤矿安全规程》班组学习读本

掘进班组

国家安全生产监督管理总局信息研究院　组织编写

煤炭工业出版社

·北　京·

内　容　提　要

《煤矿安全规程》(以下简称《规程》) 班组学习读本为2016年版《规程》宣贯学习配套图书，本书是其中的一个分册。书中针对新版《规程》中涉及煤矿掘进班组日常管理、现场作业的条款，从条文解读、现场贯彻、事故教训3个方面进行了详细阐述。内容贴合实际，语言通俗易懂，形式清晰明了，便于煤矿掘进班组成员深刻领会、准确理解和掌握《规程》的精神实质和具体要求。

本书可作为煤矿掘进班组贯彻落实新版《规程》的学习用书，也可作为煤矿掘进从业人员安全培训的参考教材。

前　言

新版《煤矿安全规程》，于2016年2月25日以国家安全生产监督管理总局第87号令正式颁布，2016年10月1日起实行。

《煤矿安全规程》（以下简称《规程》）是国家指导煤矿安全生产、安全管理的主体规章，是国家关于煤矿安全生产方面的方针政策、法律法规的具体体现，是各类煤矿设计、建设、生产和管理必须遵循的安全行为准则，是各级煤矿安全监察机构、煤炭生产管理部门开展安全监察和行政执法的重要依据。历届煤炭行业主管部门和煤矿安全监察部门领导高度重视《规程》的制定和修订工作，1955—2004年先后对《规程》进行了8次修订。现行《规程》从2005年1月1日开始实行，至今已11年，其间经历了2006年、2009年、2010年、2011年4次局部修订，此次是对现行《规程》的全面修订，从修订原则、制定理念、架构设置、规定要求，到条文梳理、内容归属、行文措辞，均有较大变化。

保障煤矿安全生产和从业人员的人身安全与健康，防止煤矿事故与职业病危害，是新版《规程》制定的根本目的。要实现这个根本目的，煤矿生产从业人员必须认真学习《规程》条文、深刻领会其精神实质，使《规程》规定入脑入心，内化于心、外化于行。班组是企业的细胞，是组织职工从事生产劳动的基本单位，各项生产工作都要通过班组来具体落实，新版《规程》的宣贯落实也必须通过煤矿班组来实现。为此，我们组

织了数十位具有丰富实践经验的专家、培训中心教师，结合煤矿生产班组工作特点，编写了这套《〈煤矿安全规程〉班组学习读本》，以满足煤矿班组宣贯《规程》、培训班组成员的需要。

本套学习读本共有《采煤班组》《掘进班组》《通风班组》《机电班组》《运输班组》5个分册，分别针对新《规程》中涉及各煤矿班组日常管理、现场作业的条款，从条文解读、现场贯彻、事故教训3个方面进行分析和阐述，力图做到内容贴合实际，语言通俗易懂，形式清晰明了，便于煤矿班组成员深刻领会、准确理解和掌握《规程》的精神实质和具体要求。

本套读本的编写，得到了兖矿集团、山东能源新汶集团有限公司、平煤股份安培中心、平顶山工业职业技术学院、煤炭工业郑州设计研究院股份有限公司、陕西省安康市安监局等单位及相关人员的大力支持，在此表示衷心的感谢！

由于时间仓促，水平有限，书中不妥之处，恳请批评指正。

《〈煤矿安全规程〉班组学习读本》编委会

2016年3月

目　录

第一章 引 言

一、《煤矿安全规程》的作用及修订沿革

《煤矿安全规程》（以下简称《规程》）是国家指导煤矿安全生产、安全管理的主体规章，是国家关于煤矿安全生产方面的方针政策、法律法规的具体体现，是煤矿从业人员从事生产作业、安全管理最重要的行为规范，是各类煤矿设计、建设、生产和管理必须遵循的安全行为准则，是各级煤矿安全监察机构、煤炭生产管理部门开展安全监察和行政执法的重要依据。《规程》的颁布和实施，对于改善煤矿安全生产基本条件，提升煤矿安全工作水平和技术装备水平，防止煤矿事故与职业病危害，保障煤矿安全生产和从业人员的人身安全与健康，具有十分重要的现实意义。

随着人类社会的进步及科学技术文化的发展，人民大众及煤矿从业人员对生命意义的认识在不断加深，对生活品质的要求也在逐渐提高，因此，在不断提升煤矿生产力水平的同时，必须不断汲取和积累事故经验教训，适时修订、完善《规程》，以进一步指导煤矿安全生产工作，规范安全生产和管理行为，不断发展和提升煤矿的安全生产技术水平和管理水平。

从新中国成立之初颁布的《煤矿技术保安试行规程》，到现行的从 2005 年 1 月 1 日开始施行的《规程》(2004 年版)，煤炭行业主管部门和煤矿安全监察局对规程进行了 8 次全面修订，

共颁布实施了9部规程，即《煤矿技术保安试行规程》、《煤矿和油母页岩矿保安规程》（1955年）、《煤矿保安暂行规程》(1961年)、《煤矿安全试行规程》(1972年)，以及《规程》1980年版、1986年版、1992年版、2001年版、2004年版。现行《规程》(2004年版）从2005年1月1日开始实行，至今已11年，其间经历了2006年、2009年、2010年、2011年4次局部修订，此次是对现行《规程》的全面修订，从修订原则、制定理念、架构设置、规定要求，到条文梳理、内容归属、行文措辞，均有较大变化。

二、本次《规程》修订的目的及意义

为了适应煤炭行业快速发展和煤矿安全生产形势的需要，进一步加强煤矿安全技术支持力度，伴随新一轮煤炭产业结构的调整，对《规程》进行全面修订的时机已经成熟，从2013年10月开始，国家安全监管总局、国家煤矿安监局组织全国煤炭行业专家240余人对现行《规程》做了新中国成立以来的第9次全面修订。

此次《规程》全面修订基于以下5个方面的原因：

(1) 贯彻科学发展、安全发展、和谐发展的理念。这10余年间，我国经济总量已经跃居世界第二位，科技创新能力增强，技术进步速度加快，管理水平大幅度提升，特别是科学发展观和以人为本理念的逐步确立，科学发展、安全发展、和谐发展、清洁发展、节约发展更加深入人心，我国经济生活已经从计划经济时代的保障供给、保护财产为主，转变为以人为本、生命至上。2020年全面建成小康社会之时，煤矿的百万吨死亡率还要继续大幅度下降，才能跟上社会经济发展的步伐。

（2）体现和落实现行安全生产方针政策和法律法规。10余年来，国家对于煤矿安全生产法律法规体系的建设逐步完善，如2000年11月我国通过了《煤矿安全监察条例》，2002年6月29日颁布了《安全生产法》，并于2014年进行了修订。这些法律条例的要求，需要通过《规程》加以体现，才能在煤矿安全生产实践中得到具体执行和落实。另外，随着煤炭行业管理体制、机制的改革，顺应行政许可简化的要求，政府和企业的相关职能产生了新的变化，《规程》需要适时做出调整。

（3）衔接专业规章、标准。如2009年5月14日在《防治煤与瓦斯突出细则》基础上制定了《防治煤与瓦斯突出规定》，2013年8月29日又进行了修订；2009年9月21日，在现行的《矿井水文地质规程》和《煤矿防治水工作条例》的基础上，颁布了《煤矿防治水规定》，这些都是专业规章。随着煤炭工业10余年的发展和安全管理水平的提高，还制定和修订了200多部煤炭标准，这些规章、标准有的与《规程》不尽一致，甚至出现一些矛盾、“打架”现象，在某些地区，还存在现场工作超前与《规程》要求滞后的矛盾，因此需要对《规程》进行修订，以更好地与相关技术标准或规范相衔接。

（4）解开制约煤矿生产力进步的桎梏。近年来，随着煤炭工业的高速发展，生产技术的创新、科技装备水平的提高、安全管理的加强，很多重大的、成熟的且被业内广泛认可的工艺和技术极大地提升了煤矿的生产能力和安全保障能力，解放了煤矿生产力（如井下无人值守工作面、矿井辅助运输技术、露天矿吊斗铲和抛掷爆破以及先进的短壁式采煤法、房柱式采煤法等），这些都需要借《规程》修订得以推广和规范；另一方面，一批不符合煤矿安全生产要求的技术、工艺、装备已经明

显跟不上安全生产要求和科技进步的节奏，这些也需要通过《规程》修订来加以严格限制或逐步淘汰。

（5）纳入近年来积累的事故教训和监察管理经验。近年来发生的一些煤矿事故，尤其是重特大事故，暴露出煤矿在安全生产和技术管理方面仍存在一些漏洞和不合理因素，如大工作面套小工作面，近距离双井筒出煤、多井筒出煤、风井出煤，多段长距离暗斜井开拓等钻空子现象。因此要全面总结煤矿安全监察工作的经验，汲取事故教训，查缺堵漏，根据实际情况，对现行《规程》中的一些技术要求和管理规定做出适当的变更。

此次《规程》修订，始终坚持目标导向和问题导向，强化安全生产红线意识和底线思维，遵循“增强预防性，体现科技进步，保持稳定性，注重可操作性、可执行性和可检查性，突出权威性”的修订原则，系统总结了近年来发生的各类煤矿事故教训，参考了世界主要产煤国煤矿安全有关规定、国务院发布的有关文件、各地各企业提出的意见汇总分析等，更好地反映了煤矿安全生产的客观规律，体现了科学办矿、依法办矿、严格准入和过程控制的精神，体现了我国煤矿先进生产力水平和科技装备发展的最新成果，有利于促进煤炭行业转型升级，有利于改善煤炭工业技术面貌，有利于提升煤矿企业安全保障能力，有利于煤炭工业持续健康发展。

三、学习《规程》与煤矿班组安全管理

班组是企业的细胞，是在劳动分工的基础上，把生产过程中相互协同的同工种工人、相近工种或不同工种工人组织在一起，从事生产活动的一种组织，是企业分级管理不可缺少的最基层单位。煤矿生产班组一般是根据区队生产任务、工艺要求、

工作场地以及管理的需要来设置的，一般分为两种类型：生产班组和非生产班组。这里所说的班组，主要指生产班组，如采煤班组、掘进班组、机电班组、通风班组、运输班组等。煤矿企业的各项生产任务、安全管理工作都要通过这些基层单位来落实，只有抓好班组安全管理，使“安全第一、预防为主、综合治理”的方针和企业的各项安全工作真正落实到班组，企业安全生产的基础才会牢固。

切实保障煤矿安全生产和从业人员的人身安全与健康，搞好煤矿企业的安全生产工作和安全管理工作，必须从煤矿班组抓起，重点要做好以下几个方面的工作：

（1）牢固树立“安全第一”的思想。必须让班组成员充分认识到安全的重要性，真正明白安全与效益、安全与生产，以及安全与个人身体健康、安全与家庭幸福之间的关系，牢固树立“安全第一”的思想理念，自觉遵守各项规章制度。

（2）坚持班组安全培训教育。班组全员安全培训教育是搞好班组安全管理的基础。应针对本班组生产实际和职工的作业安全需求，采取集中与分散、班前会、专业会、脱产送培等多种形式，学习企业安全规章、《安全生产法》《规程》等法规，分析典型经验或事故案例，对要害岗位、特种作业人员、新上岗或换岗人员进行经常性安全业务和操作技能培训，不断增强职工自保、互保和联保责任意识，提高处理和防范事故能力和自我保护能力，从而避免和杜绝各类事故发生。

（3）严格执行安全生产责任制。安全生产责任制是企业各项安全生产规章得以实施的基本制度，是把安全与生产、安全与管理、安全与各项工作，从组织领导上、职能部门职责上、班组工作上达到目标一致，把“安全第一，预防为主，综合治

理”方针和“管生产必须管安全”原则落到实处的一项制度，只有严格执行才能确保做到安全生产事事有人管，层层有专责，领导和班组分工协作。

(4) 抓好现场管理。生产现场是班组利用生产资料按照一定的生产工艺作业的场所。每个生产现场所分担的任务，都是企业生产总任务和总目标的一部分。搞好现场安全管理，必须把影响安全生产的主要因素有机地结合起来，使生产现场按预定的目标生产。因此，班组安全管理的重点在现场。

每次《规程》的制定和修订，煤炭行业主管部门和煤矿安全监察部门都要花费大量的人力物力，组织众多的煤炭行业顶级专家学者，在进行大量现场实际调查研究和专题调研的基础上，参考国外的先进做法，总结分析历次煤矿事故的经验教训，分析各地各企业提出的意见，经过数十次的讨论研究，对规定条款进行逐一仔细地修改更新，在报经相关管理部门认真审定批准后才得以颁布实施。从某种意义上讲，这部煤矿安全生产的主体规章，凝聚了几代煤炭人的智慧和心血，是前辈煤炭人用鲜血和生命换来的，承载着党和人民的关怀和嘱托。

新版《规程》第一条明确指出，保障煤矿安全生产和从业人员的人身安全与健康，防止煤矿事故与职业病危害，是本规程制定的根本目的。这一根本目的得以实现的前提，是《规程》规定得到贯彻落实。煤矿班组是煤矿企业的最基层组织，战斗在最前沿，是煤矿生产现场落实《规程》规定的最基本单位。煤矿班组认真学习贯彻《规程》，对遏制重大、特大事故，保护职工安全和健康，保证国家资源和财产不受损失，确保煤矿安全状况稳定好转具有非常重要的意义。

“安全是最大的效益，安全是职工最大的福利”这是经验的

总结。但是安全不能仅仅写在书上，贴在墙上，拿在手上，而更应该记在每个人的心里，因此，煤矿班组必须加强学习，实行集体学习与个人学习相结合，做到自觉学、挤时间学、联系实际学、联系工作学，通过认真的学习，努力掌握本工种及和本工种相关的业务知识，领会《规程》实质，指引自己工作，保障矿井安全，也就意味着保障了自己的安全。

第二章　总　　则

第一条　为保障煤矿安全生产和从业人员的人身安全与健康，防止煤矿事故与职业病危害，根据《煤炭法》《矿山安全法》《安全生产法》《职业病防治法》《煤矿安全监察条例》和《安全生产许可证条例》等，制定本规程。

条文解读

我国绝大多数煤矿是井工开采，井下生产条件复杂、自然灾害严重、作业环境艰苦，劳动强度较大，导致我国煤矿受安全事故、人身伤亡、职业病危害困扰的局面依然严峻。为此，根据煤矿生产特点和具体条件，以及对安全生产的具体要求，制定保障煤矿从业人员人身安全与健康的《规程》，运用法律的形式来规范约束人的行为和技术标准，使其具有强制性效力。

《规程》是以《安全生产法》《职业病防治法》《煤炭法》《矿山安全法》《煤矿安全监察条例》和《安全生产许可证条例》为依据制定的。它是我国安全生产法律法规体系中一部重要的行政法规，也是我国煤矿管理方面较为全面、权威和具有可操作性的一部基本规程，具有权威性、强制性、实用性、规范性，煤矿企业必须遵守。

第二条　在中华人民共和国领域内从事煤炭生产和煤矿建设活动，必须遵守本规程。

条文解读

本条是对《规程》适用范围的规定。

中华人民共和国领域包括领土和领海，凡是在这个范围内从事煤炭生产和煤矿建设活动的煤矿企业，都必须遵守《规程》的规定。

第三条　煤炭生产实行安全生产许可证制度。未取得安全生产许可证的，不得从事煤炭生产活动。

条文解读

本条是关于煤矿企业必须遵守法律法规和煤炭生产实行安全生产许可证制度的规定。

煤矿企业作为高危行业，井下工作环境特殊，作业条件艰苦，情况复杂多变，在生产过程中存在着许多不安全因素和诸多不可控因素，稍有疏忽，就可能导致安全事故发生，轻者影响生产，重者造成机毁人亡，甚至引发威胁全矿井安全的重大灾害。

正因为如此，规程特别规定煤炭生产与煤矿建设活动实行安全生产许可证制度，未取得安全生产许可证的，不准从事该项活动，就是为了确保煤矿从业人员的人身安全与健康，保证煤矿安全生产，防止煤矿事故与职业病危害的发生。

第四条　从事煤炭生产与煤矿建设的企业（以下统称煤矿企业）必须遵守国家有关安全生产的法律、法规、规章、规程、标准和技术规范。

煤矿企业必须加强安全生产管理，建立健全各级负责人、各部门、各岗位安全生产与职业病危害防治责任制。

煤矿企业必须建立健全安全生产与职业病危害防治目标管理、投入、奖惩、技术措施审批、培训、办公会议制度，安全检查制度，事故隐患排查、治理、报告制度，事故报告与责任追究制度等。

煤矿企业必须建立各种设备、设施检查维修制度，定期进行检查维修，并做好记录。

煤矿必须制定本单位的作业规程和操作规程。

条文解读

本条是关于煤矿企业必须加强安全生产管理的规定。

煤矿企业有权依照法律、法规的规定从事煤炭生产与煤矿建设活动，但必须依照法律、法规的规定，履行相应义务，这包括遵守国家有关安全生产的法律、法规、规章、规程、标准和技术规范，保证安全生产。

煤矿安全管理制度主要包括安全生产责任制度、安全目标管理制度、安全奖惩制度、安全技术措施审批制度、安全隐患排查制度、安全检查制度、安全办公会议制度和各种设备、设施检查维修制度等。这些制度都是为了预防煤矿事故而制定的，也能为分析事故提供依据。为此，煤矿企业必须以制度的形式加以规范，并以强制力保证它的实施。

安全生产责任制度是对各级领导干部、职能部门和各类人员所制定的，在他们各自的职责范围内，对安全生产应负的责任进行界定，它是根据“管生产必须管安全”的原则制定的，是所有安全管理制度的核心。所有安全管理制度中的要求，只有通过安全生产责任制才能具体分解落实到各岗位的工人、班组长、各级干部、职能部门及其他工作人员身上。明确责任，

分工负责，才能形成完整有效的安全管理体系，再通过安全生产责任制度的落实，从源头上消除安全隐患，从制度上预防煤矿事故的发生。

煤矿企业必须确保设备性能稳定、设施运行良好，实现安全高效生产。随着煤矿采掘机械化程度不断提高，电气设备的使用量也越来越多，对安全生产的影响也越来越大。据统计，因电火花引发瓦斯、煤尘爆炸的事故比例较大，而产生电火花的主要原因是对井下防爆电气设备使用和维护不当造成的。此外，保留设备记录是查找事故发生原因，追究事故责任的重要依据。

第五条　煤矿企业必须设置专门机构负责煤矿安全生产与职业病危害防治管理工作，配备满足工作需要的人员及装备。

条文解读

本条是对煤矿企业设置安全生产机构和人员、装备配备的规定。

有些煤矿企业的安全生产与职业病防治是两个机构分别进行管理的，这样易造成重安全生产、轻职业病防治的现象。为消除这种漠视职业病防治的现状，规程要求煤矿企业必须设置专门机构负责煤矿安全生产与职业病危害防治管理工作，将职业病防治工作放在与安全生产同等重要的位置，这既有利于职业病防治，又有利于从业人员的人身安全与健康，还能将党和国家倡导的以人为本的治国理政的理念贯彻落实到具体的社会实践中去。

第六条　煤矿建设项目的安全设施和职业病危害防护设施，必须与主体工程同时设计、同时施工、同时投入使用。

条文解读

本条是对煤矿建设项目的安全设施和职业病危害防护设施的规定。

煤矿建设单位是建设项目、安全设施和职业病危害防护设施建设的责任主体，在建设项目可行性论证阶段前期必须自行判定或者聘请专家判定该建设项目是否可能产生对从业人员的人身安全造成伤害和产生职业病危害，并编制安全生产设施设计与职业病危害防护设施设计方案，确保煤矿建设项目的安全设施和职业病危害防护设施与主体工程同时设计、同时施工、同时投入使用，从源头上保护从业人员的人身安全与健康，并有效控制职业病危害的发生，切实维护劳动者的生命健康权益。安全设施和职业病危害防护设施所需费用应纳入建设项目工程预算。

第七条　对作业场所和工作岗位存在的危险有害因素及防范措施、事故应急措施、职业病危害及其后果、职业病危害防护措施等，煤矿企业应当履行告知义务，从业人员有权了解并提出建议。

条文解读

本条是对煤矿企业及从业人员关于危险有害因素权利和义务的规定。

危险因素是指能对人造成伤亡或对物造成突发性损害的因素。有害因素是指能影响人的身体健康、导致疾病或对物造成慢性损害的因素。危险因素在时间上比有害因素来得快、来得突然，造成的危害性比后者严重。

煤矿企业应当履行危险有害因素及防范措施、事故应急措施、职业病危害及其后果、职业病危害防护措施等因素的告知义务。煤矿企业只有将上述内容如实告知从业人员，才能提高从业人员的安全防范意识和职业病防护意识，主动进行安全防护，积极应对危险因素，这既有利于煤矿企业的安全生产，又能保障从业人员的人身安全与健康，一旦发生意外事故可有效进行安全救援或逃生。

同时，煤矿企业还应对从业人员进行上述内容和相关知识的培训教育，提高从业人员的安全意识和自保意识，让其自觉遵守规章制度，在遇到危险因素时搞好安全防范，遇到职业危害时搞好职业防护。

从业人员有权拒绝违章指挥和强令冒险作业，在发现直接危及人身安全的紧急情况时，有权停止作业或者在采取可能的应急措施后撤离作业场所；有权对本单位的安全生产工作提出建议，对存在的问题提出批评、检举和控告。

☞ 现场贯彻

煤矿企业在新职工入职时，首先要进行岗前安全培训学习，对煤矿井下工作现场存在的瓦斯、煤尘等危险有害因素，如实告知新入职的职工，要特别强调打栅栏、设警示标志的危险区域严禁入内；还要学习安全防范措施，让新入职的职工学会自保；同时，对职业病的危害及防护措施进行学习，以增强职工的职业病防护意识。

在日常工作中，基层单位应将安全生产中存在的危险、危害因素和职业病的危害及防护措施等知识，经常利用班前、班后会和安全技术学习日等时间进行学习培训。一旦工作中遇到重大安全隐患、危险有害因素时，基层值班领导或负责人应在班前或班后会着重讲解存在哪些危险因素，应采取哪些防范措施进行安全防范，让工人在作业现场自觉采取防范措施，主动搞好安全防范工作。

同时，基层单位还要经常利用区队培训学习时间，定期对危险有害因素和职业病危害及防护知识和技术进行专题培训学习，并组织考试，着重宣贯危险有害因素有哪些危害，一旦遇到危险情况应如何进行预防和应对，以强化职工的安全防范意识；将职业病危害及防护措施纳入安全培训学习的重点，以增强职工的职业病防护意识，自觉消除产生职业病危害的致病粉尘源，从源头上做好职业防护工作。

另外，在采掘工作面禁止干打眼、作业不洒水消尘。一旦出现干打眼、不洒水消尘而产生职业病危害时，从业人员首先要做好职业防护，并及时制止这种违章作业行为，还可根据作业现场存在的危险因素、职业危害等情况，提出自己的意见和建议，保证安全生产，确保自身的人身安全。

第八条　煤矿安全生产与职业病危害防治工作必须实行群众监督。煤矿企业必须支持群众组织的监督活动，发挥群众的监督作用。

从业人员有权制止违章作业，拒绝违章指挥；当工作地点出现险情时，有权立即停止作业，撤到安全地点；当险情没有得到处理不能保证人身安全时，有权拒绝作业。

从业人员必须遵守煤矿安全生产规章制度、作业规程和操作规程，严禁违章指挥、违章作业。

条文解读

本条是关于安全生产与职业病危害防治工作实行群众监督和从业人员在安全生产方面权利的规定。

群众监督是指工会组织代表从业人员，依法组织职工参加企业的民主管理和民主监督，维护职工在安全生产方面的合法权益。工会对违反安全生产法律、法规，侵犯从业人员合法权益的行为，有权要求纠正；发现安全生产工作中存在违章指挥、强令冒险作业或者发现重大安全隐患时，有权提出解决问题的建议；发现危及职工生命安全的情况时，有权建议并组织职工撤离危险场所；有参加安全生产事故调查处理，向有关部门提出处理意见，并要求追究有关人员责任的权利。企业制定或者修改有关安全生产的规章制度，应当听取工会的意见等。

煤矿企业是职业病危害防治的责任主体，应按照源头治理、科学防治、严格管理、依法监督的要求开展工作。井工煤矿在进行开掘和炮采作业时，必须采用湿式钻眼；采掘头面采煤机和掘进机作业时，必须使用内、外喷雾装置，并在采、掘回风侧分别安设至少 2 道自动控制风流净化水幕。每年进行一次作业场所职业病危害因素检测，每 3 年进行一次职业病危害现状评价，并将日常监测、检测、评价、落实整改情况存入本单位职业卫生档案。

违章作业是指违反规章制度、作业措施和规程规定，冒着危险进行作业的行为；违章指挥是指管理人员违反国家关于安全生产的法律、法规和有关安全规程、规章制度和作业措施的规定，强令从业人员冒着危险进行作业的行为。违章作业、违章指挥都违反了“安全第一”的方针，侵犯了从业人员的合法

权益，是严重的违法行为，也是直接导致煤矿安全事故发生的重要原因。因此，规定从业人员有权制止违章作业，拒绝违章指挥，对于维护煤矿正常生产秩序，有效防止煤矿安全事故发生，保护从业人员人身安全，具有十分重要的意义。

从业人员一旦遇到危及自身安全的险情时，如瓦斯超限、煤与瓦斯突出等情况，如果继续作业，不及时撤到安全地带，就可能因为发生瓦斯爆炸或煤与瓦斯突出事故，造成重大人员伤亡。本条赋予从业人员在险情没有得到排除的情况下停止作业，及时撤离到安全地点的权利，对保障从业人员的生命安全十分重要。

☞ 现场贯彻

(1) 群众监督是《安全生产法》规定的工会在安全生产方面的监督职责。工会应组织职工认真学习《安全生产法》等法律法规知识，履行工会在安全生产方面的监督职能，维护从业人员的合法权益。

(2) 煤矿主要负责人、职业卫生管理人员都应接受职业病危害防治培训，具备煤矿职业病防治卫生知识和管理能力；从业人员上岗前应接受职业病危害防治培训，提高思想认识，增强职业病防护意识；矿井采掘作业时要禁止干打眼和干式作业，降低并控制产生职业病危害的致病粉尘源等。

(3) 从业人员应认真学习安全生产法律法规知识，做到知法懂法，行使并维护好自己的合法权利，遵章守纪，不违章作业，拒绝违章指挥。

(4) 从业人员应加强煤矿安全知识和业务技能的学习，努力提高业务能力及安全意识，能及时研判并预见即将发生的危

及自身安全的险情，及时采取防范和应对措施，最终撤离到安全地点。一旦遇到危及自身安全的险情，职工有权在这些险情没有得到排除的情况下停止作业，并及时撤离到安全地点。

第九条　煤矿企业必须对从业人员进行安全教育和培训。培训不合格的，不得上岗作业。

主要负责人和安全生产管理人员必须具备煤矿安全生产知识和管理能力，并经考核合格。特种作业人员必须按国家有关规定培训合格，取得资格证书，方可上岗作业。

矿长必须具备安全专业知识，具有组织、领导安全生产和处理煤矿事故的能力。

条文解读

本条是对煤矿企业从业人员进行安全教育和培训的规定。

安全教育和培训是对煤矿企业安全管理人员、班组长、特种作业人员和从业人员提高综合安全素质的一种手段，是煤矿安全管理的重要组成部分，也是确保煤矿安全生产的基础性工作。

安全教育和培训是实现安全生产的一项重要的基础性工作，只有经过安全教育和培训，才能掌握必要的安全生产知识，提高安全生产技能，提升安全责任意识，增强事故预防及应急处理能力，才能自觉贯彻执行“安全第一、预防为主、综合治理”的方针和安全生产法律、法规，自觉遵守安全生产规章制度和“三大规程”，这是煤矿从业人员应当具备的基本素质。因此，安全教育和培训的基本内容应包括安全意识、安全知识和安全技能教育这3个方面的培训。

由于煤矿井下作业环境比较特殊，危害因素较多。因此，国家对煤矿企业可能引发事故的岗位和工种非常重视。《矿山安全法》第26条规定："矿山企业安全生产的特种作业人员必须接受专门培训。"因操作的设备、操作的内容等具有较大的危险性，容易对其本人、他人以及周围设施的安全造成重大危害，因此，应对特种作业人员加强培训，严格考核，要求其持证上岗，这对保障安全生产，防止和减少煤矿企业重特大事故的发生十分重要。

班组长作为兵头将尾是煤矿企业班组安全生产活动的直接组织者，是各项安全法律法规、各项规章制度和作业措施及规程规定的直接执行者，其行为方式和管控能力对从业人员的违章作业、对跟班干部的违章指挥，将直接起到阻止制约或默认放纵的作用，这事关煤矿企业安全生产和职业病危害的产生及应急防范措施的实施。为此，应加强班组长的培训和学习，特别要通过举办班组长专题培训班，提高班组长的业务能力和职业技能及安全责任意识，才能发挥出班组长应有的中流砥柱作用。

第十条　煤矿使用的纳入安全标志管理的产品，必须取得煤矿矿用产品安全标志。未取得煤矿矿用产品安全标志的，不得使用。

试验涉及安全生产的新技术、新工艺必须经过论证并制定安全措施；新设备、新材料必须经过安全性能检验，取得产品工业性试验安全标志。

严禁使用国家明令禁止使用或淘汰的危及生产安全和可能产生职业病危害的技术、工艺、材料和设备。

条文解读

本条是对涉及安全生产产品的安全标志和试验涉及安全生产新技术等的规定。

煤矿矿用产品安全标志是确认煤矿矿用产品符合行业安全标准，准许生产单位出售和用户使用的凭证。产品安全标志由安全标志证书和安全标志标识两部分组成，它由国家煤矿安全监察局统一监制。

凡是煤矿所使用的涉及安全生产的产品，必须符合国家安全标准或者行业标准，由国家煤矿安全监察局统一监制并颁发安全标志。禁止购置、使用无安全标志的设备设施和产品。

煤矿企业试验涉及安全生产的新技术、新工艺、新设备、新材料，不应盲目使用，因为它们的安全性能没有得到实践检验，对如何加以控制，往往了解不多，认识不足，若没有采取有效的安全措施，易造成安全事故。

国家安全监管总局、国家煤矿安监局发布的禁止井工煤矿使用的设备及工艺目录已有四批，这些技术、工艺、材料和设备不符合国家有关法律法规规定、安全性能低下、危及安全生产、危及从业人员生命安全、可能产生职业病危害。因此，煤矿企业严禁使用已淘汰的危及生产安全和可能产生职业病危害的技术、工艺、材料和设备。

第十一条　煤矿企业在编制生产建设长远发展规划和年度生产建设计划时，必须编制安全技术与职业病危害防治发展规划和安全技术措施计划。安全技术措施与职业病危害防治所需费用、材料和设备等必须列入企业财务、供应计划。

煤炭生产与煤矿建设的安全投入和职业病危害防治费用提

取、使用必须符合国家有关规定。

条文解读

本条是关于编制煤矿生产建设长远发展规划和年度生产建设计划的规定。

安全技术发展规划是指根据生产建设发展的需要所采取的安全技术措施。安全技术措施计划是根据安全技术发展规划和针对生产中存在的重大安全问题和职业危害而制定的年度计划。

为了使煤矿安全工作随着生产建设的发展，逐步走向正常的安全工作秩序，创建安全健康的劳动条件，克服重产量轻安全的思想，为此，煤矿企业在编制生产建设长远发展规划和年度生产建设计划时，必须同时编制安全技术与职业病危害防治发展规划和安全技术措施计划。

安全投入和职业病危害防治费用提取是保障煤矿企业具备安全生产条件和从业人员安全健康工作必备的物质基础。改善劳动条件，提高矿井抗灾能力，必须有一定的资金作保障。因此，煤矿企业有必要设立安全技术措施专项资金，并列入财务、供应计划，专项存储，统筹使用。

第十二条　煤矿必须编制年度灾害预防和处理计划，并根据具体情况及时修改。灾害预防和处理计划由矿长负责组织实施。

条文解读

本条是关于编制矿井灾害预防和处理计划的规定。

矿井灾害预防和处理计划是为了防止煤矿灾害的发生和灾害一旦发生应及时进行处理而预先制定的抢险救灾方案或预案，

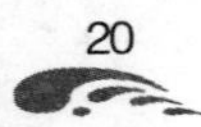

是煤矿生产建设活动中必不可少的安全管控措施。同时，煤矿企业应按照方案，组织救灾实战演习，对演习中暴露出来的问题和漏洞，立即进行整改，逐步完善，以增强方案的针对性、有效性、可操作性和实用性。

第十三条 入井（场）人员必须戴安全帽等个体防护用品，穿带有反光标识的工作服。入井（场）前严禁饮酒。

煤矿必须建立入井检身制度和出入井人员清点制度；必须掌握井下人员数量、位置等实时信息。

入井人员必须随身携带自救器、标识卡和矿灯，严禁携带烟草和点火物品，严禁穿化纤衣服。

条文解读

本条是对入井人员安全行为和入升井制度的规定。

个体防护用品是指在生产劳动过程中使劳动者免遭或减轻事故和职业危害因素的伤害而提供的个人保护用品，直接对人体起到保护作用。

入井（场）人员不戴安全帽，不穿带有反光标识的工作服，不随身携带自救器、定位标识卡和矿灯，携带烟草和点火物品入井，入井前喝酒、穿化纤衣服入井等违规行为，都是导致安全事故发生的危险因素。特别是人员入井（场）前喝酒，往往神志不清，精力不集中，工作中易出现偏差和失误，这是致使安全事故发生的重大诱因。

入井检身制度是对入井人员违规行为所采取的重要防范措施之一，从“入井”源头抓起，杜绝危险源入井。实施入升井人员清点制度，既是考勤的需要，也是针对井下一旦发生事故，便于查询人员下落，进行应急救援。为及时掌握井下工作人员

的动态分布及作业情况，随时了解其位置及活动轨迹，入井人员必须随身佩带定位标识卡。

携带烟草和点火物品入井，易引发火灾事故，一旦遇到瓦斯或煤尘超限，可能引起瓦斯、煤尘爆炸；还可能引爆电雷管，造成火灾事故，这都会对人体造成伤害。当发生火灾、瓦斯爆炸事故时，会产生大量有毒有害气体，易造成人员窒息或中毒。因此，入井人员必须随身携带自救器，还要会正确使用。

☞现场贯彻

（1）煤矿企业在岗前培训时，应对入井常识和自救器的使用进行学习培训。

（2）基层单位应经常利用班前、班后会和安全技术学习日，组织入井（场）人员学习安全生产常识并进行考试，以此规范入井（场）人员的行为。

（3）井口安检人员要认真履行岗位职责，对入井（场）人员入井前进行严格检查，杜绝危险源入井。

第十四条　井工煤矿必须按规定填绘反映实际情况的下列图纸：

（一）矿井地质图和水文地质图。

（二）井上、下对照图。

（三）巷道布置图。

（四）采掘工程平面图。

（五）通风系统图。

（六）井下运输系统图。

（七）安全监控布置图和断电控制图、人员位置监测系统图。

（八）压风、排水、防尘、防火注浆、抽采瓦斯等管路系统图。

（九）井下通信系统图。

（十）井上、下配电系统图和井下电气设备布置图。

（十一）井下避灾路线图。

条文解读

本条是关于井工煤矿填绘图纸的规定。

矿图是反映煤矿企业生产建设工程相互位置和相互关系的图纸，它是根据地面和井下（坑下）测量结果，按一定的比例尺和国家统一规定的图例、符号绘制而成的。生产矿井必备的图纸主要有两大类，即矿井测量图和矿井地质图。

矿井测量图是根据地面和井下实际测量的资料绘制的，并随采掘进度不断变化、逐步测量并填绘的图纸。它主要反映矿井井底的地貌、地物情况；井下各条巷道的空间位置关系；每层产状和各种物质构造；井下采掘工作面及井上下相对位置关系等情况。

矿井地质图是指在矿井测量图的基础上，将生产过程中收集的地质资料和原有的勘探资料，经过分析推断绘制的图纸。主要反映矿井煤层的产状、地质构造、地形地质、水文地质、每层空间分布等情况。

煤矿企业无论是管理人员、工程技术人员或是班组长、工人都要会借助图纸了解矿井地质构造变化和工程进展等信息，并根据图纸提前了解诸如透水、地质构造变化等情况，为基层和生产班组及早采取应对措施，超前搞好安全防范提供重要依据，目的是规避风险、确保安全生产。

现场贯彻

（1）煤矿企业技术管理部门和基层技术负责人，应组织工人特别是班组长学习看图、识图等方面的知识和技术，为基层和班组利用好矿图搞好安全生产创造必要条件。

（2）建立制图、绘图、审图和执行情况的检查制度。

（3）对测量、绘图人员进行培训学习，提高他们的图纸意识和绘图技能，确保图纸及时填绘，准确无误。

第十六条　井工煤矿必须制定停工停产期间的安全技术措施，保证矿井供电、通风、排水和安全监控系统正常运行，落实 24 h 值班制度。复工复产前必须进行全面安全检查。

条文解读

本条是关于井工煤矿必须制定停工停产和检修期间的安全技术措施的规定。

矿井检修包括定期检修和因故停工检修。若是因故停工，必定是存在重大安全隐患，这时稍有不慎将会引发灾难性后果；若是定期进行停产检修，则所检修的设备设施，都是牵一发而动全身的重大关键性设备设施，一旦发生意外，将酿成重大安全事故。因此，无论是停产停工或是进行矿井检修，都必须制定安全技术措施。

复产复工前必须先进行全面安全检查，因为，采掘头面特别是掘进工作面，一旦停风势必造成瓦斯集聚或超限等异常情况，若不进行安全大检查，而贸然进行生产，这些重大安全隐患必然对矿井安全生产构成严重威胁，甚至会引发重大安全事故。为此，复产复工前必须进行全面安全检查。

☞ 现场贯彻

（1）停产停工或检修期间，凡参与检修的各个单位、各班组，必须要先组织学习贯彻煤矿停产停工或检修期间的安全技术措施，并严格执行停产停工或检修措施。

（2）机电维修工、开泵工、变电所配电工，必须按要求实行盯岗作业，坚持 8 h 工作制，并严格执行现场交接班制度。班组长要加强班中巡回检查，重要岗位要亲自盯岗，并对设备认真检查，保证设备安全运行。

（3）跟班安全检查员和瓦斯检查员，要严格执行巡回安全检查制度，除对原检查地点进行正常瓦斯检测（每班检查不少于一次外），对采掘头面等各地点，如掌子头、采面上隅角和下隅角、支架边缘、顶板等处的瓦斯浓度也要进行认真检查，发现问题要及时处理，不能处理的要及时向矿调度室汇报。

（4）认真观测井下各盲巷、密闭及采面上隅角等地点的瓦斯和一氧化碳浓度及温度变化情况，发现问题及时向矿调度室汇报，并认真做好记录。

（5）地面监控系统值班人员、维检人员要坚守工作岗位，坚持 8 h 值班工作制度，严格执行交接班制度，实时对瓦斯监控系统进行监控，保障瓦斯监控系统 24 h 不间断正常运行；要认真观察井下各地点瓦斯、一氧化碳、风速、风压、温度、风门开启等传感器的情况变化，发现问题及时向值班领导汇报。

（6）矿井停产检修期间，保持原通风系统正常通风；各检修单位的检修人员特别是班组长要严格按照检修审批技术措施进行检修，保证各个检修部位的检修质量。矿领导在停产检修

整顿期间必须在矿坚持 24 h 值班，随时掌握井下各地点情况变化，确保矿井停产检修期间的安全。

(7) 复产复工前必须先进行安全大检查，凡发现采掘头面瓦斯超限等异常情况，特别是掘进工作面瓦斯超限时，要先进行通风。排放掘进工作面的瓦斯超限时，需要安全检查员、瓦斯检查员、救护队员都盯在现场，防止发生意外事故；要先启动掘进工作面局部通风机，采用逐节风筒通风的办法来稀释和排放瓦斯，在消除瓦斯超限等危险因素后，才能给采掘工作面送电。禁止排放瓦斯“一风吹”。

第十七条　煤矿企业必须建立应急救援组织，健全规章制度，编制应急救援预案，储备应急救援物资、装备并定期检查补充。

煤矿必须建立矿井安全避险系统，对井下人员进行安全避险和应急救援培训，每年至少组织1次应急演练。

条文解读

本条是关于煤矿企业应急救援和安全避险的规定。

应急救援预案是针对可能发生的安全事故，为迅速有序地展开应急行动、降低人员伤亡和经济损失而预先制定的计划或方案。

煤矿企业必须建立应急救援组织，健全规章制度，编制应急预案，储备应急救援物资、装备并定期进行检查和补充，目的是为了保障企业员工和公众的生命安全，有效控制并处理煤矿重特大事故，最大限度减少煤矿事故造成的人员伤亡和财产损失。

煤矿应急避险系统是预防事故以及事故发生时开展自救互

救、紧急避险而达到减少伤亡目的的重要技术保障。煤矿应建立应急救援演练制度，科学制定避灾路线，编制应急救援预案，每年组织开展一次“六大系统”应急避险和应急救援联合演练。加强入井人员培训，使其熟悉躲避各种灾害的避灾路线，以便在煤矿突发灾害事故时，能够正确地使用应急避险装置和设施。

第十八条　煤矿企业应当有创伤急救系统为其服务。创伤急救系统应当配备救护车辆、急救器材、急救装备和药品等。

条文解读

本条是关于煤矿企业建立创伤急救系统的规定。

煤矿创伤急救系统一般包括急救指挥、急救通信、急救运输、急救医疗和急救培训。煤矿创伤急救系统应能随时启动，对负伤人员进行创伤急救，最大限度地减少人员伤亡。为适应创伤急救工作的需要，应对创伤急救人员进行相关培训和必要的演练，确保煤矿发生事故时，能够立即投入到创伤急救工作中去。急救车辆、器材、装备和药品是创伤急救不可缺少的工具和手段，平时应配备齐全，满足急救工作时的需要。为确保急救器材、装备在煤矿发生事故时能够发挥作用，还应对其进行经常性的维护和保养。

第十九条　煤矿发生事故后，煤矿企业主要负责人和技术负责人必须立即采取措施组织抢救，矿长负责抢救指挥，并按有关规定及时上报。

条文解读

本条是对煤矿事故抢救和报告制度的规定。

煤矿发生事故后，立刻组织抢救是煤矿企业的首要任务，

以防止事故扩大，尽量减少人员伤亡和财产损失。事故抢救是一项任务紧、难度大、涉及面广的复杂工作，只有统一有效地组织起来，才有可能将这项工作做好。企业主要责任人和技术负责人对矿井的具体情况比较熟悉，对抢险救灾人员和物资调动较为有利，所以《规程》依据法律规定，赋予了煤矿企业主要责任人和技术负责人相应的义务和权利。一旦煤矿发生事故，矿长应当根据实际情况和有关规定，及时、如实地向上级有关部门报告事故发生的情况，目的是为了保证上级有关部门能够及时、准确地掌握事故的发生和进展情况，以便迅速组织救援和调查处理事故。

第三章　地质保障

第二十二条　煤矿企业应当设立地质测量（简称地测）部门，配备所需的相关专业技术人员和仪器设备，及时编绘反映煤矿实际的地质资料和图件，建立健全煤矿地测工作规章制度。

条文解读

本条是关于机构、人员、设备，工作内容和制度方面的责任规定。

为加强和规范地质工作，提高煤矿安全高效开采的地质保障能力，有效预防煤矿事故，规程要求煤矿必须设立地测部门。地质测量工作是煤矿安全生产的眼睛，是煤矿安全生产的前提和保障。只有高效、准确地开展地质测量工作，才能更好地研究煤矿地层、地质构造、煤层、瓦斯、水文地质、煤层顶底板、陷落柱、地温、地应力和边坡稳定性等地质特征及其变化规律；才能更好地进行补充调查与勘探、地质观测、资料编录和综合分析，提供煤矿生产和建设各个阶段所需要的地质资料。预先查明影响矿井安全生产的各种地质因素，并做好相应的预测预报工作。

为加强矿井地质基础工作，所有煤矿必须配备专门负责地测工作的专业技术人员和仪器设备。专业技术人员是指受过专业院校地质、水文地质、测量专业教育的技术人员，人员数量以满足工作需要为准。煤矿地质类型复杂、极复杂的，还必须配备地质副总工程师，且地质副总工程师应由地质专业技术人员担任。

地测部门应健全岗位责任制和各项技术管理制度，组织人员对矿井地质类型划分、地质说明书编制、各种地质设计及措施进行审查和实施。

第二十五条　井筒设计前，必须按下列要求施工井筒检查孔：

（一）立井井筒检查孔距井筒中心不得超过 25 m，且不得布置在井筒范围内，孔深应当不小于井筒设计深度以下 30 m。地质条件复杂时，应当增加检查孔数量。

（二）斜井井筒检查孔距井筒纵向中心线不大于 25 m，且不得布置在井筒范围内，孔深应当不小于该孔所处斜井底板以下 30 m。检查孔的数量和布置应当满足设计和施工要求。

（三）井筒检查孔必须全孔取芯，全孔数字测井；必须分含水层（组）进行抽水试验，分煤层采测煤层瓦斯、煤层自燃、煤尘爆炸性煤样；采测钻孔水文地质及工程地质参数，查明地质构造和岩（土）层特征；详细编录钻孔完整地质剖面。

条文解读

本条是关于矿井设计施工前需完成井筒检查孔位置、数量、深度等施工技术的规定。

施工井筒检查孔的目的主要为了查明井筒穿过地层的每一分层的层位、层厚、埋深和岩性等物理力学性质；井筒穿过基岩风化带的层位、岩性、厚度、起止标高、风化程度、裂隙发育情况、含水性及富水性、与总冲积层之间的水力联系情况；查明井筒穿过含水层和隔水层的数量、厚度、深度、岩性特征，

查明含水层裂隙、岩溶发育程度及抽水试验段的水位、水量、渗透系数、影响半径，查明地下水质、水温等水文特征，含水层之间及其与地表水的水力联系。立井井筒检查孔距井筒太远提供的地质资料不可靠，井筒检查孔布置在井筒范围内，会影响井筒建设，因此，规程要求立井井筒检查孔距井筒中心不得超过 25 m，且不得布置在井筒范围内。

井筒检查孔应全孔取芯，并用物探测井法核定层位。岩芯采取率不小于 75%，在矿层破碎带，软弱夹层中不小于 60%。检查孔各个主要含水层（组）应分层进行抽水试验。为提高井筒检查孔的准确度，应采用先进的技术装备，全孔数字测井。根据井筒检查孔终孔岩芯核查，提出核查后检查钻孔柱状修正图，结合临近矿区已有资料，编录井筒位置完整的地质剖面和地质构造、岩（土）层特征。井筒检查孔需要查明的水文地质、工程地质、煤层瓦斯、煤层自燃、煤尘爆炸性煤样应分层采测。水文地质包括：含水层层位，埋深、涌水量预计、隔水层厚度、含水层水位，漏水量；抽水试验，地下水流向、流速、水温、水质、含水层间和地表水联系等；工程地质包括：指定层次、层位的土、岩石物理力学性质测定，容重，抗压、抗张强度，地层的老孔、溶洞、断层、破碎带。瓦斯地质包括瓦斯涌出资料等。

☞ 现场贯彻

井筒穿过的各主要含水层（段）的涌水量，说明计算参数、计算公式，包括基岩含水层（段）厚度、静止水位、水位降深值、涌水量及确定影响半径、渗透系数等。沿筒中心线的完整地质剖面，查明井底水平的岩性组成、岩层稳定性、裂隙发育

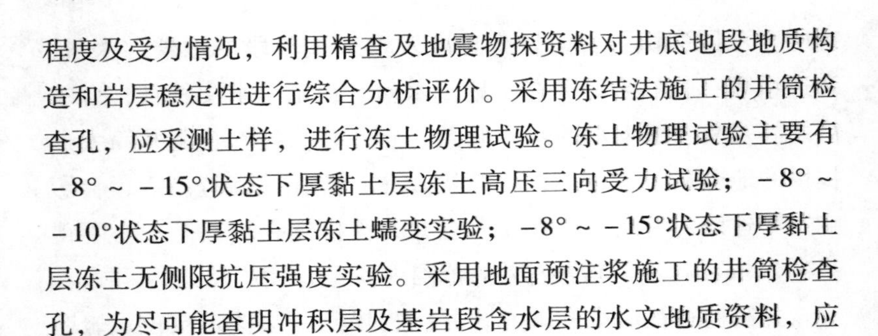

程度及受力情况，利用精查及地震物探资料对井底地段地质构造和岩层稳定性进行综合分析评价。采用冻结法施工的井筒检查孔，应采测土样，进行冻土物理试验。冻土物理试验主要有 $-8°\sim-15°$状态下厚黏土层冻土高压三向受力试验；$-8°\sim-10°$状态下厚黏土层冻土蠕变实验；$-8°\sim-15°$状态下厚黏土层冻土无侧限抗压强度实验。采用地面预注浆施工的井筒检查孔，为尽可能查明冲积层及基岩段含水层的水文地质资料，应采用流量测井及扩散测井。

第二十六条　新建矿井开工前必须复查井筒检查孔资料；调查核实钻孔位置及封孔质量、采空区情况，调查邻近矿井生产情况和地质资料等，将相关资料标绘在采掘工程平面图上；编制主要井巷揭煤、过地质构造及含水层技术方案；编制主要井巷工程的预想地质图及其说明书。

条文解读

本条是关于新建矿井开工前应该开展的矿井地质工作的规定。

井筒检查孔资料是井筒设计、制定施工方案的地质依据。地质人员应复查井筒检查孔资料，熟悉井筒检查孔地质报告，掌握井筒穿过的地层、煤层、瓦斯、水文、岩浆侵入体、工程地质等资料，与地勘资料进行对比分析，重点分析煤层瓦斯、水文地质和工程地质等参数测试方法和结果，预测各地质因素对井筒施工的影响程度，提出防治灾害发生的措施，核实井筒检查孔的位置及封孔质量等。

通过地表调查、实际踏勘和收集资料等方式，核实地勘时期钻孔位置及封孔质量，各煤层和标志层露头分布及围岩等情

况，典型地质剖面、地面塌陷的位置、范围、积水等情况，地表水体的流向、范围、水位等，老空区和老窑的位置、范围、积水等情况，邻近煤矿的生产资料和地质资料等情况，并将相关资料标绘在采掘（剥）工程平面图上。特别要注意工业广场和矿区范围内的安全施工与维护。在第四系松散沉积物覆盖很厚的井田施工时，应该查清楚水井及水文观测孔的水位变化、含水层的渗透系数、地下水的流速等，以供特殊凿岩井施工时参考。收集邻近煤矿的井筒涌水量、揭煤或过构造带等水文地质与工程地质资料，为井巷揭煤、过地质构造、过含水层等设计方案提供地质资料和建议，并参与编制井巷揭煤探测方案、井巷过地质构造及含水层技术方案。

第二十七条　井筒施工期间应当验证井筒检查孔取得的各种地质资料。当发现影响施工的异常地质因素时，应当采取探测和预防措施。

条文解读

本条是关于井筒施工期间主要地质工作的规定和地质异常时的处理。

井筒施工期间应验证井筒检查孔取得的各种地质资料。主要包括：井筒地层，井筒构造，含隔水层的水文地质特征，地下水的运移特征，地表水、老窑水、断层水对矿床的影响，井筒涌水量预测，井筒水文地质勘查类型，井筒岩土工程地质条件，井筒工程地质类型，煤质等。在井筒施工中遇到疑难的地质问题或影响施工的不利地质因素时，如老窑、断层的导水性、岩溶陷落柱、淤泥等，为保证施工的正常进行，必须做好必要的井下补充勘探工作，以进一步查明地质构造情况、煤层赋存情况、含水层分布等情况。常见的井下补充勘探措施有：

钻探。钻探是井下广泛使用的勘探手段，用于探测井巷施工中及生产中遇到的各种地质问题。如探测煤层厚度及变化、地质构造、岩浆侵入体、瓦斯、溶洞、陷落柱、水和老窑、古河床等。

巷探。用钻探不能获得必要的地质资料解决地质问题时，可采用巷探。如地质构造复杂时，煤层厚度与形态变化大，小断层成群出现时，可采用巷探获得可靠的地质资料，以指导设计和施工。

物探。物探是矿井地质工作的新手段。目前所采用的方法主要有重力、电法、地震、超声波、磁法勘探等。实践证明，运用物探手段能有效探测工作面前方的断层、煤层中的夹矸及老窑、溶洞、陷落柱、废弃钻孔中的套管、岩浆岩的分布等。

第二十八条　煤矿建设、生产阶段，必须对揭露的煤层、断层、褶皱、岩浆岩体、陷落柱、含水岩层，矿井涌水量及主要出水点等进行观测及描述，综合分析，实施地质预测、预报。

条文解读

本条是关于煤矿建设、生产阶段地质工作和实施地质预测、预报的规定。

在煤矿建设、生产阶段，要对揭露的各种地质情况进行观测、描述，结合矿井已有地质资料，综合分析，做好相应预测预报工作，解决矿井安全生产中的各种地质问题。当采区地质勘探工作量达不到有关规定要求或影响采区设计与掘进的构造、瓦斯和水等地质因素不确定时，应采用物探、钻探等手段开展下列工作：

（1）煤矿瓦斯、突水、顶板事故往往与地质构造因素有关，查明地质构造因素，准确掌握采区内构造性质及危害是煤矿事故预防的重点，掌握采区地质构造发育特征与规律是采区合理规划、工作面合理布置的基础。根据当前技术条件和煤矿生产实际，要求查明落差 5 m 以上断层、直径大于 30 m 的陷落柱、褶曲的形态和岩浆岩侵入及影响范围等。

（2）查明煤层层数（可采煤层和不可采煤层）、煤层厚度，煤层倾角、煤层结构、煤体结构、各煤层间距及其变化，关注有无冲刷带、天窗、变薄尖灭等，确定或基本确定各煤层的可采性，尤其是上部薄煤层的可采性。及时修正煤层底板等值线图、煤层厚度等值线图、软分层分布图等相关图件及其他地质资料，核实采区煤炭资源/储量。

（3）在我国煤矿各类重大以上事故中，瓦斯事故的发生频率和死亡人数占绝对多数，过去在处理这类问题时，往往把工作着眼点放在“一通三防”等工作上，这是必要的，但实践证明加强煤矿瓦斯地质工作，查明瓦斯赋存与煤层的埋藏深度、构造及其他地质因素的关系，掌握其赋存规律及危害程度，采取有效防范措施预防瓦斯事故，保障煤矿安全生产。具体工作内容为：收集开采采区及邻近采区已有的瓦斯（含煤层瓦斯及围岩瓦斯）地质资料，并进行可靠性分析。当现有瓦斯地质资料不可靠或不能满足安全需要时，需采取地面或井下钻探等措施进行采区瓦斯地质补充勘查及相关采样的测试工作。根据获取的可靠瓦斯地质资料，结合邻近采区的瓦斯地质资料，找出影响煤层及围岩瓦斯赋存的主要因素，预测未开拓区域瓦斯地质规律，编制瓦斯地质图，制定相应的瓦斯防治措施。

（4）依据《煤矿采区或工作面水文地质条件分类》（GB/T

22205—2008）进行采区水文地质条件分类（简单，中等，复杂，极复杂），确定煤层底板水害类型、顶板水害类型、老塘水害类型、陷落柱水害类型及断层水害类型等不同采区水文地质条件的复杂程度，对同时有顶板、底板、断层、陷落柱、老塘水害类型的采区，则归为极复杂的地质条件。系统收集矿井及采区水文地质资料，采用物探、钻探等手段方法，查明井下采掘工程与采空区、老窑的空间关系，并根据采区水文地质条件、采空区和老窑的分布及含水量情况、围岩物理力学性质及岩层移动规律等因素确定相应的防隔水煤（岩）柱的尺寸，编制防治水方案，以指导和开展采区防治水工作。

（5）查明煤层顶底板岩性、分层厚度、含水性、裂隙发育情况及其与煤层的接触关系等。查明地温、煤层自燃倾向性、煤层倾角和冲击地压等其他开采技术条件，掌握煤层自燃倾向性等级、煤层倾角变化、冲击地压倾向性、地温变化梯度及地热异常区等，开展分析研究工作。

第二十九条　井巷揭煤前，应当探明煤层厚度、地质构造、瓦斯地质、水文地质及顶底板等地质条件，编制揭煤地质说明书。

条文解读

本条是关于石门、立井和斜井揭煤前应进行地质探测工作的规定。

综合探测手段可以更准确地提供地质资料，可靠的地质资料是编写揭煤地质说明书的前提，而揭煤地质说明书又是编制作业规程和组织施工的重要依据，因此，石门、立井和斜井揭煤前必须采用物探、化探和钻探等手段进行综合探测，揭煤前优先采用物探探测地质构造和水文等地质条件，采用钻探探测

煤层厚度、瓦斯、顶底板岩性等地质条件，并对物探探测结果进行验证。

☞现场贯彻

钻探探测在揭煤工作面掘进至距煤层最小法向 10 m 前，至少施工 2 个穿透煤层全厚且进入顶（底）板不小于 0.5 m 的取芯钻孔。掘进过程中在掘进至煤层最小法向距离 7 m、5 m、2 m 时，施工探孔查明地质条件，进行边探边掘。水文探孔的数量、布置方式及观测内容满足《煤矿防治水规定》要求。取芯钻孔进行宏观煤岩类型描述，包括厚度、煤岩成分及其含量、颜色、条痕色、光泽、裂隙、断口、结构、构造、结核、包裹体、夹矸、顶板、顶板等。利用钻孔进行煤层瓦斯压力测试，采集煤层样品对煤层瓦斯含量、煤层瓦斯放散初速度、煤的坚固性系数、煤的孔隙率、煤的破坏类型等进行测试和观测，必要时进行岩石样品采集，测试其物理力学性质。依据探测结果，结合现有地质资料详细分析煤层赋存情况、地质构造和水文地质条件等对揭煤的影响，评价煤层突出危险性，进行预测预报，提出防范措施和建议，将相应的地质信息绘制到采掘工程图件上，并对现有地质资料进行补充和完善，妥善保存。具有突出危险性的煤层揭煤工作严格按照《防治煤与瓦斯突出规定》执行，收集资料详细分析突出与各种地质因素的关系。在未查清之前不得组织施工，必须在煤矿建设单位组织审查通过后才能施工。

第三十一条　掘进和回采前，应当编制地质说明书，掌握地质构造、岩浆岩体、陷落柱、煤层及其顶底板岩性、煤（岩）与瓦斯（二氧化碳）突出（以下简称突出）危险区、受水威胁区、技术边界、采空区、地质钻孔等情况。

条文解读

本条是关于井巷掘进和回采工作前，应开展矿井地质工作的规定。

煤矿掘进和回采过程中因未准确掌握前方地质信息或误判盲目掘进引起的事故教训深刻，坚持“有疑必探”是井巷掘进安全的重要保证。对井巷掘进过程中，出现瓦斯、水、其他气体、片帮、温度、压力等地质异常或掘进揭露的岩性、构造、煤层、瓦斯、水文、岩浆侵入等地质信息与预测的地质资料有较大出入时，必须停止施工。出现的地质异常必须采用钻探为主，配合物探方法查明其地质异常特征、范围等，必要时应采集样品进行相关测试，如岩石、煤层、气体、水等相关特性的测试，并做好现场的观测和描述记录。在现有地质资料的基础上详细分析研究地质异常的原因，提出防范措施和建议。安全隐患未排除，或防治措施实施后未验证，不得组织生产。当出现的重大地质异常可能对未来采掘布置和工作面回采影响严重或有调整的，应积极与研究院所、高校等相关单位合作，开展专项研究工作。

现场贯彻

在掘进和回采前，应组织地质人员通过钻探、物探、化探等技术手段，结合已掌握的地质资料进行综合分析，查明地质构造、岩浆岩体、陷落柱、煤层、顶底板岩性以及煤柱、煤与瓦斯突出危险区、受水威胁区、技术边界、采空区、地质钻孔等情况。当有地质异常或与预测地质资料有较大出入时，必须停工，查明地质情况方可施工。

第四章　矿 井 建 设

第一节　井巷掘进与支护

第四十一条　开凿平硐、斜井和立井时，井口与坚硬岩层之间的井巷必须砌碹或者用混凝土砌（浇）筑，并向坚硬岩层内至少延深5 m。

在山坡下开凿斜井和平硐时，井口顶、侧必须构筑挡墙和防洪水沟。

条文解读

本条是关于井口砌碹的规定。

井口位置多处于松散含水的表土层和破碎风化的岩层。该段井筒除承受建筑物载荷附加侧压力、井塔和井架基础的自重、提升载荷传递的垂直压力和井口附近土层侧压力外，还要承受由于表土沉降产生的垂直及纵向附加力；加上考虑地震灾害的影响，为保证安全出口支护的安全，该段井巷必须砌碹或用混凝土砌（浇）筑。向坚硬岩层中至少延深5 m，是为了将该段井壁与岩层连成整体，提高井巷抗压强度、承载能力，消除岩层层位倾角对井底与基岩固结效果的影响，堵塞松散含水层与坚硬岩层之间的突水联系，提高对松散含水层突水淹井的防范能力。

在斜井和平硐井口顶、侧构筑挡墙和防洪水沟的作用主要是：预防山体岩石滚落、汛期山体滑坡、山洪及地表水进入井筒，威胁矿井安全。

☞现场贯彻

混凝土砌（浇）筑时，严格按照混凝土质量标准、养护要求及施工设计、施工技术措施进行施工。

开凿斜井和平硐有滑坡的山坡地段，应先进行滑坡处理，井口顶、侧构筑挡墙和防洪水沟施工时，严格按照设计位置、规格、质量要求及技术措施要求进行截排水沟槽的施工。

第四十二条　立井锁口施工时，应当遵守下列规定：

（一）采用冻结法施工井筒时，应当在井筒具备试挖条件后施工。

（二）风硐口、安全出口与井筒连接处应当整体浇筑，并采取安全防护措施。

（三）拆除临时锁口进行永久锁口施工前，在永久锁口下方应当设置保护盘，并满足通风、防坠和承载要求。

条文解读

本条是关于锁口施工时应遵守的规定。

冻结法施工井筒是在井筒开凿前，用人工制冷方法，将井筒周围的岩层冻结形成封闭的圆筒，以抵抗地压，隔绝地下水，在冻结壁保护下进行掘砌工作的一种特殊凿井方法。井筒不具备试挖条件就进行提前开挖施工，对少挖冻土，加快掘砌速度有利，但过早开挖容易发生片帮等问题，严重时还可能导致冻结壁薄弱部位开裂造成透水、涌砂等事故，因此正式开挖

应在冻结壁厚度和强度可以满足设计和施工要求的情况下进行。

由于表土松软，稳定性较差，并直接承受井口结构的荷载，位于该段的安全出口及风硐开口都会降低井颈承载能力，因此，风硐口、安全出口与井筒连接处应整体浇筑。锁口段施工时，应制定防止人员坠落的安全措施，封硐口、安全出口等应采取混凝土或钢结构等进行封闭。

拆除临时锁口时，由于井筒内布置有各种管线、梁等永久装备，一旦拆除物落入井筒，将会砸坏井筒内装备，因此，在拆除临时锁口进行永久锁口施工前，必须在永久锁口下方设置保护盘。保护盘应预留风筒及管路等出口，且满足防坠和承载要求。

☞ 现场贯彻

冻结段掘砌工作是在冻结壁保护下进行的，掘砌速度越快，冻土挖掘量越少，越有利于提高掘进速度，降低掘砌成本，因此，井筒开挖应满足如下条件：各种施工材料及劳动力配齐备足；井筒中心点、测温孔和水文孔资料已分析确定；冻结壁的强度、井帮稳定性和井壁结构、施工工艺、掘砌速度等因素综合分析确定完毕；各种岗位人员已配备齐全，并经上级有关部门对各系统进行验收合格等。

风硐口、安全出口采用明槽开挖，按设计标高找平并夯实底板，铺设垫层，待井筒永久支护浇筑至风硐口、安全出口时稳定井筒模板、绑扎钢筋，钢筋绑扎结束后进行浇筑，使井筒与风硐口、安全出口连接处浇筑连接处呈整体。

临时锁口拆除前作业面的孔洞封闭严实，在永久锁口下方设置保护盘，拆除时作业人员站在安全地点，自上而下分层分段拆除，拆除后的构建及建筑垃圾应放置在安全场所，及时清运。保护盘安装应严格按照设计要求施工，安装保护盘时必须有专业人员指挥操作，起吊物件时下方严禁人员通过、逗留。放置保护盘后，必须校正水平度，确保风筒、排水管、供水管、压风管从保护盘下通过，并确保满足通风、防坠和承载要求。

第四十三条　立井永久或者临时支护到井筒工作面的距离及防止片帮的措施必须根据岩性、水文地质条件和施工工艺在作业规程中明确。

条文解读

本条是关于永久或临时支护到井筒工作面的距离及防止片帮措施的规定。

在井筒施工过程中，为防止围岩风化，阻止围岩变形破坏、片帮、坍塌等现象，保证生产的正常进行，需及时对井壁进行临时或永久支护。无论永久或临时支护采用哪种支护方式，支护到井筒工作面的距离及防止片帮的措施都必须根据井筒岩性、水文地质条件和施工工艺，在作业规程中明确规定。

现场贯彻

立井施工过程中必须采取可靠的临时支护和永久支护。临时支护时，防止距离过长导致井壁岩石松动，发生片帮、坍塌等事故。进行永久支护施工时，先将井筒设计的内径立好内模板，然后再把地面搅拌好的混凝土通过管路或材料吊桶送至浇灌地点进行浇筑。

第四十四条 立井井筒穿过冲积层、松软岩层或者煤层时，必须有专门措施。采用井圈或者其他临时支护时，临时支护必须安全可靠、紧靠工作面，并及时进行永久支护。建立永久支护前，每班应当派专人观测地面沉降和井帮变化情况；发现危险预兆时，必须立即停止作业，撤出人员，进行处理。

条文解读

本条是关于立井井筒穿过冲积层、松软岩层或煤层时必须制定专门措施的规定。

当立井井筒穿过冲积层、松软岩层或煤层时，由于冲积层松散稳定性较差，遇水易变成流砂，松软岩层强度低，煤层可能赋存瓦斯等情况，施工难度较大，安全性较差。因此，对于不稳定岩层，可以根据井筒所处的岩层赋存情况、岩石性质、水文地质条件分别制定专项措施，确保安全施工。采用井圈或其他临时支护，可以防止围岩失稳滑落、减少暴露的时间和距离，防止片帮事故的发生。在完成永久支护前，有可能出现临时支护变形破坏，井壁围岩发生位移、松动及地面沉降等情况，从而发生井筒坍塌事故。所以，每班应派专人进行观测，发现危险预兆时，必须立即停止工作，撤出人员，采取措施进行处理。

现场贯彻

根据专项措施规定的一次开挖深度、临时支护形式进行施工。采用井圈或其他临时支护时，确保临时支护安全可靠、紧靠工作面，严密加固，不留空帮。待井筒围岩变形稳定后，及时进行永久支护，立井永久支护的距离、质量必须符合措施规

定要求。在完成永久支护前，每班应派专人观测地面沉降、临时支护及井帮变化情况，若发现井筒临时支护严重变形，井壁围岩发生严重位移、松动、脱落及地面沉降等危险预兆时，必须立即停止施工，撤出人员，采取措施进行处理。

第四十八条　冬季或者用冻结法开凿井筒时，必须有防冻、清除冰凌的措施。

条文解读

本条是关于井筒防冻、清除冰凌的规定。

冬季或采用冻结法开凿井筒时，由于井壁淋水，在井筒内气温低于零度时，极易结冰，严重影响提升运输及施工安全，若未及时清采取措施清除冻冰，极易引起冻冰塌落，造成严重安全事故。因此，冬季或采用冻结法开凿井筒时，必须对封口盘、固定盘、井壁或悬吊设施上的结冰及时清除，制定防冻、清除冰凌的措施。

现场贯彻

冬季或采用冻结法开凿井筒时，应严格执行防冻、清除冰凌的措施。每班施工前，必须设专人检查井壁结冰，井筒供暖、防冻设施等情况。发现井架、井壁、吊盘、钢丝绳等悬吊设施存在冻冰及危冰，应及时采取措施清除。

第四十九条　采用装配式金属模板砌筑内壁时，应当严格控制混凝土配合比和入模温度。混凝土配合比除满足强度、坍落度、初凝时间、终凝时间等设计要求外，还应当采取措施减少水化热。脱模时混凝土强度不小于 0.7 MPa，且套壁施工速度每 24 h 不得超过 12 m。

条文解读

本条是关于装配金属模板砌筑时混凝土配合比和入模温度的有关规定。

采用金属装配式模板砌筑内壁，施工工艺简单，可连续作业，井壁封水性能好，砼表面质量好。砌筑过程中，严格控制混凝土水灰比、砂率以及水泥品种、骨料条件、时间和温度、外加剂等技术参数，可以防止由于配比不符合规定要求影响混凝土强度、坍落度、初凝和终凝时间等，造成水泥与骨料胶结能力下降、产生离析现象。水化热可导致温度裂缝风险，套壁施工时浇筑速度过快，混凝土初凝时间超过设计初凝时间，或有水进入模板造成混凝土缓凝，会导致混凝土初凝强度不够，造成模板变形失稳。脱模时，混凝土强度超过 0.7 MPa，会产生混凝土黏结模板、开裂、脱落等现象。因此，应采取措施减少水化热，脱模时混凝土强度不应小于 0.7 MPa，且套壁施工速度每 24 h 不得超过 12 m。

现场贯彻

装配模板的材质、规格、强度等必须符合设计要求及有关规范的规定，模板组合要平整、牢固可靠，操平找正，模板及钢筋间的所有杂物必须清理干净，稳好一组模板，浇注一模混凝土。浇筑采用防裂、抗渗性能的混凝土，混凝土的搅拌时间不低于 2 min，以保证搅拌质量，结块失效的水泥严禁使用，砂子的含泥量应小于 1%，石子的含泥量应小于 0.5%，按设计配比要求添加外加剂。施工中应注意检测砂、石的含水率，并对实际用水量做出调整，严格按设计配比配制混凝土。混凝土搅

拌均匀后方可入模，冬季施工，冻结段混凝土的入模温度：内层井壁不得低于10 ℃，外层井壁不得低于15 ℃，不合格的混凝土严禁入模。入模后，一边浇注一边振捣，振捣均匀，振捣要适度。坍落度、流动性、黏聚性必须符合施工要求及有关标准规定，发现不符合设计要求及时调整，并做好井壁隐蔽工程记录。

第五十二条　采用注浆法防治井壁漏水时，应当制定专项措施并遵守下列规定：

（一）最大注浆压力必须小于井壁承载强度。

（二）位于流砂层的井筒段，注浆孔深度必须小于井壁厚度200 mm。井筒采用双层井壁支护时，注浆孔应当穿过内壁进入外壁100 mm。当井壁破裂必须采用破壁注浆时，必须制定专门措施。

（三）注浆管必须固结在井壁中，并装有阀门。钻孔可能发生涌砂时，应当采取套管法或者其他安全措施。采用套管法注浆时，必须对套管与孔壁的固结强度进行耐压试验，只有达到注浆终压后才可使用。

条文解读

本条是关于注浆法防治井壁漏水时必须制定专项措施的规定。

井壁出现渗、漏水，易造成井壁的强度降低，为提高井壁围岩稳定性，可采用壁后注浆，以达到堵水或充填加固的目的。若注浆压力大于井壁承载强度，可能会导致井壁破坏、失稳坍塌等现象。因此，注浆前必须进行井壁耐压强度验算，最大注浆压力必须小于井壁承载强度。

在井壁上钻注浆孔时，钻孔深度应小于井壁厚度，剩余的井壁起止浆垫作用。井筒段位于流砂层位时，注浆孔深度必须小于井壁厚度200 mm。井筒采用双层井壁支护时，严格控制好打眼深度，严防打穿外壁，注浆孔应穿过内壁进入外壁100 mm。当井壁破裂必须采用破壁注浆时，必须制定专门措施，防止钻进注浆孔导致冒水、涌砂事故发生。

为防止注浆时注浆管松动顶出、漏浆、断裂及串浆，注浆管的埋设必须固结牢靠，并装有阀门。当钻孔发生涌砂时，采取套管法，效果好，可防止跑浆漏浆，增加壁后注浆孔深度，有利于浆液充填，避免对井壁破坏。采用套管法注浆时，必须对套管与孔壁的固结强度进行耐压试验，只有达到注浆终压后方可使用。

☞ 现场贯彻

壁后注浆的压力要稳定，进浆均匀，压力不易过大。注浆压力宜比静水压力大0.5～1.5 MPa；在岩石裂隙中的注浆压力可适当提高，实际注浆压力应根据现场施工情况进行调整，但注浆压力不得超过措施规定值。注浆过程中，操作人员必须观察井壁及注浆压力表等情况，发现压力突降而吸浆量突然增大，或已注入一定量的浆液而注浆压力仍不见回升时，说明浆液进入孔隙或裂隙泄漏，可采取加大水泥浆浓度，缩短凝固时间等方法处理；若发现泵压骤升，可能是注浆管路堵塞，应立即停泵检查；若发现井壁异常，有裂隙或掉块时应立即停止注浆工作，查明原因，及时处理。

施工注浆孔时，要选择好注浆孔位置，掌握好打孔深度、方向。流砂层井筒段注浆孔深度必须小于井壁厚度200 mm；井

筒双层井壁支护时，注浆孔应穿过内壁进入外壁 100 mm，注浆孔深度不得超过措施规定值，严禁穿透外层井壁。采用破壁注浆时，严格按照安全措施及工艺要求进行钻孔和布孔，破壁注浆过程中，操作人员要高度警惕，做好个人安全防护，防止破壁后高压涌水、涌砂事故发生。

注浆前，必须检查注浆管固结及阀门完好情况，采用套管法注浆时，采取静水压力测试套管与孔壁的固结强度。测试时，连接好管路，先用清水冲孔，做压水试验，试验压力稳定 10～15 min 不漏，视为合格，试验压力不低于注浆终压。

第五十三条　开凿或者延深立井、安装井筒装备的施工组织设计中，必须有天轮平台、翻矸平台、封口盘、保护盘、吊盘以及凿岩、抓岩、出矸等设备的设置、运行、维修的安全技术措施。

条文解读

本条是关于开凿或延深立井的施工组织设计中必须有施工设备安全措施的规定。

天轮平台、翻矸平台、封口盘、保护盘、吊盘及凿岩、抓岩、出矸等设备是开凿或延深立井的重要设备，这些设备的设置、运行、维修情况好坏，不仅影响施工的进度、效率，而且影响设备的安全运行及人员、井筒、矿井的安全。因此，必须在施工组织设计中制定设备的设置、运行、维修的安全措施。

现场贯彻

在进行井筒装备维修时，维修工必须经过专业技术培训，考试合格，持证上岗。熟知天轮平台、翻矸平台、封口盘、保

护盘、吊盘及凿岩、抓岩、出矸等设备的结构、性能、原理等。严格遵守工种岗位责任制，及时排除故障，并认真检查填写检修记录等。

第五十四条 延深立井井筒时，必须用坚固的保险盘或者留保护岩柱与上部生产水平隔开。只有在井筒装备完毕、井筒与井底车场连接处的开凿和支护完成，制定安全措施后，方可拆除保险盘或者掘凿保护岩柱。

条文解读

本条是关于延深立井井筒时对保险盘或保护岩柱的规定。

延深立井井筒时，为不影响上部井筒的正常运转，防止井筒的提升容器、物料等重物坠落事故发生，必须用坚固的保险盘或留设保护岩柱与上部生产水平隔开。保险盘或保护岩柱的拆除，一般安排在井筒装备安装完毕、井筒与井底车场连接处的开凿和支护完成后进行，为保证作业人员安全，在施工前，必须制定安全措施。

现场贯彻

拆除保险盘或掘凿保护岩柱时，只有在井筒装备安装完毕、井筒与井底车场连接处的开凿和支护完成后进行。拆除前，应先清理井底水窝的积水、淤泥、碎煤等；拆除时，应停止上部生产水平的一切生产提升工作，在生产水平以下搭设临时保护盘，防止生产水平以上坠物；在辅助水平井口处设置封口盘，加固保护岩柱的护顶盘；清扫井口及各水平马头门，车场入口处设置栅栏，井口设专人守护；拆除人工保护盘应自上向下进行，逐层拆除，边拆边运，并修补井壁，最后拆除封口盘与工

作盘，接通上下水平的罐道。拆除期间，井底不得有人，要有明确清晰的信号，作业人员必须佩戴保险带；拆除岩柱前，应加固延深井筒所用的封口盘，以适应承接反井掘进和刷井排矸时的荷载；拆除保护岩柱时，可采用先掘小断面，反井后刷砌的方法拆除保护岩柱。自下向上掘反井与井窝贯通前，要施工探眼，准确掌握剩余厚度。刷大时自上向下进行短段刷砌成井，刷砌矸石要严格控制块度，防止堵塞反井，刷大时反井上口设防坠箅子，严禁站在箅子上作业，防止发生坠人事故。

第五十五条　向井下输送混凝土时，必须制定安全技术措施。混凝土强度等级大于 C40 或者输送深度大于 400 m 时，严禁采用溜灰管输送。

条文解读

本条是关于向井下输送混凝土的规定。

立井井筒使用溜灰管输送混凝土施工工艺要从混凝土标号、溜灰管选型、连接方式、管卡定位及其他安全方面进行分析论证，制定切实可行的安全技术措施。

向井下输送混凝土的方法通常采用溜灰管和底卸式料桶。采用溜灰管工序简单，安全可靠，且输送速度快，占井筒空间少，有利于实现掘砌平行作业，但混凝土强度等级大于 C40 或输送深度大于 400 m 时，出现溜灰管下灰速度慢，混凝土离析，且易发生堵管现象，导致溜灰管坠落，造成井筒内机械设备、装备和人员的伤害事故。因此，向井下输送混凝土时，必须制定安全技术措施，混凝土强度等级大于 C40 或输送深度大于 400 m 时，严禁采用溜灰管输送。

现场贯彻

采用溜灰管向井下输送混凝土浇筑井壁时，管路悬吊要垂直，末端有缓冲装置，碎石粒径不得大于40 mm，混凝土坍落度不应小于150 mm，混凝土强度等级小于或等于C40的混凝土可采用溜灰管下料，并采取防止混凝土离析的措施；混凝土强度等级大于C40时，严禁采用溜灰管输送，宜采用吊桶等方法下料。采用溜灰管送料前，应先输送少量水泥砂浆，再进行混凝土输送。溜灰管送料时，应加强井上下的信号联系。输料结束后，冲洗输料管。用溜灰管送料，发现溜灰管下灰速度慢或堵管时，立即停止送料，及时处理。

第五十六条　斜井（巷）施工时，应当遵守下列规定：

（一）明槽开挖必须制定防治水和边坡防护专项措施。

（二）由明槽进入暗硐或者由表土进入基岩采用钻爆法施工时，必须制定专项措施。

（三）施工15°以上斜井（巷）时，应当制定防止设备、轨道、管路等下滑的专项措施。

（四）由下向上施工25°以上的斜巷时，必须将溜矸（煤）道与人行道分开。人行道应当设扶手、梯子和信号装置。斜巷与上部巷道贯通时，必须有专项措施。

条文解读

本条是关于斜井（巷）施工应遵守的规定。

明槽开挖时，为防止雨水漫流、冲刷边坡，保证边坡稳定，提高支护强度，必须制定明槽开挖防治水和边坡防护专项措施。

由明槽进入暗硐或由表土进入基岩时，受不稳定表土层影

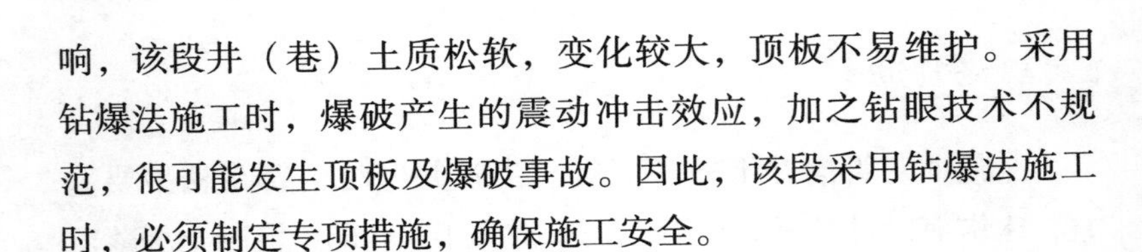

响，该段井（巷）土质松软，变化较大，顶板不易维护。采用钻爆法施工时，爆破产生的震动冲击效应，加之钻眼技术不规范，很可能发生顶板及爆破事故。因此，该段采用钻爆法施工时，必须制定专项措施，确保施工安全。

在施工15°以上斜井（巷）时，因设备、轨道、管路等安装、固定不牢导致下滑，将造成井巷内及井巷下方作业人员的伤害事故。为防止事故发生，在施工15°以上斜井（巷）时，必须制定防止设备、轨道、管路等下滑的专项措施。

由下向上施工25°以上的斜井（巷）时，若巷道采用既溜矸（煤）又行人，容易发生矸（煤）滑落伤人事故。因此，必须专设人行道与溜矸（煤）道分开。由于巷道坡度较大，为便于人员行走，人行道应设扶手、梯子和信号装置。在斜巷与上部巷道贯通时，为确保巷道安全贯通，必须制定贯通安全技术措施。

现场贯彻

明槽开挖不宜在雨季破土，开挖前，应根据明槽地形情况，沿明槽边沿设挡水墙或截水沟，开挖施工遇水时，应采取排水、降水措施，将水引到场外。明槽开挖时，挖掘机司机要边挖边修整边坡，清理浮土活石，严格按设计轮廓线开挖。施工过程中应安排专人巡视边坡，防止塌方、溜坡、掩埋等事故发生，发现问题及时汇报处理。明槽放坡后，四周必须及时构筑临时安全防护围栏，设置护坡网。在有涌水、流沙和稳定性较差的地层作业时，必须严格落实边坡防护安全技术措施，严禁强行冒险施工。

由明槽进入暗硐或由表土进入基岩段宜与明槽部分的永久支护同时施工，且应设超前临时支护。临时支护宜采用“管棚

法”、“金属支架背板法”等支护形式，严禁空顶和超控顶作业，只有当上一循环完全支护完毕后，方可进行下一循环作业。爆破作业时，爆破图表必须齐全，爆破参数应选择合理，严格执行爆破相关制度。

斜井（巷）施工时，应采用固定架、防护戗柱、卡轨器、牵引装置等防滑装置进行设备固定，防止因施工震动导致下滑。如：采用装岩机施工时，除用卡轨器固定外，用绳扣固定在轨枕上或在巷道底板楔入圆钢，用钢丝绳与装岩机连接，用U型卡将装岩机车轮与轨道卡在一起等其他方法固定。无论采用哪种方法进行防滑固定，每班施工前，必须对防滑装置进行检查，发现固定装置松动、脱落等问题必须及时处理。轨道敷设应采用固定轨枕，以《煤矿安全质量标准化基本要求及评分方法》为标准，消灭杂拌道、非标准道岔，轨道线路的轨距、水平、接头平整度、道岔的尖轨、心轨和护轨工作边间距、扣件、轨枕间距等必须符合规定标准，固定钢轨预埋构件应按照措施规定施工，构件必须可靠有效，防滑效果好。吊装管路时，要选择好可靠的吊点，所采用的吊具、索具、绳头等必须符合措施规定的安全系数。

在由下向上施工25°以上的斜井（巷）时，梯子、扶手、预埋件等在支护的同时安装好或预留孔洞。若巷道采用既溜矸（煤）又行人，则人员通行必须在人行道侧，通行过程中若发现紧急情况可通过信号装置进行联络。斜巷与上部巷道贯通时要进行贯通闭合测量，在临近贯通时，确切掌握贯通距离，根据围岩情况，采取适当的贯通方法，掘进时严格按中、腰线施工；查明上部巷道的通风、瓦斯及水等情况，发现问题，及时处理；贯通时，应对巷道贯通点的支架进行加固等，严格遵守巷道贯

通相关规定及施工安全措施进行施工。

第五十七条　采用反井钻机掘凿暗立井、煤仓及溜煤眼时，应当遵守下列规定：

（一）扩孔作业时，严禁人员在下方停留、通行、观察或者出渣。出渣时，反井钻机应当停止扩孔作业。更换破岩滚刀时，必须采取保护措施。

（二）严禁干钻扩孔。

（三）及时清理溜矸孔内的矸石，防止堵孔。必须制定处理堵孔的专项措施。严禁站在溜矸孔的矸石上作业。

（四）扩孔完毕，必须在上、下孔口外围设置栅栏，防止人员进入。

条文解读

本条是关于采用反井钻机掘凿暗立井、煤仓及溜煤眼时应遵守的规定。

反井钻机扩孔是自下而上进行的，破碎的岩屑、冲洗液会落入孔底，因钻孔无法进行临时支护，若围岩不能自稳，将发生片帮、塌孔堵塞钻孔，或发生钻杆断裂、坠物等事故。如果人员在孔底通行、观察或在孔底作业危险性大，因此严禁人员在暗立井、煤仓及溜煤眼下方停留、通行、观察或出渣。若必须出渣时，反井钻机应停止扩孔作业。更换破岩滚刀时，必须切断钻机电源，停止供水等安全防护措施，防止作业过程中发生伤人事故。

钻机钻进导孔或扩孔时，先开水、后开钻；先停钻、后停水，这样可以起到冷却钻机和钻头、导孔排渣、消尘的作用，避免钻头在钻孔内摩擦起火。

☞ 现场贯彻

扩孔作业时，在孔口下方位置前后打好栅栏，设置专人警戒，并悬挂“钻孔施工，禁止通行”标志牌，严禁任何人进入警戒区通行或停留。如果必须通过时，应通知扩孔作业人员，停止扩孔，通过后，再通知进行扩孔。扩孔过程时，发现排渣不畅，钻头激烈晃动，压力不稳，钻进困难时，将刀具下放一定距离，高速旋转，将渣石甩掉，若无效果时，将钻具下放至下部巷道底板，进行检查处理或更换滚刀。更换破岩滚刀时，钻机司机要听从下口工作人员的指挥，在收到停机指令后，停止钻机，切断电源，做好供水及上口作业平台防坠物等安全措施。更换滚刀时，必修严格按照操作规程作业。

钻机钻进导孔或扩孔时，连接好高压水管及冷却器的进、出水管，通过冷却器的水质必须清洁无异物，冷却水应和钻机钻孔使用的除尘或排渣水分开，不能使用一根水管。钻进过程时刻观察冷却水的供给情况，发现塌孔、返水较小、不返水、供水压力低于规定值、水源中断时，必须停止钻进，查找原因，进行处理，防止损伤滚刀。

扩孔过程中，及时清理溜矸孔内的矸石，防止堵孔。一旦发生堵孔时，处理堵孔必须严格按照《规程》第134条、第360条规定，制定专项安全技术措施进行施工、处理。

扩孔完毕后，必须在上、下孔口外围设置牢固的栅栏，并安装警示标志，防止人员进入。

第五十八条　施工岩（煤）平巷（硐）时，应当遵守下列规定：

（一）掘进工作面严禁空顶作业。临时和永久支护距掘进工

作面的距离，必须根据地质、水文地质条件和施工工艺在作业规程中明确，并制定防止冒顶、片帮的安全措施。

（二）距掘进工作面10 m内的架棚支护，在爆破前必须加固。对爆破崩倒、崩坏的支架必须先行修复，之后方可进入工作面作业。修复支架时必须先检查顶、帮，并由外向里逐架进行。

（三）在松软的煤（岩）层、流砂性地层或者破碎带中掘进巷道时，必须采取超前支护或者其他措施。

条文解读

本条是关于施工岩（煤）平巷（硐）时应遵守的规定。

巷道支护的作用是加强巷道围岩强度，防止破坏围岩的脱落。若巷道顶板未采取任何有效措施的情况下空顶作业容易造成围岩离层、发生冒顶事故，导致人身伤害。由此，为防止巷道顶、帮危岩冒落伤人，必须严格按照安全技术措施规定的控顶距进行作业，严禁控顶距空顶作业。

掘进工作面爆破作业时由于爆破参数、炮眼角度不合理、炮眼浅、装药量过多，封泥质量差、封孔长度不足，爆破时产生的冲击力过大造成支架损坏、崩倒支架、造成片帮、冒顶等事故。为了防止崩倒、崩坏支架，在爆破作业时不仅要从炮眼掏槽方式、炮眼布置、角度、个数、装药量、爆破顺序上采取措施控制外，还应在爆破前对靠近掘进工作面10 m内的支护进行加固。若爆破作业崩倒、崩坏支架，必须先进行修复方可进入工作面作业，为防止修复支架时发生冒顶堵人事故，修复支架时必须先检查顶、帮，并由外向里逐架进行，严禁由里向外进行。禁止巷道只有在一个安全出口下两头处理，避免顶板再

次冒落堵埋人员。

在松软的煤、岩层或流砂性地层中及地质破碎带巷道掘进时，由于巷道围岩松软破碎，当爆破震动时，破碎顶板容易发生大面积垮落，在没有采取前探支护或其他措施下进行作业容易引发伤人事故。通过施工前探支护，并利用前探支护的支撑力，保证下方作业人员的安全。

☞ 现场贯彻

巷道掘进施工过程中，必须严格按照作业规程规定的控顶距作业，在架设永久支护前，必须有超前或临时支护，严禁空顶作业。采用前探梁做临时支护时，强度必须达到设计要求，卡子必须卡紧棚梁，不得下滑，严禁使用柔性材料吊挂，必须接顶背实。安装在支护锚杆上时，螺母必须拧过锚杆尾部螺纹并拧紧。巷道打顶柱作为临时支护时，必须带帽、顶实。

为防止爆破施工时崩倒、崩坏支架，爆破工艺要严格按照现场施工图版参数要求，坚持小循环掘进。爆破前，必须将靠近工作面 10 m 内的支护重新加固、联锁，对空帮、空顶部位要刹实背牢，相邻支架要用撑木拉杆固定连接。

修复因爆破崩倒、崩坏的支架时，首先对顶板完整、支架稳定状况进行检查，严禁在支护失效区段停留，并严格执行由外向里逐架处理，确保后路畅通，预防人员被堵。

在松软的煤、岩层或流砂性地层中及地质破碎带掘进巷道时，掘进前，应在巷道前方施工超前支架、超前锚杆等前探支护加固顶板，在施工过程中，前探支护要超前施工，严格按施工顺序及施工要求作业，加强顶板管理、严禁空顶作业。

第五十九条　使用伞钻时，应当遵守下列规定：

（一）井口伞钻悬吊装置、导轨梁等设施的强度及布置，必须在施工组织设计中验算和明确。

（二）伞钻摘挂钩必须由专人负责。

（三）伞钻在井筒中运输时必须收拢绑扎，通过各施工盘口时必须减速并由专人监视。

（四）伞钻支撑完成前不得脱开悬吊钢丝绳，使用期间必须设置保险绳。

条文解读

本条是关于使用伞钻应遵守的规定。

伞钻上下运输过程中，需要安全检查、倒钩、挂摘钩、稳机等多项工序，工序较复杂，环节多，且要求摘挂钩人员动作熟练，速度快，熟悉井筒各项装置安全使用要求。若非专职人员操作，易出现操作失误，可能发生伤人事故和设备坠井等机械事故。因此，为保证提升系统安全可靠运转，伞钻井上下摘挂钩人员必须由专人负责。

伞钻上下井运输时，必须进行收拢绑扎。收拢绑扎后，直径应小于吊盘喇叭口直径，若收拢绑扎后大于吊盘喇叭口直径，将无法进行上下提升运输，若运输过程中因绑扎松动，可能会造成钻臂等部件碰撞吊盘、吊盘绳、稳绳等装置。在伞钻通过各施工盘口时必须减速慢行，设专人监视，主要是为了防止伞钻风、水管路、油管、钻臂等部件，碰撞或挂到吊盘喇叭口，造成伞钻部件损坏等其他安全事故。

伞钻在未固定完成之前脱开悬吊钢丝绳，极易造成伞钻偏离中心或倾倒。伞钻打眼期间，要有可靠保险绳连接伞钻，防

止在打眼过程中，由于支撑臂故障，造成伞钻失稳倾倒，造成伤人事故。

☞现场贯彻

伞钻摘挂钩操作工必须经过专门培训，考核合格，持证上岗，并严格执行本岗位操作规程和安全技术措施。井上、下摘挂钩前，详细检查吊环是否可靠、伞钻是否收拢捆扎牢固、零部件是否松动脱落、钢丝绳套是否完好等情况，确认无误后，方可通知信号工打点开车。井上下摘挂钩时，应有专人监护，精力集中，确保钩头挂牢，在伞钻座上摘挂钩时必须佩戴保险带。

井筒中上下伞钻前，伞钻要将调高油缸和各支撑臂、动臂收拢至零位，用绳将整机管路捆绑牢靠，确保伞钻平稳起钩。在伞钻通过封口盘、固定盘和吊盘时，要有专人监视，可停止下放，检查风、水管路、油管、支撑臂等部件捆扎是否牢靠，是否符合下放要求。通过各盘时，绞车必须减速慢行，监视人员要目送伞钻安全通过各盘，防止在伞钻管路或支撑臂等部件挂到钢梁，一旦发现凸出部分有碰撞吊盘喇叭口的可能时，必须立即打点停车，处理好后，确认无误方可打点开车。

伞钻下放到井底时，不得立即脱开悬吊钢丝绳。待伞钻稳车绳将伞钻吊正，接通风管和水管，升起支撑臂，伸出支撑爪撑住井壁，整体伞钻固定找平安稳后，方能稍微放松一点悬吊钩头，防止凿岩时钢丝绳收缩，将伞钻上升，造成支撑臂变形等。打眼时，伞钻应始终吊挂在钩头和吊盘上，防止支撑臂失灵，使钻架倾倒。

第六十条　使用抓岩机时，应当遵守下列规定：

（一）抓岩机应当与吊盘可靠连接，并设置专用保险绳。

（二）抓岩机连接件及钢丝绳，在使用期间必须由专人每班检查1次。

（三）抓矸完毕必须将抓斗收拢并锁挂于机身。

条文解读

本条是关于使用抓岩机应遵守的规定。

抓岩机回转机构、提升机构及其余部件连接应与吊盘可靠固定，呈悬吊状态，工作时，应有专用保险绳连接，保险绳应处于拉紧状态，起到悬吊抓岩机的作用，防止作业时由于固定、连接装置失效等造成抓岩机坠落伤人事故发生。

抓岩机在使用的过程中，每班应设专人对抓岩机连接件、提升抓斗用的钢丝绳及保险绳进行检查。主要是预防抓岩机作业过程中，由于连接件连接螺栓松动、机件变形、钢丝绳破断等现象，造成抓岩机坠落事故发生。

抓岩结束后，必须将抓斗收拢并锁挂于机身。主要是防止影响吊桶运行、爆破作业时造成抓斗损坏、钻眼施工时影响作业空间及可能由于误操作造成机械损坏和人身伤害事故。

现场贯彻

抓岩机安装时，严格按照规定的安装顺序安装抓岩机所有部件，将抓岩机机架牢固固定在吊盘固定口处的模板上，抓岩机在安装时，机架上不得带抓斗，安装完机架后，方可连接抓斗。为减轻抓岩机抓矸时吊盘钢丝绳所承载的重量，抓岩机抓矸时需用抓岩机钢丝绳同抓岩机回转机构的耳盘连在一起。

抓岩机在使用的过程中，每班应由专人对抓岩机机架、提

升抓斗钢丝绳、保险绳、臂杆、抓头、吊耳、绳轮、连接螺栓等至少检查一次。检查过程中发现连接件连接螺栓松动、机件变形、焊缝开裂、钢丝绳破断丝、松股、压痕和磨损等现象，必须立即停止运转，立即更换处理，方可装岩。

抓岩机工作结束后，清除抓岩机器上的浮矸和杂物，锁定并关闭抓岩机的进气阀门，收拢抓斗，将抓斗提至规定的安全高度，并锁在固定位置，并避开吊桶运行位置。

第六十一条　使用耙装机时，应当遵守下列规定：

（一）耙装机作业时必须有照明。

（二）耙装机绞车的刹车装置必须完好、可靠。

（三）耙装机必须装有封闭式金属挡绳栏和防耙斗出槽的护栏；在巷道拐弯段装岩（煤）时，必须使用可靠的双向辅助导向轮，清理好机道，并有专人指挥和信号联系。

（四）固定钢丝绳滑轮的锚桩及其孔深和牢固程度，必须根据岩性条件在作业规程中明确。

（五）耙装机在装岩（煤）前，必须将机身和尾轮固定牢靠。耙装机运行时，严禁在耙斗运行范围内进行其他工作和行人。在倾斜井巷移动耙装机时，下方不得有人。上山施工倾角大于20°时，在司机前方必须设护身柱或者挡板，并在耙装机前方增设固定装置。倾斜井巷使用耙装机时，必须有防止机身下滑的措施。

（六）耙装机作业时，其与掘进工作面的最大和最小允许距离必须在作业规程中明确。

（七）高瓦斯、煤与瓦斯突出和有煤尘爆炸危险矿井的煤巷、半煤岩巷掘进工作面和石门揭煤工作面，严禁使用钢丝绳牵引的耙装机。

条文解读

本条是关于使用耙装机的规定。

工作面采用耙装机作业时，必须有充足照明。主要是保证操作人员及其他作业人员工作面作业时有足够的光照度。

耙装机作业过程中，如果出现危急情况刹车时，由于刹车装置不完整、不可靠，将失去灵敏性，可能发生机械事故或人身伤害事故。因此，耙装机绞车的刹车装置必须完好、可靠。

受巷道坡度变化和巷道拐弯等因素的影响，耙装机作业时容易发生钢丝绳摆动和耙斗出槽现象，危及安全，因此必须装有封闭式金属挡绳栏和防防止耙斗出槽的护栏。双向辅助导向轮只在拐弯巷道装煤（岩）时使用，挂在拐弯处引导主绳和尾绳，调整耙斗的运行方向，防止耙斗拐弯拽拉、碰撞坏已经支护好的巷道。为防止拐弯段事故发生，装岩时，设专人指挥和进行信号联系。

固定耙装机尾轮的锚桩（固定楔）通常埋设在掘进工作面煤（岩）壁内。装煤（岩）过程中，往往是由于埋设深度不足、固定不牢、安装位置或角度不符合规定要求等，导致锚桩（固定楔）松动拔出，造成机械事故或人身伤害事故。所以，锚桩（固定楔）固定必须牢固，锚桩（固定楔）的牢固程度必须根据岩性条件在作业规程中明确。

耙装机在装煤（岩）前，如果机身和尾轮固定不牢靠，很容易导致机身的滑移和摆动、尾轮脱落，造成伤人事故。在耙斗运行范围内进行其他工作和行人，也容易造成耙斗腾空、弹跳、摆动等伤人事故。在倾斜井巷移动耙装机时，由于防护措施不当，极易造成耙装机向下滑动，如果下方有人停留或通过，

就会造成人身伤害事故。因此，在倾斜井巷中移动耙装机时，下方不得有人。当耙装机在倾角大于 20°倾斜井巷上山装煤（岩）作业时，上方煤（岩）极易下滑滚落，伤及司机，因此，在司机前方必须安设护身柱或挡板，并在耙装机前方安装能防止机身下滑的防滑装置。

耙装机作业时，距掘进工作面距离过大，不利于装岩；距掘进工作面距离过小，又容易发生事故，不利于安全。因此，耙装机距掘进工作面的距离，应根据现场施工条件在作业规程中做出明确规定。

耙装机在进行耙装作业时，由于钢丝绳与机架、绳轮摩擦、碰撞，很容易产生火花，当工作面瓦斯、煤尘浓度达到爆炸界限时，就可能引起瓦斯、煤尘爆炸事故。因此，高瓦斯、煤与瓦斯突出和有煤尘爆炸危险矿井的煤巷、半煤岩巷掘进工作面和石门揭煤工作面，严禁使用钢丝绳牵引耙装机。

☞ 现场贯彻

采用耙装机作业的工作面在作业地点必须安装防爆照明灯，光照度要满足作业地点需要。照明灯应随机安装或悬挂在巷道一侧，并能跟随迎头前移，确保司机能够看清耙装作业区域，以免影响司机视线。

耙装机工作前，操作司机必须检查各部件连接情况；绞车、卷筒是否完好；制动闸是否完整齐全，灵活可靠；台车固定是否牢固等；钢丝绳磨损情况；安全防护装置是否有效等。

耙装机在巷道拐弯段装煤（岩）时，要在拐弯处安装双向辅助导向轮，并清理好机道。在钢丝绳运行的外侧设专人指挥和信号联系，严禁指挥人员进入内侧。耙装作业时，不可强行

牵引耙斗、猛拉主绳、同时操作两个操作手柄，防止钢丝绳和耙斗因摆动较大撞击挡绳栏和护栏，出现耙斗出槽、钢丝绳弹跳伤人。

固定耙装机尾轮的锚桩（固定楔）位置视工作面情况而定，通常埋设在巷道煤（岩）堆以上800～1000 mm，左右移动悬挂位置，以耙清巷道两侧煤（岩）处为宜，楔眼最好与工作面有5°～7°偏角为宜，固定楔严格按照使用要求安装。

耙装机在装岩（煤）前，作业人员必须按照规定使用和固定尾轮，不得将尾轮挂在已施工柱腿、棚梁、锚杆（锚索）等支护物上，并用卡轨器、地锚、机身斜撑等装置固定好机身。耙装过程中，严禁其他作业人员进入或在耙斗运行区域进行其他工作或停留。在倾斜井巷移动耙装机时要慢速度牵引，在耙装机下方及两侧不准有人，防止机身突然移动或下滑伤人。在倾角大于20°倾斜井巷上山装煤（岩）作业时，司机前方必须安设牢固的护身柱或挡板。在倾斜井巷中使用耙装机，为防止机身下滑，可采用卡轨器将台车固定在轨道上、机身后部增加斜撑和使用阻车器等方法防止机身下滑。

耙装机作业时，耙装机距工作面的距离以6～25 m为宜。

在高瓦斯、煤与瓦斯突出和有煤尘爆炸危险矿井的煤巷、半煤岩巷掘进工作面和石门揭煤工作面，严禁使用钢丝绳牵引耙装机装煤（岩）。

第六十二条　使用挖掘机时，应当遵守下列规定：

（一）严禁在作业范围内进行其他工作和行人。

（二）2台以上挖掘机同时作业或者与抓岩机同时作业时应当明确各自的作业范围，并设专人指挥。

（三）下坡运行时必须使用低速挡，严禁脱挡滑行，跨越轨

道时必须有防滑措施。

（四）作业范围内必须有充足的照明。

条文解读

本条是关于使用挖掘机应遵守的规定。

挖掘机工作时，占用空间较大，若作业范围内有人作业、停留或行人，可能会因挖掘机行走、旋转、回转臂的摆动、挖斗装岩等作业，引起严重的人员伤害。因此，严禁在挖掘机作业范围内进行其他工作和行人。

由于井下作业空间狭小，挖掘机、抓岩机、吊桶等装运设备之间可能存在相互影响，若采用2台以上挖掘机同时作业或与抓岩机同时作业时，若各自作业范围不明确，缺少专人指挥或指挥混乱，装载、提升无序，易引起相互之间发生碰撞、拽拉等现象，造成抓斗摆动过大撞击模板、碰伤作业人员、抓岩机坠落事故，或造成挖掘机机械事故或人身伤害事故。因此2台以上挖掘机同时作业或与抓岩机同时作业时应明确各自的作业范围，并设专人指挥。

下坡运行时必须使用低速挡慢速行驶，行走坡度不得超过机械允许的最大坡度，严禁空挡滑行，防止停车时车体在重力作用下向前滑移而造成人身伤害或机械事故。通过松软底板或跨越轨道时应采取铺垫加固和防滑措施，防止运行过程中出现卧机和机身滑动、倾斜、侧翻，造成人身伤害或机械事故。

工作面作业时，必须安装有照明，确保作业地点良好的显色性和稳定性，防止作业过程中由于视线受限发生事故。

现场贯彻

挖掘机司机必须经过专业培训合格，持证上岗。开机前，首先启动警铃，检查环境安全情况，清理道路上的障碍物，无关人员离开挖掘机，然后提升铲斗。挖掘机倒车时，要有专人指挥，留意挖掘机后面盲区。挖掘机工作时，挖掘机回转半径内，严禁进行其他工作、人员随意走动及其他障碍物。

挖掘机工作过程中，当班施工人员要指定专人或班长统一指挥、协调，防止发生抓斗、吊桶与挖掘机相撞，井下把钩工、吊盘信号工要加强责任心，切实做好吊桶、挖掘机安全配合操作工作，吊桶下落时，要提醒挖掘机避让。挖掘机操作时要集中精力，看清工作面人员及吊桶位置，动作要平稳，严禁忽快忽慢、挖斗摆动过大，防止铲斗、油缸等碰撞模板。装载时，将吊桶与机器保持一个合适距离，防止与吊桶及井壁产生磕碰。挖够段高后，挖掘机应停靠在靠近井帮位置，避开中心位置。两台及以上挖掘机配合作业时，明确划分每台作业区域，避免相互干扰。下坡运行时，要慢速行驶，严禁脱挡滑行，行走坡度不得超过允许最大坡度。停车后，把铲斗轻轻地插入底板，并在履带下铺设防止挡车装置，防止停车后向前滑移。跨越轨道时，应采用防滑材质铺垫，平整底板。

工作面作业地点必须安装有照明装置，确保作业地点有足够灯光照度，吊盘不少于 2 盏，工作面不少于 4 盏，其他人员应佩戴矿灯。采用挖掘机作业时，挖掘照明设施必须保持完好并开启。

第二节　建井期间生产及辅助系统

第七十五条　立井凿井期间采用吊桶升降人员时，应当遵守下列规定：

（一）乘坐人员必须挂牢安全绳，严禁身体任何部位超出吊桶边缘。

（二）不得人、物混装。运送爆炸物品时应当执行本规程第三百三十九条的规定。

（三）严禁用自动翻转式、底卸式吊桶升降人员。

（四）吊桶提升到地面时，人员必须从井口平台进出吊桶，并只准在吊桶停稳和井盖门关闭后进出吊桶。

（五）吊桶内人均有效面积不应小于 $0.2\ m^2$，严禁超员。

条文解读

本条是关于立井凿井期间采用吊桶升降人员应遵守的规定。

立井凿井期间采用吊桶升降人员时，乘坐人员若没有按照规定佩戴安全绳，一旦出现吊桶重心不稳发生旋转摆动，碰撞井壁、管路、吊盘等造成吊桶挂翻脱钩，或由于身体超出吊桶边缘，出现挂、蹭现象，都会导致乘坐人员人身伤害或坠井事故发生。因此，为防止伤人事故发生，乘坐人员必须挂牢安全绳，严禁身体任何部位超出吊桶边缘。

采用吊桶人、物混装运送时，易发生人身伤害事故。因此，不得人、物混装运送。

采用自动翻转式、底卸式吊桶升降人员时，吊桶在升降过程中可能出现吊桶底打开，防翻转装置失灵，造成人员坠井事

故发生。因此，严禁用自动翻转式、底卸式吊桶升降人员。

吊桶提升到地面时，必须在吊桶停稳、关闭井盖后从井口平台进出吊桶，防止进出吊桶时发生坠井事故。

吊桶乘人时，吊桶内人均面积应不小于0.2 m^2，严禁超员运送。是防止吊桶内过于拥挤，互相之间没有活动的余量，防止发生倾斜时向一侧挤压，发生坠井危险。

☞现场贯彻

采用吊桶升降人员时，必须对吊桶连接装置进行检查，坐吊桶人员必须排队按顺序上下，不得拥挤和打闹，所有乘坐吊桶人员要听从把钩工指挥，没有把钩工的许可不准进出吊桶，严禁超员。进入吊桶后，乘坐人员必须按照规定佩戴好安全绳，并将安全绳固定在牢固的构件上。当吊桶开动后，要站稳，乘坐人员严禁将身体任何部位及携带的工具超出吊桶边缘，且吊桶边缘上不得坐人，严禁向吊桶外抛掷任何物品。吊桶内装有物料时，不管所装物料有多少，不准人员搭乘。采用吊桶运送爆炸物品时，严格按照《规程》第三百三十九条的规定执行。严禁采用自动翻转式、底卸式吊桶升降人员。吊桶提升到地面时，必须在吊桶停稳、关闭井盖后从井口平台有秩序地上、下吊桶，不准拥挤，争抢上、下吊桶。

第八十一条　在吊盘上或者在2 m以上高处作业时，工作人员必须佩带保险带。保险带必须拴在牢固的构件上，高挂低用。保险带应当定期按有关规定试验。每次使用前必须检查，发现损坏必须立即更换。

条文解读

本条是关于工作人员佩带保险带的规定。

保险带是用来防止高空及高处作业人员发生坠落或发生坠落后将作业人员安全悬挂的个体防护装置。

立井开凿过程中，在井架上、井筒内的悬吊设备上（内）和井圈上作业及拆除保险盘作业，均属高空作业。在安装、拆卸、倒钩、运输等作业过程中，由于人身失稳、设备碰撞、保险装置失效等情况，造成设备晃动、倾斜、翻转等失衡现象，若作业人员未佩戴保险带或保险带不牢固、佩戴不符合要求，必然造成坠井事故。因此，为防止作业人员坠落，在吊盘上或在 2 m 以上高处作业时必须佩戴保险带。

为确保保险带使用安全，保险带必须有可靠的质量保证，佩戴的保险带必须经过整体静态负荷测试、整体滑落测试等有关规定试验合格方可使用，防止使用过程中出现连接器开启、扎紧扣意外开启、织带撕裂、断绳、伸展长度超过规定等现象，导致人身事故。因此，保险带必须定期按有关规定试验，每次使用前必须检查，发现损坏时，必须立即更换。

现场贯彻

立井开凿过程中，在井架上或井筒内的悬吊设备上作业时、吊桶或随吊盘升降时、拆除保险盘或掘凿保护岩柱时、在井圈上清理浮矸时或在 2 m 以上高处等地点作业时必须佩带保险带。

保险带每次使用前，必须确认绳带无变质、卡环无裂纹、卡簧弹跳性良好且试验合格并在有效期内，发现不完好，严禁使用，必须立即更换。佩戴时，必须按照使用说明佩戴，严禁

把保险带系挂在移动、带尖锐棱角或不牢固的构件上，如无固定挂处，应采用适当强度的钢丝绳或采取其他方法。绳子不能打结使用，挂钩锁扣必须锁好，防止摆动碰撞。扣挂安全带时必须要做到高挂低用，严禁低挂高用。在原有作业地点出现行动不方便时，必须及时换位，重新系挂保险带。换位时，必须在新的站位地点站稳，并确认周围环境安全后，方可从原地点摘掉保险带，系挂在新地点。多人同时作业时，保险带不准交叉系挂。

第五章　开　　采

第一节　回采和顶板控制

第一百零二条　采用锚杆、锚索、锚喷、锚网喷等支护形式时，应当遵守下列规定：

（一）锚杆（索）的形式、规格、安设角度，混凝土强度等级、喷体厚度，挂网规格、搭接方式，以及围岩涌水的处理等，必须在施工组织设计或者作业规程中明确。

（二）采用钻爆法掘进的岩石巷道，应当采用光面爆破。打锚杆眼前，必须采取敲帮问顶等措施。

（三）锚杆拉拔力、锚索预紧力必须符合设计。煤巷、半煤岩巷支护必须进行顶板离层监测，并将监测结果记录在牌板上。对喷体必须做厚度和强度检查并形成检查记录。在井下做锚固力试验时，必须有安全措施。

（四）遇顶板破碎、淋水，过断层、老空区、高应力区等情况时，应加强支护。

条文解读

本条是关于锚杆、锚索、锚喷、锚网喷支护等支护形式时应遵守的规定。

巷道掘进前必须编制掘进作业规程，其中要有巷道支护设

计内容，明确巷道支护方式、支护参数、施工工序及施工质量。采取喷浆、锚索、锚喷、锚网喷等支护形式的巷道，掘进作业规程中要明确锚杆（索）的形式、规格、安设角度，混凝土强度等级、喷体厚度，挂网规格、搭接方式，围岩涌水的处理，顶板离层监测和支护质量管理内容，锚杆、锚索的挂牌管理和施工人员、工程质量验收人员的姓名。

岩石巷道掘进采用人工爆破法施工时，通常采用光面爆破法。光面爆破技术的特点是：岩面不会产生明显的炮震裂缝，巷道轮廓成形规整，减少超挖或欠挖量，巷道周边留下半个炮眼的眼痕，眼痕率越高，危岩出现越少，越有利于采用锚喷支护。因此，采用钻爆法掘进岩石巷道时，必须采用光面爆破。

打锚杆眼前，首先要敲帮问顶，将危岩、悬矸处理掉。遇到大块活石不能处理时，可先采取打顶柱或临时支护办法控制，防止顶板离层脱落和片帮伤人事故发生。只有在确保安全的条件下，方可进行作业。

锚杆、锚索、锚喷、锚网喷支护是通过锚固剂将锚杆、锚索与围岩黏结在一起，并通过喷射混凝土喷层来共同约束围岩变形，形成承载共同体。采用该种支护方式的巷道，要定期对锚杆及锚索进行拉拔力及锚杆安装扭矩检验。煤巷锚杆支护必须进行巷道表面和深部位移、顶板离层等综合矿压监测，且顶板离层仪必须挂牌管理，做好监测记录。在井下做锚固力试验时，必须有安全措施，防止锚杆脱落、顶板落石伤人事故发生。锚喷支护巷道必须定期做混凝土厚度和强度检查，保证锚喷支护井巷工程质量，并有检验记录。

巷道施工遇顶板破碎、过断层、过老空、高应力区等情况时，若巷道支护不及时、支护失效，则易发生顶板事故。为防

止顶板事故发生，在这些特殊地段进行巷道施工时，应加强支护，提高支护强度。

☞现场贯彻

光面爆破时，根据现场施工牌板技术参数要求，在钻眼前画出开挖轮廓线，标出炮眼位置，严格按照每孔装药量装药，爆破时从掏槽眼开始，由内向外，最后是周边光面爆破。光面爆破时眼痕率必须符合质量标准规定要求，硬岩不小于80%、中硬岩不小于50%、巷道成型应符合设计要求，控制超（欠）挖。打锚杆眼前，首先要敲帮问顶，及时用长柄工具找净危岩、悬矸。敲帮问顶时应有专人观山，敲帮问顶人员及观山人员应站在安全地点，并保证后路畅通，确认顶板安全后，方可根据安全技术措施要求进行施工锚杆孔。

锚杆、锚索锚固前，必须将孔壁冲洗干净。冲洗钻孔采用的风压或水压应以能冲净锚杆孔内残留物为宜，冲洗钻孔期间，严禁钻孔附近、下方有人作业或停留。锚固锚杆、锚索时，必须采用机械或力矩扳手、张拉器对锚杆、锚索进行紧固、张拉至设计锚固力（预紧力）要求，若紧固过程中出现锚杆、锚索松动失效时，应重新补打锚固，确保符合设计锚固力要求。

煤巷锚杆支护巷道必须按规定安装顶板离层仪，并做好数据记录。顶板离层仪应按规定间隔及时紧跟掘进工作面安装，并挂牌管理，以便监测顶板活动的全过程。离层仪安装应按照时间的先后进行编号，牌板上应清晰标明编号、安装日期、初始读数、深部基点、浅部基点位置、观测责任人等内容。

井下做锚固力试验时，必须制定安全措施。做锚固力试验时注意事项：

（1）拉拔装置应固定牢固可靠。

（2）锚固力试验地点严禁其他人员作业。

（3）拉拔装置下方严禁非操作人员停留或通行。

（4）杆体出现脱落、变形时，应停止试验。

（5）拉拔试验后，应及时紧固，如出现支护失效应及时补打。

锚喷巷道喷层的厚度不得低于设计值的90%，观测孔每25 m施工一组，每组至少3个，且均匀布置。混凝土喷体厚度和强度取样、实验，应严格按措施规定的检测方法、步骤进行作业。喷层检测取样测点位置、检查点数量、实验结果等数据应随时记录。喷层取样后，及时应用砂浆充填、抹平被破坏的检测部位。

工作面遇顶板破碎、过断层、过老空、高应力区等围岩条件复杂的地区时，应采用小循环作业方式掘进，及时进行支护，严格控制好空顶距和空顶时间。采用临时支护要安全可靠，必须紧跟迎头，严禁空顶作业。永久支护必须采用加密支护等措施规定的支护方法，提高支护强度。

第一百零三条　巷道架棚时，支架腿应当落在实底上；支架与顶、帮之间的空隙必须塞紧、背实。支架间应当设牢固的撑杆或者拉杆，可缩性金属支架应当采用金属支拉杆，并用机械或者力矩扳手拧紧卡缆。倾斜井巷支架应当设迎山角；可缩性金属支架可待受压变形稳定后喷射混凝土覆盖。巷道砌碹时，碹体与顶帮之间必须用不燃物充满填实；巷道冒顶空顶部分，可用支护材料接顶，但在碹拱上部必须充填不燃物垫层，其厚度不得小于0.5 m。

条文解读

本条是关于架棚支护及砌碹充填的规定。

巷道架棚支护时，支架柱腿应放在实底上，提高支架稳定性及强度，防止支架受力失稳倾倒，造成顶板事故。

为提高支架稳定性高承载能力，支架间应设牢固的拉杆或撑杆。支架间拉杆或撑杆是支架间的连接构件，作用是使支架沿巷道轴向相互联成一体传递支架间的压力，防止支架歪斜、扭转，增加支架的纵向约束。如果支架间没有牢固的拉杆和撑杆，或者拉杆和撑杆遭到损坏，支架的稳定性和承载能力下降，巷道围岩会向巷道内的自由空间产生变形移动，使支架产生不规则的扭曲变形，甚至失稳推到支架，引发局部冒顶或大面积冒顶事故发生。因此，可缩性金属支架之间应使用金属支拉杆，不得使用容易变形、折损材质的支拉杆。

可缩性金属支架的可缩量是由 U 型钢梁与腿搭接处摩擦阻力的大小决定的，其摩擦阻力的大小由卡缆螺丝提供，螺丝越紧固，梁腿之间的摩擦阻力就越大。所以，卡缆的螺丝必须用机械或力矩扳手紧固并符合设计要求。

支架与顶、帮之间的空隙必须塞紧、背实，阻止巷道围岩的变形、破坏，保证支架受力均匀，预防支架变形失效。在支架上方高冒处应用方木、圆木码成“井”字型与顶接实，如果不紧密接顶，刹好周帮，就可能发生推垮或漏垮型冒顶事故。

倾斜井巷支架既要承受顶板垂直压力，又要承受推力，因此，倾斜井巷支架应设迎山角，用来平衡顶板产生的下滑力，且迎山角应符合质量标准的规定要求。

采用可缩支架喷射混凝土联合支护时，应待围岩、支架变形稳定后喷射混凝土覆盖。主要是防止围岩变形、支架收缩导致混凝土喷层产生裂缝、离层剥落，造成支护失效。

巷道砌碹施工时，由于碹体与围岩之间充填质量不合格，造成载荷聚中，受力不均，导致碹体挤拉变形破坏，支护失效。为适应围岩变形，通过不燃材料进行充填，消除和减缓围岩与碹体受力状态，使碹体均力受载，提高巷道支护承载力。巷道冒顶空顶部分，可用支护材料接顶刹背，但在碹拱上部必须充填不燃物垫层，其厚度不得小于0.5 m。

☞现场贯彻

巷道架棚支护时，严格按照腰线确定柱窝深度，柱窝深度不得小于措施规定要求。柱腿应放在实底上，严禁放在浮煤（岩）上。如果底板松软，要加穿柱鞋；底板不平，必须处理修整。

架棚时，支架间的拉杆或撑杆必须齐全牢固，拉杆或撑杆布置必须成线，牢固有力，无松动。支架之间应使用金属拉杆，每个搭接点至少有一道拉杆，拉杆的抗拉强度必须符合作业规程规定要求。卡缆螺母必须用机械或力矩扳手拧紧，螺母扭矩符合设计要求，不得出现松动，并在每班施工前对迎头支护段进行复紧。支架顶帮煤（岩）由于漏冒、片帮、超挖等造成空帮、空顶时，必须用刹背材料塞紧、背实。

倾斜井巷架棚施工时，严格按照标定腰线施工，支架不能垂直顶底板架设，必须向上山方向迎一个角度，角度大小一般为巷道倾角的1/6～1/8。

采用可缩支架喷射混凝土支护时，先喷支架与岩面之间的混凝土，待支架受压变形稳定后，再喷射混凝土覆盖可缩性钢

支架。

巷道砌碹时，应随砌随将壁后用水泥砂浆、粉煤灰、碎石等其他不燃材料充填。巷道空顶处可用支护材料刹背接顶，但在碹拱上部必须充填厚度不小于0.5 m 的不燃物垫层。壁后充填应饱满、充实，无空顶、空帮现象，禁止不充填或半充填。施工过程中应严格工程质量管理及验收，详细填写施工及质量自检记录表。

第一百零四条　严格执行敲帮问顶及围岩观测制度。

开工前，班组长必须对工作面安全情况进行全面检查，确认无危险后，方准人员进入工作面。

条文解读

本条是关于敲帮问顶制度及围岩观测制度的规定。

敲帮问顶就是利用长柄工具敲击工作面顶板、两帮暴露的煤体或岩石。通过发出的回音来探明周围煤体或岩石是否松动、断裂或离层，以此判断工作面安全性。

围岩观测就是通过现场监测获得围岩动态和支护工作状态的信息（数据），为修正和确定支护提供参数。观测方法可采用十字布点法观测巷道顶板下沉量、底鼓量及两帮位移量；顶板离层仪观测巷道围岩运动状况；钢拱支架采用应力盒、测力计等监测支架受力及围岩状况。

开工前，班组长必须对工作面安全情况进行全面检查，确认无危险后，方准人员进入工作面。

现场贯彻

巷道施工过程中，必须严格落实敲帮问顶制度，及时处理危岩悬矸。敲帮问顶时，找顶人员、观山人员应站在顶板支护完好、后路通畅的地点，由找顶人员采用长柄工具或手镐由轻而重地敲击顶板和两帮，如发出“空空”或“嗡嗡”声，表示顶板的岩石、煤帮的煤块已离层，有可能立即垮落、片帮，应立即用长把工具撬下来；如果发出清脆的声音且手感没有震动，说明没有离层，是安全的，如果手感有震动，应立即架设临时支架或采用前探支护。

敲帮问顶注意事项：敲帮问顶工作应由班组长或有经验的老工人负责并指定专人观山，观山人员不应站在找顶人员正后方，以免影响找顶人员退路。敲帮问顶时，严禁无关人员进入敲帮问顶地点作业，要由外向里，先顶后帮顺序进行；如果发现有危岩悬矸，及时进行解决，若顶板出现离层、断裂，又不能立即挑下时，必须立即进行支护或采取临时支护措施，临时支护必须牢固可靠；在敲帮问顶时，发现裂隙逐渐扩大、压力增大时必须立即撤离受冒落区威胁的人员；敲帮问顶后确认安全，其他施工人员方可进入工作面作业。

巷道围岩观测可通过巷道表面和深部位移、顶板离层、锚杆（锚索）受力状况、钢拱支架受力等综合矿压监测，及时记录观测数据，严禁施工人员私自调整巷道各观测仪（设施），严格按照措施规定施工观测孔和安装观测仪。

开工前，班组长必须对工作面安全隐患进行全面排查、整改和安全确认。在确认无危险后，方准作业人员进入工作面作业。检查内容主要有：工作面支护及临时超前支护是否到位，有无失效支护；工作面顶板、煤壁是否有冒顶、片帮预兆；通风系统是否可靠，风量是否满足《规程》要求，有无漏风现象；工作面瓦斯浓度是否符合《规程》要求；综合防尘装置是否可

靠；监测监控、信号、通信装置是否灵敏、可靠；消防设施、设备是否完好；机电设备保护是否有效，设备运行是否正常；风、水管路是否连接可靠，有无漏风、漏水现象；巷道内物料及配件码放是否整齐，是否影响通风、行人，工作面是否有透水、煤与瓦斯突出征兆等影响安全生产的其他安全隐患等。

第二节　采掘机械

第一百一十九条　使用掘进机、掘锚一体机、连续采煤机掘进时，必须遵守下列规定：

（一）开机前，在确认铲板前方和截割臂附近无人时，方可启动。采用遥控操作时，司机必须位于安全位置。开机、退机、调机时，必须发出报警信号。

（二）作业时，应当使用内、外喷雾装置，内喷雾装置的工作压力不得小于 2 MPa，外喷雾装置的工作压力不得小于 4 MPa。

（三）截割部运行时，严禁人员在截割臂下停留和穿越，机身与煤（岩）壁之间严禁站人。

（四）在设备非操作侧，必须装有紧急停转按钮（连续采煤机除外）。

（五）必须装有前照明灯和尾灯。

（六）司机离开操作台时，必须切断电源。

（七）停止工作和交班时，必须将切割头落地，并切断电源。

条文解读

本条是关于使用掘进机、掘锚一体机、连续采煤机掘进应

遵守的规定。

由于掘进工作面空间狭窄、作业人员集中，而掘进机体积又大，工作时前后、左右、上下移动容易引起伤人事故。为避免伤人事故发生，掘进机开动前，必须发出预警信号，提醒掘进机附近人员撤至安全地点。警报发出后，在确认铲板前方、截割臂附近和机身两侧等危险区域无人员作业或停留后，方可启动掘进机。采用遥控操作时，操作司机必须在开机、退机、调机时发出声光报警。

为降低煤（粉）尘对作业人员的威胁，改善工作面的劳动条件，增加掘进机使用寿命、防止截割火花引起煤尘或瓦斯爆炸事故，掘进机必须安装内、外喷雾装置用以冷却切割电机、油泵电机、泵箱油温、截齿和工作面降尘。内喷雾装置的压力不得小于 2 MPa，外喷雾装置的压力不得小于 4 MPa。

掘进机在运行过程中，通过机身左右调整、截割部上下、左右摆动实现切割，如果在截割臂下停留、穿越和机身与煤（岩）壁之间站人容易造成伤人事故。

掘进机工作时发出的噪声和产生的矿尘，影响司机对机身另一侧状况做出准确判断。若工作面发生异常、紧急情况，在非操作侧的作业人员可通过操纵急停按钮，停止掘进机运转，避免事故的发生和扩大。因此，在掘进机非操作侧，必须装有能紧急停转按钮。

掘进机安装前照明灯和尾灯，有利于掘进机司机操作时，对前后方情况的观察，同时对其他人员起到警示作用。

当司机离开操作台、停止工作或交班时，如果不切断电源，一旦被其他作业人员触及控制按钮或掘进机司机误操作启动，可能造成附近作业人员伤亡事故。停机后，如果切割头悬

在空中，一旦出现升降液压油缸密封破裂、管路破裂和平衡阀故障，会使切割头快速下落，造成人员伤害事故或机电事故。因此，当掘进机停止工作时，必须切断电源，将切割头落地。

☞现场贯彻

掘进机、掘锚一体机、连续采煤机司机，必须经过培训合格，取得操作资格证书方可操作。开机前，必须打开前后照明灯，并对机械设备进行全面检查，确认完好后，方可启动。启动前，首先要发出预警信号，观察工作面顶板、支护、机身周围情况，发现机身前方、铲板前方、截割臂附近、机身两侧、转载机构下方等危险部位有作业人员作业、停留、通过时，不得启动掘进机械。司机采用遥控操作时，必须位于安全位置，无论开机、退机、调机都必须按照操作规程规定操作，及时发出声光报警信号。

开动掘进机械时，必须执行“开机先开水，无水不开机”制度。开机前必须对冷却喷雾系统进行检查，喷雾装置完好，各种喷雾管路不准有挤、压、跑、冒、滴、漏现象；发现喷雾无水或堵塞时必须立即处理；若喷雾无水或内喷雾装置的工作压力小于2 MPa，外喷雾装置的工作压力小于4 MPa要求时，严禁开机作业。

掘进期间，作业人员严禁在下列区域内停留、穿越和站立：截割臂前方、下方、两侧；机身两侧；装载机构两侧；刮板输送机机尾转载两侧及后方。

掘进机工作过程中出现下列情况时，可利用非操作侧急停按钮停机：遇到威胁人身和设备安全；突发机械故障；工作面

出现冒顶预兆、倒架、支护失效、大块煤岩被卡、瓦斯浓度突然增大、突水预兆、煤与瓦斯突出预兆等其他紧急情况。

在司机离开操作台、交接班或故障检修停止掘进机时，必须将切割头落地，后退距迎头不少于5 m，并将操作手柄置于“零”位，断开隔离开关，切断电源，闭锁电控箱和磁力起动器隔离开关。

第一百二十条　使用运煤车、铲车、梭车、履带式行走支架、锚杆钻车、给料破碎机、连续运输系统或者桥式转载机等掘进机后配套设备时，必须遵守下列规定：

（一）所有安装机载照明的后配套设备启动前必须开启照明，发出开机信号，确认人员离开，再开机运行。设备停机、检修或者处理故障时，必须停电闭锁。

（二）带电移动的设备电缆应当有防拔脱装置。电缆必须连接牢固、可靠，电缆收放装置必须完好。操作电缆卷筒时，人员不得骑跨或者踩踏电缆。

（三）运煤车、铲车、梭车制动装置必须齐全、可靠。作业时，行驶区间严禁人员进入；检修时，铰接处必须使用限位装置。

（四）给料破碎机与输送机之间应当设联锁装置。给料破碎机行走时两侧严禁站人。

（五）连续运输系统或者桥式转载机运行时，严禁在非行人侧行走或者作业。

（六）锚杆钻车作业时必须有防护操作台，支护作业时必须将临时支护顶棚升至顶板。非操作人员严禁在锚杆钻车周围停留或者作业。

（七）履带行走式支架应当具有预警延时启动装置、系统压

力实时显示装置，以及自救、逃逸功能。

条文解读

本条是关于操作掘进机后配套设备的移动式器械的规定。

现在大多数的煤矿都是采用机械化作业，采煤工作面的采煤机、刮板输送机和掘进工作面的掘进机及装载机等都属于移动式的机器，由于工作环境的特殊及其机器本身的原因，《规程》中规定司机离开所操作的机器不需要和不允许开动时，必须切断电源，并打开离合器。因为一旦其他人员违章操作、误操作和无意触动机器按钮，就会使机器启动发生意外。运煤车、梭车、履带式行走支架、锚杆钻车、连续运输系统或桥式转载机等掘进机后配套设备也必须严格按照《规程》操作，以免违章操作造成损失。

现场贯彻

（1）运煤车、铲车、梭车、履带式行走支架、锚杆钻车、给料破碎机、连续运输系统或桥式转载机等掘进机后配套设备启动前必须开启照明，发出开机信号，确认人员离开，再开机运行。设备停机、检修或处理故障时，必须停电闭锁。

（2）运煤车、铲车、梭车、履带式行走支架、锚杆钻车、给料破碎机、连续运输系统或桥式转载机等掘进机后配套设备电缆应有防拔脱装置。电缆必须连接牢固、可靠，电缆收放装置必须完好。操作电缆卷筒时，人员不得骑跨或踩踏电缆。

（3）运煤车、铲车、梭车、履带式行走支架、锚杆钻车、给料破碎机、连续运输系统或桥式转载机等掘进机后配套设备制动装置必须齐全、可靠；作业时行驶区间严禁人员进入；检

修时，铰接处必须使用限位装置。

(4) 给料破碎机与输送机之间应设联锁装置；给料破碎机行走时两侧严禁站人。

(5) 运煤车、铲车、梭车、履带式行走支架、锚杆钻车、给料破碎机、连续运输系统或桥式转载机等掘进机后配套设备运行时，严禁在非行人侧行走或作业。

(6) 运煤车、铲车、梭车、履带式行走支架、锚杆钻车、给料破碎机、连续运输系统或桥式转载机等掘进机后配套设备支护作业时，必须将临时支护顶棚升至顶板，其他人员严禁在锚杆钻车周围停留或作业。

(7) 履带行走式支架应具有预警延时启动装置、系统压力实时显示装置，以及自救、逃逸功能。

第三节　井巷维修和报废

第一百二十六条　井筒大修时必须编制施工组织设计。

维修井巷支护时，必须有安全措施。严防顶板冒落伤人、堵人和支架歪倒。

扩大和维修井巷时，必须有冒顶堵塞井巷时保证人员撤退的出口。在独头巷道维修支架时，必须保证通风安全并由外向里逐架进行，严禁人员进入维修地点以里。

撤掉支架前，应当先加固作业地点的支架。架设和拆除支架时，在一架未完工之前，不得中止作业。撤换支架的工作应当连续进行，不连续施工时，每次工作结束前，必须接顶封帮。

维修锚网井巷时，施工地点必须有临时支护和防止失修范围扩大的措施。

维修倾斜井巷时，应当停止行车；需要通车作业时，必须制定行车安全措施。严禁上、下段同时作业。

更换巷道支护时，在拆除原有支护前，应当先加固邻近支护，拆除原有支护后，必须及时除掉顶帮活矸和架设永久支护，必要时还应当采取临时支护措施。在倾斜巷道中，必须有防止矸石、物料滚落和支架歪倒的安全措施。

条文解读

本条是关于维修井巷时支架撤换及倾斜井巷维修时的有关规定。

井巷维修多是由于井巷所处地段矿山压力大、围岩松动破碎，稳定性较差、支护变形严重、支护失效等情况，在拆除原有支护时经常会出现岩石离层冒落，支架稳定性差，支架失稳倾斜、歪倒现象，若疏于防范就会发生顶板事故，严重时造成人员伤亡。为确保作业人员有一个安全可靠的作业场所和空间，施工时必须制定安全措施。

在独头巷道维修支架时，应遵循由外向里逐架进行的原则，并有可靠的通风设备。由于独头巷道只有一个出口，若在失修巷道的里侧维修作业或有人员停留，一旦巷道外部发生顶板冒落，作业人员不能安全撤出，可能造成人员堵埋、窒息或瓦斯事故发生。

撤掉旧支架前，加固工作地点的支架，及时将背顶刹帮牢固，其目的是维护作业地点安全，缩短顶板空顶时间和暴露面积，提高支架稳定性，防止支架由于空帮、空顶，支架支护不力，造成顶板离层垮落，推垮支架，发生冒顶事故。

维修锚网井巷时，必须采取临时支护措施加固顶板，防止

失修范围扩大。

在倾斜井巷维修时，提升运输与井巷维修同时作业，易发生矿车跑车撞人事故。若采用上、下段同时作业，易发生上方顶帮破落矸石及支护物料滚落下方，造成人员伤害事故。所以，维修倾斜井巷时，必须制定防止物体滚落和运输事故的安全措施。

☞ 现场贯彻

维修井巷前，必须对施工地点支架破坏程度，顶板岩石性质、顶板冒落情况等巷道状况进行全面了解。维修作业时，作业人员要严格按照安全措施要求施工，加强顶板控制和支架支护质量管理，防止顶板冒落和支架歪倒事故发生。

扩大和维修井巷需连续撤换支架时，加强通风管理，清理好退路，保证在发生冒顶时人员撤退出口畅通。作业前要检查后路和安全出口支护是否完好可靠，若遇有支架折损、断裂、失稳、巷道掉顶、片帮危及安全时，必须修复后再进行作业。独头巷道维修时，必须由外向里逐架进行，严禁两段或多段作业，并严禁人员进入维修地点以里。

在拆除破坏段巷道原有支护前，必须加固作业地点邻近支护，检查作业地点的帮顶情况，严格执行敲帮问顶及专人观山制度，及时清除松动或离层的危岩悬矸。及时采取临时支护，严禁空顶作业。撤换支架的工作应连续进行，在一架未完工之前，不得拆除另一架或中止工作。不连续施工时，每次工作结束前，必须及时将支架顶帮刹背牢固，确保工作地点的安全。

锚网井巷维修时，应检查巷道支护失修情况，根据施工地点支护、顶板情况，采取临时支护或前探支架，加固顶板。维

修段打锚杆时，要做到锚杆间排距符合设计及质量标准规定。

倾斜巷道维修时，应在拆除巷道支护段下方设置挡板、护栏防止矸石、物料滚落。为防止支架失稳歪倒，架设支架时必须及时连锁支架，支架应迎山有力，严禁退山，支架的岔脚和迎山角必须符合工程质量标准要求及作业规程规定。巷道维修作业期间，应停止斜巷内行车运输，并挂上停止行车牌，以保证维修工的安全。必须提升行车时，维修地段要有可靠的信号联系，并有行车运输安全技术措施。

第一百二十七条　修复旧井巷时，必须首先检查瓦斯。当瓦斯积聚时，必须按规定排放，只有在回风流中甲烷浓度不超过1.0%、二氧化碳浓度不超过1.5%、空气成分符合本规程第一百三十五条的要求时，才能作业。

条文解读

本条是关于修复旧井巷时对瓦斯等有毒有害气体浓度的有关规定。

在报废或停用的旧井巷内，由于长时间不进行通风或通风量较小，井巷内可能积聚大量的瓦斯等有毒有害气体，作业人员一旦误入井巷内，可能因缺氧而窒息死亡，或在修复作业过程中产生火花，而引起瓦斯爆炸。因此，修复旧井巷时，必须首先检查瓦斯等有毒有害气体。

现场贯彻

修复旧井巷前，应首先由瓦斯检查员检查井巷通风情况和维修地点及其周围瓦斯等有害气体浓度情况，在未进行安全确认以前，严禁任何作业人员进入井巷内修复作业。独头巷道维修前，必须先恢复通风，若井巷风流中甲烷浓度超过1.0%或二氧化碳浓度超过1.5%，最高甲烷浓度和二氧化碳浓度不超过3.0%时，必须按照措施规定控制风流排放瓦斯；若甲烷浓度或二氧化碳浓度超过3.0%时，必须按照排放瓦斯措施进行排放。只有当旧井巷风流中瓦斯浓度不超过1.0%、二氧化碳浓度不超过1.5%、空气成分符合《规程》第一百三十五条的要求时，才能进入井巷内维修作业。

第一百二十八条　从报废的井巷内回收支架和装备时，必须制定安全措施。

条文解读

本条是关于回收支架和设备的规定。

从报废的井巷内回收支架和装备时，由于报废井巷安全状况较差，回收过程中容易出现各类安全事故。为了保证回收工作安全可靠，回收作业必须制定安全措施。

现场贯彻

对报废井巷内支架和装备回收时必须严格按照措施相关规定执行。

（1）回收前，应由瓦斯检查员对报废井巷的瓦斯、通风等情况进行详细检查。

（2）当班班长要对工作面支护、顶板、瓦斯、通风等情况进行详细检查。

（3）回收前，应对作业地点巷道支护进行修复，修复支护时应由外向里进行。

（4）回收时，应由里向外逐段进行回收。

（5）回收运输，严格按照措施规定执行。

第一百二十九条 报废的巷道必须封闭。报废的暗井和倾斜巷道下口的密闭墙必须留泄水孔。

条文解读

本条是关于报废巷道封闭的有关规定。

巷道报废以后，因为受采动影响，支架会产生断梁折柱，严重变形、空顶、空帮，顶板破碎等事故。而且在报废的巷道内停止通风，会积聚大量的有害气体和瓦斯，还很可能蓄存大量的积水，若封闭不及时而一旦有人员进入旧巷，就会发生各种伤亡事故。另外，从预防煤炭自然发火的角度来说也应对旧巷及时封闭。

报废的倾斜巷道和暗井封闭后，旧巷内矿井水涌出不会停止，加上本有的积水，积水会越积越多，假如倾斜巷道和暗井下方的密闭墙不设泄水孔，水压会不断增大，将会造成重大事故隐患。

现场贯彻

巷道报废后，应对旧巷及时封闭。封闭报废的暗井和倾斜巷道后，在暗井和倾斜巷道下方的密闭墙设泄水孔。

第一百三十条 报废的井巷必须做好隐蔽工程记录，并在井上、下对照图上标明，归档备查。

条文解读

封填报废的斜井、立井以及平硐时，一定要做好隐蔽工程记录，在井上、下对照图上标明报废井巷隐蔽工程，并做好填图归档，以备后续调档使用。

第一百三十一条　报废的立井应当填实，或者在井口浇注1个大于井筒断面的坚实的钢筋混凝土盖板，并设置栅栏和标志。

报废的斜井（平硐）应当填实，或者在井口以下斜长20 m处砌筑1座砖、石或者混凝土墙，再用泥土填至井口，并加砌封墙。

报废井口的周围有地表水影响时，必须设置排水沟。

条文解读

本条是关于对报废井筒处理的有关规定。

井筒报废以后要依据井筒位置、井筒形式还有其他因素进行妥善处理。

应填实报废的立井，原因是防止井壁拥塌导致人员、建筑物和车辆滑落。盖板必须是钢筋混凝土结构，才能采用盖板处理报废立井，盖板规格要大于井筒断面，盖板一定要具有坚固性和稳定性，同时需要设置栅栏和标志，提醒行人、车辆以及施工单位。

报废井筒要砌筑封墙并从硐口向里用泥土填实至少2 m，以实现封闭的目的。原因在于地表水的渗入、报废的斜井和平硐在硐口处很容易垮落、拥塌。为防止因地表沉陷、烧塌对人员和建筑物的破坏，要对各类报废井筒的处理形式、方法进行填图归档，为各类施工接近井筒区域提供可靠的数据。

现场贯彻

（1）矿井在封闭前必须编制井筒封闭设计，报公司批准后实施填实封堵，井筒封闭过程中的隐蔽工程在隐蔽前，需经验

收合格后，进行隐蔽，并建立隐蔽工程台账存档，工程完工经验收合格后要有竣工总结。

（2）报废井口的周围受地面水影响的，应当设置排水沟，不得使水流入井筒内。

（3）封填报废的立井、斜井和平硐要设置标志。

（4）封填报废的立井、斜井和平硐要填到采掘工程平面图上，同时绘制报废井筒平面图（专用）。

（5）报废井筒的封闭工程验收由技术部牵头，经营策划部、安全监察部、生产运营部、基建部等部门配合。

（6）所有封堵的井筒做好井筒封闭台账，台账应包括以下主要内容：井筒的名称、平面位置和高程、井筒的断面尺寸、深度、倾角、长度、开采煤层、开采范围、积水量、封堵日期、封堵情况等，存档保存。

第四节　防止坠落

第一百三十二条　立井井口必须用栅栏或者金属网围住，进出口设置栅栏门。井筒与各水平的连接处必须设栅栏。栅栏门只准在通过人员或者车辆时打开。

立井井筒与各水平车场的连接处，必须设专用的人行道，严禁人员通过提升间。

罐笼提升的立井井口和井底、井筒与各水平的连接处，必须设置阻车器。

条文解读

本条是关于立井运送人员及井筒与水平的连接处设置挡车

器的规定。

与其他开拓方式相比，立井开拓方式有许多优点，但也有其不足之处。人员、车辆一旦发生坠落，将会导致重大事故的产生，因此必须用栅栏或金属网围住立井井口。

升井时，若人员拥挤，就有可能发生事故，要求有关部门加强管理，并在进出口设置栅栏门，此门只准在车辆和人员通过时才能打开。立井在进行多水平开拓时，与水平车场会出现多个连接处，要求必须设专用人行道，否则人员通过提升间时极易发生坠落事故。人行道上方需设防护设施，且人员必须走人行道。

罐笼提升的立井担负着提升矸石、运送材料、设备、器材、运送人员的任务，矿车的装卸过程是通过在罐笼内设置轨道来实现的，矿车可借助在重车线上向井口方向设置的下坡（一般为7‰～12‰的下坡），自动滑行进入罐笼并顶出罐笼内的空车。假如在井筒与水平连接处不设置挡车器，矿车就很有很可能坠入井底车场造成事故。

☞ 现场贯彻

罐笼提升的立井井口和井底、井筒与各水平的连接处，必须设置阻车器，必须设专用的人行道，严禁人员通过提升间，在进出口设置栅栏门，只准在人员或车辆通过时门才能打开。人员必须走人行道，人行道上方还必须设防护设施。

第一百三十三条　倾角在25°以上的小眼、煤仓、溜煤（矸）眼、人行道、上山和下山的上口，必须设防止人员、物料坠落的设施。

条文解读

本条是关于硐室和巷道内设置防止人员坠落设施的规定。

煤仓、溜煤（矸）眼是用来储存、中转煤岩的硐室；小眼一般是连接两条巷道之间的联络巷；上山和下山是用来运送煤岩、材料、设备等的倾斜巷道。在煤仓、溜煤（矸）眼、小眼、人行道、上山和下山附近或上口作业时，若缺少安全防护装置，一旦发生人员、物料坠落，很容易造成伤人事故。所以，倾角在25°以上的小眼、煤仓、溜煤（矸）眼、人行道、上山和下山的上口，必须设有防止人员、物料坠落的设施。

现场贯彻

在倾角25°以上的煤仓、溜煤（矸）眼处除在上口四周安设牢固、可靠的防护栏外，还必须安装灯光信号、照明装置。作业人员在上口或附近作业时，要严格遵守安全措施规定，不得在无安全措施情况下随意跨越或进入护栏内清理浮煤（岩）、杂物及进行疏通。在小眼、人行道或上、下山必须设置保险绳等防坠装置，运送物料时，严禁巷道内、下部有人通行、停留或从事其他作业。

第一百三十四条　煤仓、溜煤（矸）眼必须有防止煤（矸）堵塞的设施。检查煤仓、溜煤（矸）眼和处理堵塞时，必须制定安全措施。处理堵塞时应当遵守本规程第三百六十条的规定，严禁人员从下方进入。

严禁煤仓、溜煤（矸）眼兼做流水道。煤仓与溜煤（矸）眼内有淋水时，必须采取封堵疏干措施；没有得到妥善处理不得使用。

条文解读

本条是关于煤仓、溜煤（矸）眼的规定。

煤仓、溜煤（矸）眼是矿井重要的临时储存煤炭硐室，一旦发生堵塞，就有可能造成某个工作面或采区甚至全矿停产。堵塞不严重时，能迅速恢复疏通生产，但有时堵塞情况严重较难处理。

常见的堵塞现象有：卡堵、粘壁等，主要是由于从采掘工作面和采区运出的超过允许规定范围的大块煤（矸）或杂物进入煤仓、溜煤（矸）时相互咬卡，或因含水分过多的碎煤（矸）长期受压沉积造成的。在处理堵塞过程中，由于采取措施不当，有可能引发大量的煤和水突然涌出，此时，如果有人员在煤仓、溜煤（矸）眼下停留或从煤仓、溜煤（矸）眼下方进入，就会导致人员伤亡，或造成煤仓、溜煤（矸）眼下方巷道被堵、设备被埋等事故。因此，必须在煤仓、溜煤（矸）上口安设防止煤矸堵塞的设施，严禁人员从下方进入。

若用煤仓、溜煤（矸）眼兼作流水道或内部淋水不能消除，容易使煤仓、溜煤（矸）眼内的煤、矸石结块，堵塞煤仓、溜煤（矸）眼。因此，煤仓内、溜煤（矸）眼内有淋水时，必须采取封堵、疏干措施，严禁将煤仓、溜煤（矸）眼兼作流水道。

现场贯彻

为防止大块煤矸或杂物进入煤仓、溜煤（矸）眼造成堵塞及处理堵塞时发生安全事故，作业时必须严格落实各项安全措施。

1. 防止大块煤矸或杂物进入煤仓、溜煤（矸）眼堵塞的措施

（1）煤仓、溜煤（矸）眼上口应安设由钢轨或其他钢料制作的筛篦，筛篦口径应能防止大块煤（矸）、木料、杂物进入仓内。

（2）煤仓、溜煤（矸）眼应有专人负责看管，发现筛篦损坏，必须及时更换。发现堵塞及时汇报、处理。

（3）煤仓、溜煤（矸）眼上口配备的输送机司机应随时观察输送机运输情况，发现大块煤（矸）、木料、杂物后立即停机。对大块煤（矸）进行破碎，清除杂物。

（4）保持煤仓、溜煤（矸）眼上口无积水，严禁用高压水冲刷仓壁。

（5）严禁将煤仓、溜煤（矸）眼兼作流水道或将巷道积水排放到煤仓、溜煤（矸）眼内。

（6）发现煤仓、溜煤（矸）眼内有淋水时，必须采取封堵疏干，在没采取措施处理前，严禁放入煤（矸）。

2. 处理煤仓、溜煤（矸）眼堵塞的措施

（1）处理堵塞前，首先了解卡眼物基本情况。

（2）处理堵塞前，必须确认在处理时不危及操作人员以及周围人员的安全后，方可进行处理。

（3）处理堵塞时，必须有监视或警戒人员在场，严禁一人作业，严禁人员从下方进入煤仓、溜煤（矸）。

（4）轻微堵塞时，可采用高压空气进行震动处理，严禁采用高压水冲刷堵塞物。

（5）采用长柄工具处理堵塞需进入护栏内时，必须佩带好保险绳。

(6) 处理堵塞时，严禁任何人员在下方停留或通行，机车必须移开，输送机应停止运转。

(7) 采用一般方法不能处理，需要采用爆破法处理时，应严格按照《规程》爆炸物品和井下爆破部分第三百六十条的规定进行处理。

第六章　冲击地压防治

第一节　一 般 规 定

第二百二十八条　矿井防治冲击地压（以下简称“防冲”）工作应当遵守下列规定：

（一）设专门的机构与人员。

（二）坚持“区域先行、局部跟进”的防冲原则。

（三）必须编制中长期防冲规划与年度防冲计划，采掘工作面作业规程中必须包括防冲专项措施。

（四）开采冲击地压煤层时，必须采取冲击危险性预测、监测预警、防范治理、效果检验、安全防护等综合性防治措施。

（五）必须建立防冲培训制度。

条文解读

本条是关于矿井开展冲击地压防治工作的相关规定。

为加强煤矿冲击地压防治工作，保障煤矿职工生命安全，应该制定煤矿冲击地压防治相关规定。

冲击地压矿井必须编制防治冲击地压实施细则、防冲工作的五年规划和年度计划，矿井必须编制冲击地压事故专项应急预案和现场处置方案，报上级管理部门审查备案。

冲击地压煤层进行采掘前，必须编制包括防治冲击地压内

容的作业规程及专项防治措施的实施规程，由防冲技术负责人批准。

煤矿企业、矿井必须建立冲击地压防治培训制度，定期对从事开采冲击地压煤层的有关人员，进行冲击地压知识教育，熟悉冲击地压发生的原因、条件、前兆等基础知识以及需要采取的防治措施。防治冲击地压的措施中，必须明确规定发生冲击地压时的撤人路线，保证职工具备必要的防冲知识和能力。

☞现场贯彻

（1）区队防冲技术人员应配合上级主管部门做好防冲规划及年度工作规划的编制工作。

（2）配备齐全可靠的钻孔机具，配合矿压科（防冲队）、通风工区做好危险区域解危措施（如卸压爆破、煤层注水等）的现场实施，及做好各种数据和有关信息的收集工作。

（3）为防止冲击地压事故危害的加剧，在日常施工中，严格执行防冲要求，并强化工程质量的管理。

（4）发生冲击地压事故后，积极配合单位组织的事故调查及抢险工作。

（5）区队支护质量检查员必须收集支护质量、矿压显现、冲击地压等方面的信息，发现异常应及时报区队、矿压、总调度室、安检等部门。

（6）积极参加职工培训部门组织的防治冲击地压基本知识培训班，使施工地点的所有班组成员熟悉冲击地压发生的原因、条件、征兆以及应急措施，现场发现异常现象必须立即撤出，并服从防冲管理人员的指挥和安排。

第二百三十一条　冲击地压矿井巷道布置与采掘作业应当

遵守下列规定：

（一）开采冲击地压煤层时，在应力集中区内不得布置2个工作面同时进行采掘作业。2个掘进工作面之间的距离小于150 m时，采煤工作面与掘进工作面之间的距离小于350 m时，2个采煤工作面之间的距离小于500 m时，必须停止其中一个工作面。相邻矿井、相邻采区之间应当避免开采相互影响。

（二）开拓巷道不得布置在严重冲击地压煤层中，永久硐室不得布置在冲击地压煤层中。煤层巷道与硐室布置不应留底煤，如果留有底煤必须采取底板预卸压措施。

（三）严重冲击地压厚煤层中的巷道应当布置在应力集中区外。双巷掘进时2条平行巷道在时间、空间上应当避免相互影响。

（四）冲击地压煤层应当严格按顺序开采，不得留孤岛煤柱。在采空区内不得留有煤柱，如果必须在采空区内留煤柱时，应当进行论证，报企业技术负责人审批，并将煤柱的位置、尺寸以及影响范围标在采掘工程平面图上。开采孤岛煤柱的，应当进行防冲安全开采论证；严重冲击地压矿井不得开采孤岛煤柱。

（五）对冲击地压煤层，应当根据顶底板岩性适当加大掘进巷道宽度。应当优先选择无煤柱护巷工艺，采用大煤柱护巷时应当避开应力集中区，严禁留大煤柱影响邻近层开采。巷道严禁采用刚性支护。

（六）采用垮落法管理顶板时，支架（柱）应当有足够的支护强度，采空区中所有支柱必须回净。

（七）冲击地压煤层掘进工作面临近大型地质构造、采空区、其他应力集中区时，必须制定专项措施。

（八）应当在作业规程中明确规定初次来压、周期来压、采空区“见方”等期间的防冲措施。

（九）在无冲击地压煤层中的三面或者四面被采空区所包围的区域开采和回收煤柱时，必须制定专项防冲措施。

条文解读

本条是关于冲击地压矿井巷道布置与采掘作业应遵循的相关规定。

冲击地压的发生与煤岩体层的物理力学性质及采掘过程中在煤岩体中形成的支承压力有着密切关系。在同一煤层同一区段集中应力影响范围内，如果布置两个工作面同时回采会形成支承压力叠加状态，极易诱发冲击地压。同理如果两个掘进工作面，距离较接近时也会形成应力叠加，诱发冲击地压。所以规程明确规定，开采冲击地压煤层时，在应力集中区内不得布置2个工作面同时进行采掘作业。2个掘进工作面之间的距离不小于150 m，采煤工作面与掘进工作面之间的距离不小于350 m，2个采煤工作面之间的距离不小于500 m，相邻矿井、相邻采区之间应避免开采相互影响。

开拓巷道、永久硐室一般都是为全矿或几个采区服务的，安置有大型设备，服务年限长，若将这些巷道、硐室布置在严重冲击地压或冲击地压煤层中，一旦发生冲击地压将严重影响全矿生产，造成较大的经济损失。因此，主要硐室、开拓巷道应布置在稳定岩层或无冲击地压的煤层中。服务期限不超过2年的硐室可以布置在已解除冲击危险的煤层中，保护带宽度不得小于3. 5 倍的采高，各煤层、各水平、各采区和各区段应按合理顺序开采，在褶曲构造中应从轴部开始回采，在盆地构造

中应从盆地开始回采。

煤层厚度对冲击地压的发生有较大影响，在厚煤层中掘进巷道，巷道围岩全部是煤体，使得巷道周边集中应力程度增高，应力集中范围变大，为冲击地压的发生创造了条件。比如我国抚顺矿区，开采煤层属于特厚煤层，无论是发生冲击地压的次数还是震级都相当严重。因此在有严重冲击地压的厚煤层中，所有巷道都应布置在应力集中圈以外。巷道开掘后，在巷道周围3 m处左右是压力集中区，此时如果两个巷道平行掘进且两巷之间保护煤柱小于8 m，就可能造成应力叠加，叠加后的压力远远高于两巷道原来的支承压力，在掘进过程中很容易发生冲击地压。另外，两条平行巷道之间的联络巷道如果与两条巷道斜交，这样就在两条平行巷道之间形成了两个三角煤柱，由于三角煤柱承载能力低，煤层载荷急剧增加，造成支承压力叠加，容易诱发冲击地压，因此要求两条平巷道之间的联络巷道，应与两条平行巷道保持垂直。

冲击地压发生的内因是由岩石内部积聚的能量所引起的，外因是对冲击地压的发生起到触发作用。煤矿井下的采掘活动引起了矿山压力重新分布，造成局部应力集中，极易诱发冲击地压。在采空区留设煤柱时，采空区的压力得到缓解和释放，但在整个顶板系统中其压力并未消失，此时压力将主要作用在采空区留设煤柱上，使得煤柱极限平衡状态遭到破坏和支撑能力降低，煤体内积聚的大量弹性能突然释放而诱发冲击地压。煤柱上的集中应力不仅对本煤层开采有影响，还可向下传递，对下部煤层形成冲击条件，要求在采空区留有煤柱时，必须将煤柱的位置、尺寸以及影响范围标注在采掘工程图上。回采半岛煤柱（三面被采空区包围的地区）和孤岛煤柱（四面被采空

区包围的地区）之前，应对所采煤柱进行防冲安全开采论证，制定专项的防冲措施。

冲击地压多发生在采掘工作面周围煤体的支承压力带范围内，这是由于煤岩体承受较高的支承压力以及煤层自身具有冲击倾向所致。所谓宽巷掘进就是巷道宽度加宽，巷道加宽后能使巷道两侧的卸压带范围加大，支承压力的峰值位置向煤体深部转移，可大大地减少冲击危险性，因断面大可以降低冲击能量，减少冲击地压对人员的伤害和对采掘设备的损坏。

冲击地压是矿山压力显现的一种特殊形式，在采掘活动中所采取的对策必须符合自然规律。针对矿山压力我们可以采取抗压、让压、卸压、移压的措施来控制矿山压力。架设混凝土、金属等刚性支架，属于抗压措施，因为刚性支架允许变形量小，可以积聚大量弹性能，当弹性能量达到和超过煤体允许的变形极限时便容易诱发冲击地压。在冲击地压煤层中的巷道支护应采用可缩性拱形或环形金属支架，支架既有一定的支护阻力，又有一定的可缩性，以适应围岩变形的需要。

开采有冲击地压煤层时，针对坚硬的煤层顶板，采后顶板不垮落、悬顶距离超过作业规程规定时，必须停止采煤，采取措施强制放顶。开采复合顶板煤层，要保证支柱（架）有足够的初撑力，防止离层；要增强支架稳定性，防止发生冒顶。切顶支架应有足够的工作阻力，目的是使顶板在切顶支架处断裂及采空区侧的顶板垮落，从而减轻基本顶对工作面的压力，否则当基本顶悬露达到一定面积，顶板岩层在上覆岩层的重力下，会出现变形、断裂、离层，使悬顶的极限平衡状态遭到破坏，此时在顶板内积聚的大量弹性能突然释放可使工作面大面积来压，甚至冒顶，极易发生冲击地压。另外在采空区中的支架必

须回撤干净，使顶板失去支撑加速垮落，达到卸载目的。有时顶板虽大面积垮落，在采空区仍剩下少量支柱未回撤干净，局部顶板未垮落而且维持时间也不会太长，但这些支柱所支撑的顶板压力未得以释放，由此也可引起或触发冲击地压的发生。

在地壳运动过程中，受水平压应力作用，煤层相继发生弯曲、断裂、倾角和厚度变化，形成褶曲构造带、断层带和煤层厚度及倾角突变点。任何物体都有恢复原来状态的趋势，虽然地壳运动停止，压应力消失，但由于周围岩体的约束已无法恢复，故而在这些地区潜存一个应力能，称为构造应力。这些能量在采掘过程中可随时释放造成冲击。所以在这些地区从事采掘活动，必须制定防治冲击地压的安全措施。

工作面初次来压、周期来压、采空区“见方”等期间会导致工作面的矿压增大、异常，煤岩体中的能量变大，在此期间容易诱发冲击地压，因此应制定针对性的防冲措施。

☞现场贯彻

（1）具有冲击地压煤层的采区应尽量不留煤柱，采用沿空留巷或沿空掘巷。应采用合理的采煤方法、顶板管理方法和落煤工艺，保证顶板充分跨落，并及时报废不需要的巷道。开采时采空区不得留有煤柱、木垛或其他板垛，如果在采空区留煤柱或板垛，必须将煤柱、板垛的位置和尺寸及影响范围标在采掘工程平面图上。

（2）在采动影响范围内，采掘班组应避免安排其他采掘活动。

（3）特别危险冲击地压条件下掘进和回采时，要做好观察和测量数据的统计工作，并上报上级防冲主管部门。特别危险

区包括：采空区周围、采掘工作面通过上层或上部遗留煤柱以及其他应力集中区、石门揭露冲击地压煤层、采煤工作面的超前压力影响区、断层或其他大型地质构造附近、被大量巷道分割的煤层、同时开采的两个以上采煤工作面应力叠加区、邻近煤层或本煤层中开采边界和残留煤柱的影响区、相向推进的采煤工作面之间的煤柱、孤岛采煤及回收煤柱。

（4）在井下冲击地压特别危险区首尾边界建立警示牌，禁止通行。冲击地压特别危险区限定最少的生产必需人员，无关人员禁止停留。在冲击地压特别危险区，机械设备安设以及在大小硐室内的布置、材料堆放要有专门措施。

（5）冲击地压煤层的巷道应采用宽巷掘进或沿空掘巷，采用锚网支护或高强度可缩性支架，严禁采用混凝土、金属等刚性支架。掘进工作面巷道交叉口、采煤工作面前方 50 m 范围内的巷道都要加强支护。

（6）在冲击地压煤层中进行爆破作业时，必须建立详细说明躲炮时间、距离的标志牌，躲炮时间不小于 30 min，躲炮半径不小于 150 m，躲炮地点应位于巷道交叉点和冲击地压特别危险区以外的支架良好处。

（7）在冲击地压煤层危险区掘进、采煤时应控制掘进速度和工作面推进速度，并严格按照作业规程的具体规定来实施。

（8）配合防冲主管领导做好对动力现象明显的施工地点的排查、分析和治理工作。配合做好对有动力现象的煤岩层进行冲击倾向性鉴定，岩层进行弯曲能量指数等项目的测定工作。认真记录岩石巷道揭露煤层或地质构造、应力集中区附近等的施工情况，并将相关数据上报相关部门。

第二节　冲击危险性预测

第二百三十六条　冲击地压危险区域必须进行日常监测。判定有冲击地压危险时，应当立即停止作业，撤出人员，切断电源，并报告矿调度室。在实施解危措施、确认危险解除后方可恢复正常作业。

停采3天及以上的采煤工作面恢复生产前，应当评估冲击地压危险程度，并采取相应的安全措施。

条文解读

本条是有关冲击地压危险区域日常监测及恢复生产的有关规定。

对冲击地压危险区域进行监测，及时提供危险程度信息，判定该区域冲击危险程度，是预测区域冲击危险性的前提。冲击地压发生前，可通过日常监测获取前兆信息，掌握冲击地压前兆，这是实现冲击地压预警、避免人员伤亡的有效措施之一。当预警信息超过临界值时，应立即停止作业，并迅速组织人员按避灾路线撤出，切断电源，报告矿调度室。

工作面停产后在其空间位置上是静止不动的，但此时已经构成的动态平衡系统易出现失稳，工作面顶板来压、片帮等所积聚的能量可能触发冲击地压。因此，要求停产3天及以上的采煤工作面，恢复生产前一班内，应评估冲击地压危险程度，并采取相应的卸压、防护等安全措施，确认冲击地压危险解除后方可恢复生产作业。

现场贯彻

(1) 施工前，跟班人员、当班班长必须认真检查工作地点及其后路出口的安全情况，发现问题及时处理，支护不完好的必须整改合格、加固可靠；煤（矸）杂物清理干净，确保后路畅通。

(2) 施工钻孔前，必须检查施工地点顶帮完好情况，及时找净危矸，当顶板破碎时，应首先进行可靠的支护，确保施工地点的安全。

(3) 在进行钻屑法检测、钻孔卸压时，打眼前严格执行敲帮问顶制度，施工时严禁人员正对着钻杆操作。

(4) 发现监测区域存在冲击危险，必须立即撤出该区域内所有人员（除解危施工人员），采取解危措施，确认无冲击危险后，其他人员方可入内。

(5) 解危人员应时刻注意顶板动态变化情况，如发现煤炮声突发频繁、煤壁有连续声响、煤壁突然外鼓、有较大的煤体突出、围岩活动明显加剧等现象时，应以最快的速度撤出该区域，并设好警戒，同时将该情况详细向矿安全生产指挥中心和防冲队值班人员汇报。待压力稳定后经防冲科人员、跟班区长、瓦安员检查，确认无危险后再施工。

(6) 若工作面停产 3 天以上，恢复回采前一天必须由防冲队进行煤粉量检测和电磁辐射仪监测，在确认无危险后，方可恢复回采；回采后的 3 个工作循环内，防冲队必须加强监测。

(7) 在冲击地压危险区域两侧悬挂“冲击地压危险区域，禁止人员逗留”警示牌。

（9）加强矿压观测，掌握工作面周期来压规律，提前预测来压位置，提前采取防范措施。

（8）现场所有人员应配合防冲队监测、解危施工，不得以任何借口妨碍监测解危施工。

（9）若监测区域发生了冲击地压，防冲队有关人员应及时到现场勘查，记录发生前的征兆、发生经过、有关数据及破坏情况，及时进行分析，并向上级领导汇报。

第三节　区域与局部防冲措施

第二百四十条　冲击地压煤层采用局部防冲措施应当遵守下列规定：

（一）采用钻孔卸压措施时，必须制定防止诱发冲击伤人的安全防护措施。

（二）采用煤层爆破措施时，应当根据实际情况选取超前松动爆破、卸压爆破等方法，确定合理的爆破参数，起爆点到爆破地点的距离不得小于 300 m。

（三）采用煤层注水措施时，应当根据煤层条件，确定合理的注水参数，并检验注水效果。

（四）采用底板卸压、顶板预裂、水力压裂等措施时，应当根据煤岩层条件，确定合理的参数。

条文解读

本条是冲击地压煤层采用局部防冲措施的相关规定。

合理的开采顺序，超前开采保护层等防范措施，是防治冲击地压最有效的、长期性的措施。但是，在煤层开采中，生产

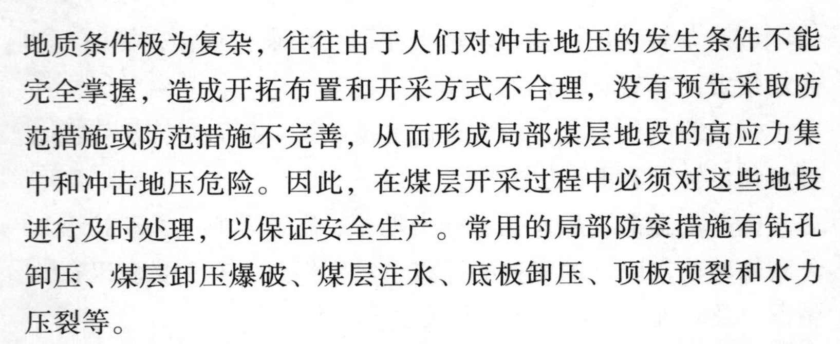

地质条件极为复杂，往往由于人们对冲击地压的发生条件不能完全掌握，造成开拓布置和开采方式不合理，没有预先采取防范措施或防范措施不完善，从而形成局部煤层地段的高应力集中和冲击地压危险。因此，在煤层开采过程中必须对这些地段进行及时处理，以保证安全生产。常用的局部防突措施有钻孔卸压、煤层卸压爆破、煤层注水、底板卸压、顶板预裂和水力压裂等。

钻孔卸压就是利用钻孔方法消除或减缓冲击地压危险的解危措施。钻进愈接近高应力带，由于煤体的积聚能量愈多，钻孔冲击频度越高，强度也越大。尽管钻孔直径不大，但钻孔冲击时煤粉量显著增多。因此每一个钻孔周围形成一定的破碎区，当这些破碎区互相接近后，便能使煤层破裂卸压。钻孔卸压的实质是利用高应力条件下，煤层中积聚的弹性能来破坏钻孔周围的煤体，使煤层卸压、释放能量，消除冲击危险。

煤层爆破一般有松动爆破、卸压爆破等形式。不同的煤层爆破措施，其适用条件和防冲目的不一样，应根据煤层实际情况和需求选取适当的爆破方式，并确定合理的爆破参数。在煤层尚未形成高应力集中或目前不具有冲击地压危险但预测采煤过程中可能出现冲击危险的区域，可实施煤层松动爆破，以改变煤体的物理力学性质，避免煤体中弹性能集聚，防止冲击地压的发生。在煤层已形成冲击地压危险的区域可实施煤层卸压爆破，使煤体应力集中程度下降，煤体中支承压力峰值位置向深部转移，降低煤层冲击危险性。同时，为避免煤层爆破产生的冲击波以及煤层爆破处置不当可能诱发的冲击地压造成人员伤亡，冲击地压危险煤层爆破作业的躲炮距离不小于300 m。在躲炮距离内，对所有通往爆破地点的通道都必须设置爆破警戒，

并设专人看守。

煤层预注水是在采掘工作前，对煤层进行长时压力注水。注水一般是在已掘好的回采巷道内或邻近的巷道内进行。目的是通过压力水的物理化学作用，改变煤的物理力学性质，降低煤层冲击倾向和应力状态。煤层预注水是一种积极主动的区域性防范措施，不仅能消除或减缓冲击地压威胁，而且可起到消尘、降温，改善劳动条件的作用。

煤层压力预注水是在煤层采掘前，向有冲击倾向的煤体进行压力注水，以减缓或消除其冲击能力的一种防范措施。但是，要达到改变煤体特性（增加塑性）的目的，只有煤体达到饱和水量后才有可能。而煤体湿润程度和水分增加量主要取决于孔隙率和透水性。孔隙率表征煤体蓄水能力，透水性表示水在煤体缝隙中的流动能力，而且受到煤层地质开采条件的影响。例如不同的煤种有不同的裂缝和节理；煤层倾角不同或存在断层就能造成水分的不均匀分布；在工作面前方支承压力带中，煤层孔隙可能闭合，造成煤层透气性和透水性降低等。煤层注水效果明显受到回采边界、残留煤柱和支承压力带的影响。试验表明，煤体孔隙率小于4%时难以注水，一般要在5%～6%以上才能顺利注水。水压是通过导水性能好的张性裂缝和裂隙传到煤体内部而发生作用，并使流动通道扩大，含水率增加。因此，为了保证注水效果，应该按照注水技术规范选择合理的注水工艺参数，正确地进行煤层预注水。

底板卸压可破坏煤层底板应力集中、积蓄能力及水平应力在底板中的传递条件。顶板预裂通过人为切断顶板岩层，降低顶板的完整性与强度，促使采空区顶板冒落，削弱采空区与待采区之间的顶板连续性，减小顶板来压时的强度和冲击性；同

时，在弱化煤岩体物理力学性质的同时改变高应力区附近的煤岩结构，降低应力集中程度，破坏冲击地压发生的应力条件和能量传递条件。水力压裂可以在一定程度上改变煤岩冲击倾向性、强度、能量释放速度和形式及改变支承压力的分布状态。

顶、底板的岩性、厚度、倾角与煤层的距离等对底板卸压、顶板预裂、水力压裂等方法的防冲效果影响较大。因此，采用底板卸压、顶板预裂、水力压裂等措施实施局部防冲解危时，需要根据具体的煤岩层赋存条件，选择合理的参数。

☞现场贯彻

（1）打卸压孔之前，一定先打煤粉监测孔，以查清压力带的范围、状态和危险程度。

（2）卸压孔打完之后，也要利用煤粉钻法进行效果检查，若煤粉量仍然超限，就要再增加卸压孔个数，卸压后的检查煤粉孔，要布置在两个卸压孔之间，距原卸压孔不小于 1 ~ 2 m，深度 7 ~ 8 m，方向要平行卸压孔。

（3）为了预防诱发的冲击地压伤人，要加强对钻机操作人员的培训。

（4）打钻时若伴随严重动力现象，则要抽出钻杆，待压力稳定后再工作。卡死钻杆后要在该孔的附近 1 ~ 2 m 处另行打钻（孔深应适当减小）并施行卸压爆破工作。

（5）班组人员都要佩带瓦斯报警仪，并使之处于工作状态，悬挂于施工地点高处检测瓦斯浓度，瓦斯浓度达到或超过 1% 时，不得开钻，达到 1.5% 时，立即将人员撤至安全处，并汇报安全生产指挥中心及通防部门，待通防部门检查处理，确保安全后，人员方可进入作业地点进行施工。

（6）若钻孔内有异常气体冒出，钻探人员应立即切断电源，并通知安全生产指挥中心，安全生产指挥中心启动应急预案，通知受危险区域人员撤至安全地点，并通知通风部门进行检测处理。待处理完毕后，施工人员方可进入施工现场。

（7）因故临时停钻要将钻头退离孔底 15 ~ 20 cm，需停钻 8 h 以上时，要将钻杆退出，防止塌孔卡钻。

（8）作业人员要严格执行好交接班制度，将当班的打钻、孔内等情况详细交代清楚，并做好记录。当班升井后及时将钻进情况整理记入台账。

（9）卸压爆破后 30 min，爆破工、瓦斯检查工和班组长方可首先进入爆破地点，检查通风、瓦斯、煤尘、顶板、支护等情况。确认安全后，防冲人员进入监测冲击危险性；待监测无冲击危险后，施工人员方可进入施工。

第二百四十一条　冲击地压危险工作面实施解危措施后，必须进行效果检验，确认检验结果小于临界值后，方可进行采掘作业。

条文解读

本条是对冲击危险程度的预测方法以及制定相应措施的有关规定。

冲击地压煤层开采属特殊条件开采，必须采取一系列综合防治措施，否则将使回采工作陷入被动局面，甚至无法开采。虽然已经采取措施但还应对其效果进行预测检验。目前预测检验方法有钻粉率指标法（钻屑法）、地音法、微震法等。钻粉率指标法是在煤体内的高应力区打小直径钻孔，测试钻进过程中的排粉量，排粉粒度及动力效应。在高应力区钻进钻孔孔壁迅

速坍塌，不断补充煤粉，一般是正常排粉量的1.5倍以上。另外煤粉粒度也相应增大，除此之外在钻进过程中还可能出现夹钻、卡钻和顶钻现象。通过实验室煤样试验，参照现场实测的各项参数对比，来综合判定所测煤层的冲击危险程度。确认检验指标低于临界值后，方可进行采掘作业。

第四节　冲击地压安全防护措施

第二百四十二条　进入严重冲击地压危险区域的人员必须采取特殊的个体防护措施。

条文解读

本条是有关冲击地压危险区域个人防护措施的有关规定。

冲击地压发生时能量突然释放，易造成大量煤体或巷道内堆积物品的抛出或弹起伤人，人体在颠簸过程中与巷道帮顶、支架、设备及锚杆等突出物碰撞造成人身伤害，防冲帽、防冲服可很大程度保护人体头部、胸部等主要器官，降低对作业人员身体的冲击伤害。因此，在有冲击危险的采掘工作面，必须加强个体防护措施，并最大限度地减少施工人员的数量。

现场贯彻

（1）按照冲击地压危险区域的要求，无关人员一律不得进入冲击危险区，现场作业人员应尽量缩短在冲击地压危险区内的行走和作业时间。

（2）冲击地压危险区内人员工作时必须注意观察顶板情况，如有异常应及时撤出。

（3）所有人员必须按规定使用和佩戴劳动保护用品。

（4）钻孔作业期间施工人员必须戴好防尘口罩。采用钻屑法监测施工时，要在钻眼作业下风侧开启水帘等降尘设施，施工完毕必须对现场进行冲尘。

（5）施工钻孔时，禁止带手套，人员要把持好钻具，防止电缆或管路缠绕、伤人；铺设的胶织袋或塑料布等应足够大，确保钻进时所有的煤粉搜集齐全。

第二百四十三条　有冲击地压危险的采掘工作面，供电、供液等设备应当放置在采动应力集中影响区外。对危险区域内的设备、管线、物品等应当采取固定措施，管路应当吊挂在巷道腰线以下。

条文解读

本条是关于冲击地压危险的采掘工作面供电、供液等设备存放的相关规定。

供电、供液等设备是煤矿生产中的重要设备，若把这些设备布置在有冲击地压危险的采掘工作面，则当采掘工作面发生冲击地压时，可能会导致供电、供液设备损害，影响煤矿安全生产，甚至会引起煤矿安全生产事故。如确需在冲击地压危险区域存放的，必须按规定进行捆绑，大型设备设专门硐室存放；备用材料应存放在距工作面150 m以外，设备、物品应采取固定措施，管路应吊挂在巷道腰线以下，避免因冲击地压抛起的物料对人员的伤害。

现场贯彻

（1）两端头回撤的物料应及时外运，设备列车向后的铁路

全部拆除，物料全部运到距离煤壁150 m以外地点，并采取可靠固定方式，严禁在超前支护段内存放。放置在人行道侧单体支柱等长形金属物料必须靠帮平放并垫牢，用钢丝绳拴牢。

（2）保持两端头出口及超前支护段人行路的畅通；彻底清除转载机身上所有不能固定的物料，防止地压异常冲击时物料伤人。临时的备用材料，必须放到超前支护外，靠巷道外帮码放整齐；物料必须有生根措施，用钢丝绳固定，且要做到部分拧紧、部分保持松弛状态。

（3）冲击危险区的工作面或掘进巷道应尽量减少各类物料码放，保持巷道畅通及足够的断面，确需存放的设备、材料应采取固定措施，码放高度不应超过0.8 m；电缆吊挂留有垂度；各类管路吊挂高度不应高于0.6 m（在应力集中明显的高危区域，应将刚性管路更换为非刚性管路）。

（4）有冲击危险的回采工作面必须加强端头支护和超前支护，提高上下端头和切顶线的支护强度，加大两巷超前支护范围和强度；顺槽煤壁向外150 m范围内，禁止存放刚性材料，正在使用的设备要生根联牢；支护锚杆、锚索应当采取防崩措施。

（5）在冲击地压和突出危险特别大的情况下，应远距离控制和操纵采掘机械，实现“无人工作面”的回采和掘进。

第二百四十四条　冲击地压危险区域的巷道必须加强支护，采煤工作面必须加大上下出口和巷道的超前支护范围和强度。严重冲击地压危险区域，必须采取防底鼓措施。

条文解读

本条是关于冲击地压危险区域的巷道和工作面必须加强支护的相关规定。

工作面内临近冲击地压危险区域时，受地质条件和开采因素影响，易造成能量积聚与应力叠加，必须加强巷道支护强度与范围，尽可能控制或降低巷道的变形量。同时，对冲击地压危险区域的锚杆、锚索、U 型钢支架卡缆、螺栓等采取防崩措施，防止冲击过程中崩落伤人。

严重冲击地压危险区域可能会导致巷道瞬间底鼓，因此，必须提前对巷道底板实施卸压解危，必要时对底板进行封闭柔性支护，降低底板冲击危险性。

现场贯彻

（1）冲击危险区域内巷道的支护质量、巷道断面等必须达到设计和安全要求，巷道两帮不得码放任何无关物料。

（2）进入冲击地压危险区域作业时，首先要对支护情况进行检查，及时处理存在的问题，在可靠支护下开展工作；严禁空顶作业，严格执行敲帮问顶制度。

（3）加强支架之间的整体性，打好撑木，刹牢顶，以免冲击时震倒棚子，引起冒顶伤人。

（4）作业人员要随时注意观察顶、帮变化情况，发现工作面内顶帮异常、煤炮声响集中等可能发生冲击地压危险征兆时，现场跟班人员、班长必须立即组织所有人员按避灾路线撤离至安全地点，及时汇报矿安全生产指挥中心和防冲队，并进行监测处理。

（5）加强工作面顶底板动态监测。

第二百四十五条　有冲击地压危险的采掘工作面必须设置压风自救系统，明确发生冲击地压时的避灾路线。

条文解读

本条是关于有冲击地压危险的采掘工作面设置压风自救系统及避灾路线的相关规定。

压风自救装置是用于冲击地压矿井遇险人员避险自救的设施。它由压气管道、开关、送气器、口鼻罩等组成，利用压气管道中的压气，借助于送气器对压气进行减压、消声、净化等处理，通过口鼻罩供人呼吸。通常安装在采掘工作面的进、回风巷，有人员工作的场所和人员流动的巷道中。发生冲击地压后，灾区人员可以利用它避灾自救，等待救援。

有冲击地压危险的采掘工作面必须规定发生冲击地压时的避灾路线图，并标注在醒目位置。

现场贯彻

（1）现场发现煤炮声突然频繁、煤壁有连续声响、煤壁突然外鼓、有较大的煤体突出、围岩活动明显加剧等现象时，应以最快的速度按照避灾路线撤出该区域，并设好警戒，同时将该情况向矿安全生产指挥中心汇报。

（2）发生冲击地压后，现场人员应立即向矿安全生产指挥中心和防冲队汇报，并由安全生产指挥中心按照《煤矿安全生产事故应急救援预案》，进行事故处理。

（3）在距工作面 25 ~ 40 m 处各安装一组压风自救装置，并能正常使用。

（4）放炮作业时，在操作放炮地点及站岗警戒地点应安装压风自救装置，每组压风自救装置 5 个。

（5）在工作面绞车处、固定排水点、运输摘挂钩点等有人

固定工作的地点各安装一组压风自救装置，每组压风自救装置5个。

（6）必须及时按规定安装、维护、回收压风自救装置，并移挪和管理好分管范围内的压风自救装置。

（7）各单位负责范围内的压风自救装置必须定期清洁除尘并明确专人管理，安装压风自救装置地点保持巷道畅通，便于人员应急佩用。

（8）压风自救装置的压风管路要安设牢固，具有足够的抗冲击强度，保证应急使用安全。

第七章　通风及灾害防治

第一节　通　　风

第一百三十五条　井下空气成分必须符合下列要求：

（一）采掘工作面的进风流中，氧气浓度不低于20%，二氧化碳浓度不超过0.5%。

（二）有害气体的浓度不超过表4规定。

表4　矿井有害气体最高允许浓度

名　　称	最高允许浓度/%	名　　称	最高允许浓度/%
一氧化碳 CO	0.0024	硫化氢 H_2S	0.00066
氧化氮（换算成 NO_2）	0.00025	氨 NH_3	0.004
二氧化硫 SO_2	0.0005		

甲烷、二氧化碳和氢气的允许浓度按本规程的有关规定执行。

矿井中所有气体的浓度均按体积百分比计算。

条文解读

本条是关于井下空气成分和有害气体最高允许浓度的规定。

地面空气进入矿井以后即称为矿井空气，其成分和性质会发生一系列变化，如氧浓度降低，二氧化碳浓度增加，混入各种有毒、有害气体和矿尘，空气的状态参数（温度、湿度、压力等）发生改变等。一般来说，将井巷中经过用风地点以前、受污染程度较轻的进风巷道内的空气称为新鲜空气（新风）；经过用风地点以后、受污染程度较重的回风巷道内的空气，称为污浊空气（乏风）。

尽管矿井空气与地面空气相比，在性质上存在许多差异，但新鲜空气中的主要成分仍然是氧、氮和二氧化碳。在污浊空气中含有大量有毒有害气体：一氧化碳（CO）、二氧化氮（NO_2）、二氧化硫（SO_2）、硫化氢（H_2S）等。

为了保证煤矿工人的身体健康，提供适宜的生产环境与条件，提高工作效率，《规程》对井下工作地点空气的主要成分做出了具体规定。

1. 氧气（O_2）

氧气是维持人体正常生理机能所需要的气体。人体维持正常生命过程所需的氧气量，取决于人的体质、精神状态和劳动强度等。氧气浓度直接影响着人体健康和生命安全，当氧气浓度降低时，人体就会产生不良反应，严重者会缺氧窒息死亡。

空气中氧气浓度与人体症状的关系

氧气浓度/%	主　要　症　状
17	静止状态下无影响，工作时会感到喘息、呼吸困难和强烈心跳
15	呼吸及心跳急促，无力进行劳动
10 ~ 12	失去知觉，昏迷，有生命危险
6 ~ 9	短时间内失去知觉，呼吸停止，可能导致死亡

矿井空气中氧气浓度降低的主要原因：人员呼吸、煤岩和其他有机物的缓慢氧化、煤炭自燃、瓦斯和煤尘爆炸、煤岩自然涌出和生产过程中产生的各种有害气体。

在井下通风不良的地点，如果不经检查而贸然进入，就可能引起人员的缺氧窒息。

2. 氮气（N_2）

氮气是一种惰性气体，是新鲜空气中的主要成分，它本身无毒、不助燃，也不供呼吸。但空气中若氮气浓度升高，则势必造成氧气浓度相对降低，从而也可能导致人员的窒息性伤害。正因为氮气为惰性气体，因此又可将其用于井下防灭火和防止瓦斯爆炸。

矿井空气中氮气的主要来源是：井下爆破和生物的腐烂，有些煤岩层中也有氮气涌出。

3. 二氧化碳（CO_2）

二氧化碳是无色、略带酸臭味的气体，相对密度为 1.52，很难与空气均匀混合，故常积存在巷道的底部，在静止的空气中有明显的分界。二氧化碳不助燃也不能供人呼吸，易溶于水，生成碳酸，使水溶液呈弱酸性，对眼、鼻、喉黏膜有刺激作用。在新鲜空气中含有微量的二氧化碳对人体是无害的，但如果空气中完全不含有二氧化碳，人体的正常呼吸功能将不能维持。所以，在抢救遇难者进行人工输氧时，往往要在氧气中加入 5% 的二氧化碳，以刺激遇难者的呼吸机能。

矿井空气中二氧化碳的主要来源是：煤和有机物的氧化；人员呼吸；碳酸性岩石分解；炸药爆破；煤炭自燃；瓦斯、煤尘爆炸等。此外，有的煤层和岩层中也能长期连续地释放二氧化碳，有的甚至能与煤岩粉一起突然大量喷出，给矿井带来极大的危害。

人体对二氧化碳浓度的反应

二氧化碳浓度/%	主 要 症 状
1	呼吸次数和深度略有增加
3	呼吸次数增加2倍，很快产生疲劳现象
5	呼吸次数增加3倍，呼吸困难、憋气和耳鸣
7	发生严重喘息，极度虚弱无力，强烈头疼
10	头晕，呈昏迷状态
10~15	呼吸微弱，失去知觉
20~25	窒息死亡

4. 一氧化碳（CO）

CO是一种无色、无味、无臭的气体，相对密度为0.97，微溶于水，能与空气均匀地混合。CO能燃烧，浓度在13%~75%时有爆炸的危险；CO与人体血液中血红素的亲合力比O_2大150~300倍。一旦CO进入人体后，首先就与血液中的血红素相结合，因而减少了血红素与氧结合的机会，使血红素失去输氧的功能，从而造成人体血液“窒息”。

一氧化碳中毒程度与浓度的关系

一氧化碳浓度/%	主 要 症 状
0.02	2~3 h内可能引起轻微头痛
0.08	40 min内出现头痛，眩晕和恶心；2 h内发生体温和血压下降，脉搏微弱，出冷汗，可能出现昏迷
0.32	5~10 min内出现头痛，眩晕；0.5 h内可能出现昏迷并有死亡危险
1.28	几分钟内出现昏迷和死亡

空气中一氧化碳的主要来源有：井下爆破；矿井火灾；煤炭自燃以及煤尘、瓦斯爆炸事故等。

5. 二氧化硫（SO_2）

SO_2 是一种无色、有强烈硫黄味的气体，易溶于水，在风速较小时，易积聚于巷道的底部。对眼睛有强烈刺激作用。

SO_2 与水反应后生成硫酸，对呼吸器官有腐蚀作用，使喉咙和支气管发炎，呼吸麻痹，严重时引起肺水肿，当空气中的二氧化硫浓度为 0.0005% 时，嗅觉器官能闻到刺激味；0.002% 时，有强烈的刺激，可引起头痛和喉痛；0.05% 时，引起急性支气管炎和肺水肿，短时间内死亡。

6. 二氧化氮（NO_2）

二氧化氮是一种褐红色的气体，有强烈的刺激气味，相对密度为 1.59，易溶于水。

二氧化氮溶于水后生成腐蚀性很强的硝酸，对眼睛、呼吸道黏膜和肺部组织有强烈的刺激及腐蚀作用，严重时可引起肺水肿。二氧化氮中毒有潜伏期，有的在严重中毒时尚无明显感觉，还可坚持工作。经过 6 ~ 24 h 后才会发作，中毒者指头出现黄色斑点，并出现严重的咳嗽、头痛、呕吐甚至死亡。

二氧化氮中毒程度与浓度的关系

二氧化氮浓度/%	主 要 症 状
0.004	2 ~ 4 h 内不致显著中毒，6 h 后出现中毒症状，咳嗽
0.006	短时间内喉咙感到刺激、咳嗽、胸痛
0.01	强烈刺激呼吸器官，严重咳嗽，呕吐、腹泻、神经麻木
0.025	短时间内可致死亡

矿内空气中二氧化氮的主要来源：井下爆破工作。

7. 硫化氢（H_2S）

硫化氢无色、微甜、有浓烈的臭鸡蛋味，浓度达到0.0001%即可嗅到。硫化氢相对密度为1.19，易溶于水，在常温、常压下一个体积的水可溶解2.5个体积的硫化氢，可能积存于旧巷积水中。空气中硫化氢浓度为4.3%～45.5%时有爆炸危险。

硫化氢剧毒，有强烈的刺激作用。当空气中硫化氢浓度较低时主要以腐蚀刺激作用为主；浓度较高时能引起人体迅速昏迷或死亡。

8. 氨气（NH_3）

氨气是一种无色、有浓烈臭味的气体，相对密度为0.596，易溶于水，浓度达30%时有爆炸危险。氨气对皮肤和呼吸道黏膜有刺激作用，可引起喉头水肿。

矿内空气中氨气的主要来源：爆破工作，用水灭火等；部分岩层中也有氨气涌出。

9. 氢气（H_2）

氢气无色、无味、无毒，相对密度为0.07。氢气能自燃，其点燃温度比甲烷低100～200℃，当空气中氢气浓度为4%～74%时有爆炸危险。

井下空气中氢气的主要来源：井下蓄电池充电时可放出氢气；有些中等变质的煤层中也有氢气涌出。

10. 甲烷（CH_4）

甲烷俗称沼气，是煤矿瓦斯中的主要成分。甲烷是伴随着煤炭的形成而生成的，甲烷相对密度很小，往往积聚在井下空间的顶部，尤其是风速小或无风的场所。甲烷对人体基本无毒

性，但矿井高浓度的甲烷挤占空气的空间，使空气中的氧气浓度下降，从而使空气具有窒息性。甲烷易燃，爆炸浓度为5% ~16%，浓度在9.5%时，甲烷和氧气能完全反应，产生能量最多，爆炸威力最猛。甲烷爆炸又称瓦斯爆炸，瓦斯爆炸发生必须具备3个条件，一是甲烷浓度在爆炸浓度界限范围内；二是混合气体中氧气浓度不低于12%；三是有足够能量的点火源，即火源温度不低于650 ℃，能量大于0.28 mJ，持续时间大于甲烷爆炸感应期。

☞现场贯彻

（1）矿井通防部门根据《规程》要求，制定矿井空气成分的测定周期，通防监测班组要根据测定周期对矿井空气成分定期进行测定，确保矿井空气中氧气、二氧化碳及有害气体符合《规程》要求，并建立测定台账。

（2）采掘班组要按照爆破图表规定的装药量进行井下爆破作业，要使用煤矿许用炸药，不得使用非煤矿许用炸药，防止炸药过量或爆炸不充分产生有毒、有害气体。

（3）严格执行“一炮三检”制度。在采掘工作面装药前、爆破前和爆破后，爆破工、班组长和瓦斯检查员必须在现场，由瓦检员检查瓦斯，爆破地点附近20 m以内风流中瓦斯浓度达到1.0%时，不准装药、爆破。

（4）在井下从事电气焊工作，会产生高温及明火，当电气焊工作地点瓦斯浓度达到5% ~16%，易发生瓦斯爆炸。因此，井下不许从事电气焊工作，特殊情况下确需进行电气焊工作时，必须制定安全措施，报矿总工程师批准。

（5）通防瓦检班组长安排专职瓦检员负责电气焊现场瓦斯

的检查工作，做到每小时检查一次并在电气焊安全措施中签字落实。电气焊工作地点风流中的瓦斯浓度不得超过0.5%，只有在检查证明作业地点20 m范围内巷道顶部和支护背板后无瓦斯积聚时，方可进行工作。

第一百三十六条　井巷中的风流速度应当符合表5要求。

表5　井巷中的允许风流速度

井巷名称	允许风速/(m/s)	
	最低	最高
无提升设备的风井和风硐		15
专为升降物料的井筒		12
风桥		10
升降人员和物料的井筒		8
主要进、回风巷		8
架线电机车巷道	1.0	8
输送机巷，采区进、回风巷	0.25	6
采煤工作面、掘进中的煤巷和半煤岩巷	0.25	4
掘进中的岩巷	0.15	4
其他通风人行巷道	0.15	

设有梯子间的井筒或者修理中的井筒，风速不得超过8 m/s；梯子间四周经封闭后，井筒中的最高允许风速可以按表5规定执行。

无瓦斯涌出的架线电机车巷道中的最低风速可低于表5的规定值，但不得低于0.5 m/s。

综合机械化采煤工作面，在采取煤层注水和采煤机喷雾降尘等措施后，其最大风速可高于表5的规定值，但不得超过5 m/s。

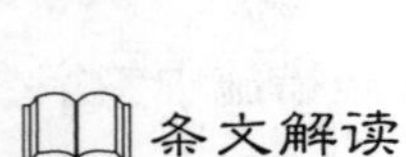

本条是关于井巷中风流速度的规定。

《规程》对于井下不同地点的风速做出了最高和最低的限制规定，主要是从矿井安全生产、人体健康、作业条件与环境等方面考虑的。

矿井井下各类巷道和作业场所的风速过低或过高，都会影响工人的身体健康和安全。限制最高风速的原因主要考虑以下几点：一是风速过高影响工人听觉，降低工作效率，对工人健康不利；二是风速过高会增加井下各类巷道的通风阻力；三是风速过高会引起巷道中各类粉尘飞扬，不利于矿井安全生产。

限制最低风速的原因主要考虑以下几点：一是风量过小、风速过低，不能有效地稀释、排出采掘工作面生产过程中涌出的瓦斯及其他有害气体；二是风量过小、风速过低，会使矿井各类巷道和采掘工作面中的风流流动呈紊流状态，不利于矿井通风安全。

现场贯彻

（1）通防测风班组每旬对矿井所有地点进行一次全面测风，确保各用风地点风速不超规定。

（2）通防监测班组负责在采区回风巷、总回风巷的测风站设置风速传感器，并定期进行调校。

（3）以《矿井风量计算细则》为依据，每月按现场实际温度和有关参数计算井下各用风地点所需风量、全矿井所需风量及各采区的风量，并按《规程》规定的最低、最高风速，对各类巷道风速予以验算。

第一百四十三条 贯通巷道必须遵守下列规定：

（一）巷道贯通前应当制定贯通专项措施。综合机械化掘进巷道在相距 50 m 前、其他巷道在相距 20 m 前，必须停止一个工作面作业，做好调整通风系统的准备工作。

停掘的工作面必须保持正常通风，设置栅栏及警标，每班必须检查风筒的完好状况和工作面及其回风流中的瓦斯浓度，瓦斯浓度超限时，必须立即处理。

掘进的工作面每次爆破前，必须派专人和瓦斯检查工共同到停掘的工作面检查工作面及其回风流中的瓦斯浓度，瓦斯浓度超限时，必须先停止在掘工作面的工作，然后处理瓦斯，只有在 2 个工作面及其回风流中的甲烷浓度都在 1.0% 以下时，掘进的工作面方可爆破。每次爆破前，2 个工作面入口必须有专人警戒。

（二）贯通时，必须由专人在现场统一指挥。

（三）贯通后，必须停止采区内的一切工作，立即调整通风系统，风流稳定后，方可恢复工作。

间距小于 20 m 的平行巷道的联络巷贯通，必须遵守以上规定。

条文解读

本条是关于巷道贯通的规定。

煤矿巷道贯通是煤矿开采过程中必不可少的，是矿井通风管理工作的重点，但是在巷道贯通的时候要特别注意：在煤巷或其他有瓦斯涌出的巷道贯通时，常常由于掘进工作面通风不良、瓦斯积聚或风流系统紊乱，引起瓦斯、煤尘爆炸等事故。因此，掘进巷道贯通前相距一定距离时，必须停止一个工作面作业，只准另一个工作面向前贯通，而且必须事先编制安全技术措施并做好调整通风系统的准备工作。

☞ 现场贯彻

（1）综合机械化掘进工作面距贯通地点 50 m 前，其他掘进工作面距贯通地点 20 m 前，地测部门必须向矿总工程师汇报，并下达“巷道预透通知单”。通防部门接“巷道预透通知单”后编制巷道贯通通防安全措施，并做好调整通风系统的准备工作。准备内容应包括：绘制贯通巷道两端附近的通风系统图，图上标明风流方向、风量和瓦斯浓度，并预计贯通后的风流方向、风量、瓦斯变化情况；明确贯通时调整风流设施的布置和爆破站岗人员等安全措施。

（2）掘进巷道贯通前，只准从一个掘进工作面向前贯通，另一个掘进工作面必须停止作业，保持正常通风，设置栅栏及警标，经常检查风筒的完好状态和工作面及其回风流中的瓦斯浓度。掘进工作面每次爆破前，班组长派专人和瓦斯检查员共同到停掘的工作面检查工作面及其回风流中的瓦斯浓度，只有两个工作面及其回风流中的瓦斯浓度都在 1% 以下时，班组长方可派专人进行站岗警戒，并下达爆破命令。

（3）掘进工作面预透盲巷、旧巷时，班组长必须按安全措施要求提前对被贯通巷道进行探查，只有当被贯通巷道内瓦斯浓度不超过 1% 、CO_2 浓度不超过 1.5% 时，方可贯通。

（4）巷道贯通时必须由总工程师安排人员现场指挥，贯通后首先停止采区内的一切工作，测风员进行现场测风，防止因贯通造成通风系统紊乱或某些地点出现风量不足和瓦斯积聚等现象。

事故案例

1983年3月2日10时，贵州某煤矿工作面机巷与开切眼贯通时，开切眼工作面有2节风筒脱节落地导致瓦斯积聚，机巷爆破时没有检查贯通点两侧的瓦斯，装药过多，爆破引爆开切眼的积聚瓦斯，接着又引起其他4条盲巷内瓦斯煤尘的3次连续爆炸，酿成84人死亡的特大事故。因此，《规程》规定，被贯通的另一个（停掘）工作面必须保持正常通风，经常检查风筒的完好状况和工作面及其回风流中的瓦斯浓度；向前掘进实施贯通的工作面，每次装药爆破前，必须派专人和瓦斯检查员共同对向前贯通的掘进工作面和停掘的工作面及其回风流中的瓦斯浓度进行检查，只有当2个工作面及其回风流中的瓦斯浓度都在1%以下时，向前贯通的工作面方可装药爆破。

1983年1月29日10时，鸡西矿务局某煤矿腰巷与开切眼贯通，没有及时调整通风系统，贯通后的腰巷处于无风状态而瓦斯积聚，腰巷内的小绞车启动时其电机负荷线从接线盒被抽出，产生电弧火花引爆瓦斯，死亡23人。因此，《规程》规定，贯通后必须停止采区内的一切工作，立即调整通风系统，风流稳定后，方可恢复工作。

第一百四十四条　进、回风井之间和主要进、回风巷之间的每条联络巷中，必须砌筑永久性风墙；需要使用的联络巷，必须安设2道联锁的正向风门和2道反向风门。

条文解读

本条是关于进、回风井之间和主要进、回风巷道之间设置通风设施的规定。

矿井在建井或开拓延深施工时，为满足生产需求，建造了矿井进、回风井之间和主要进、回风巷之间的诸多联络巷。当矿井投产后，有些联络巷不再使用，必须构筑永久性密闭墙对其进行封闭，并保证密闭墙构筑质量，杜绝漏风，以避免进风井、进风大巷内的新鲜风流经过联络巷密闭墙缝隙直接进入到回风井或回风大巷，造成矿井有效风量率减小，产生矿井风量不足的严重后果。

对必须使用的联络巷，必须按标准构筑风门，以避免风流短路，保证矿井形成完整的独立通风系统。联络巷必须安设两道联锁的正向风门和反向风门。这是因为两道正向风门具有联锁功能，在人员或车辆通过联络道时，两道风门不能同时打开，只能打开一道，另一道处于关闭状态，这样就避免了联络道的风流短路。两道反向风门主要是在矿井反风时使用。正常生产情况下，两道反向风门敞开；当矿井反风时，两道反向风门自动关闭，由于两道正向风门联锁也不会被吹开，从而确保了反风时不会出现风流短路和井巷中的风流能够反向流动。

☞ 现场贯彻

（1）矿井和采区主要进回风巷道中的主要风门应设置风门传感器。当两道风门同时打开时，发出声光报警信号。

（2）通防密闭工、风门安装工具体负责风门、密闭的施工，严格按规程、措施施工，保证安全，质量标准要符合通防企业标准规定要求；及时检查、维修，确保设施完好、正常使用；建立风门、密闭管理台账。

第一百五十条　采、掘工作面应当实行独立通风，严禁2个采煤工作面之间串联通风。

同一采区内1个采煤工作面与其相连接的1个掘进工作面、相邻的2个掘进工作面，布置独立通风有困难时，在制定措施后，可采用串联通风，但串联通风的次数不得超过1次。

采区内为构成新区段通风系统的掘进巷道或者采煤工作面遇地质构造而重新掘进的巷道，布置独立通风有困难时，其回风可以串入采煤工作面，但必须制定安全措施，且串联通风的次数不得超过1次；构成独立通风系统后，必须立即改为独立通风。

对于本条规定的串联通风，必须在进入被串联工作面的巷道中装设甲烷传感器，且甲烷和二氧化碳浓度都不得超过0.5%，其他有害气体浓度都应当符合本规程第一百三十五条的要求。

开采有瓦斯喷出、有突出危险的煤层或者在距离突出煤层垂距小于10 m的区域掘进施工时，严禁任何2个工作面之间串联通风。

条文解读

本条是关于采掘工作面独立通风和串联通风的规定。

矿井各采区都应独立通风，即采掘工作面、机电硐室及其他用风地点的回风直接进入回风巷中。独立通风对保证煤矿井下安全生产和改善作业场所条件相当重要。

串联通风是新鲜风流经过采掘工作面、机电硐室及其他用风地点后，不直接进入回风系统而进入另一个用风地点，其主要危害有以下几点：

（1）被串联工作面的空气质量不能保证，前一个工作面的瓦斯、二氧化碳、粉尘及其他有害气体会被带入下一个工作面。

（2）串联风路比并联要长，风阻大，影响采区供风量。

（3）一旦被串联的工作面发生火灾、瓦斯、煤尘爆炸或煤与瓦斯突出事故，会扩大灾害范围。

现场贯彻

（1）矿井生产技术部门在水平延深、采区及其他采掘工程设计中，要充分考虑“一通三防”方面的技术规定及标准要求，尽量避免串联通风。

（2）矿井布置串联通风时，必须编制通防安全措施报矿总工程师批准。

（3）加强采掘工作面的供风管理，掘进工作面局部通风机必须安设双风机双电源，风机功率不低于 11 kW，配 ϕ600 mm 风筒供风，确保迎头风量、风速符合作业规程规定，严格执行局部通风机和风筒管理规定，风筒出口距迎头距离不超过 10 m，局部通风机正常运转、严禁无计划停风，如因停电等原因停风需恢复通风时，应制定恢复通风安全措施，按规定恢复通风。

（4）严格执行瓦斯管理制度。串联通风采掘工作面按规定安设瓦斯传感器，随时监测瓦斯变化情况，瓦斯浓度达到 0.8% 时报警并断电，断电范围为本工作面全部非本质安全型电气设备。在被串采掘工作面及其进风流 3 ~ 5 m 范围内安设瓦斯传感器，瓦斯浓度达到 0.5% 时报警并断电，断电范围为被串采掘工作面全部非本质安全型电气设备。

（5）通防监测班组保证瓦斯传感器灵敏可靠使用正常，按规定标校，探头位置悬挂检测牌板，标校数据填写清楚。

（6）通防瓦检班组按规定增设被串采掘工作面进风流瓦斯检查点，原瓦斯检查点按规定进行检查，所有瓦检点每班不少

于2次检查，被串采掘工作面进风流瓦斯浓度不得超过0.5%，其他有害气体浓度达到规程规定上限时，必须停止工作，查找原因并汇报调度室。

（7）通防防尘班组加强综合防尘管理。在串联通风采掘工作面按“一通三防”管理规定安设各类防尘设施，保证灵敏可靠并正常使用；按规定时间对巷道进行洒水灭尘，以防粉尘积聚。

（8）串联通风采掘工作面的区长、技术员、班组长、爆破工、流动电钳工、瓦斯检查员均要配戴便携式瓦斯报警仪，并使其处于常开状态，随时检测工作面瓦斯变化情况，发现瓦斯浓度达到0.8%时立即汇报处理。

（9）串联通风采掘工作面生产班组严格爆破管理，按规定使用水炮泥，炮眼封满封实；严格执行“一炮三检”、爆破“三保险”、“三人连锁爆破”制度，发现爆破地点20 m范围内瓦斯浓度达到0.8%或瓦斯涌出异常现象，严禁装药爆破，并停止其他任何作业，及时向矿调度室汇报并采取措施处理。

第一百五十一条　井下所有煤仓和溜煤眼都应当保持一定的存煤，不得放空；有涌水的煤仓和溜煤眼，可以放空，但放空后放煤口闸板必须关闭，并设置引水管。

溜煤眼不得兼作风眼使用。

条文解读

本条是关于防止煤仓和溜煤眼内的煤尘扩散的规定。

矿井井下煤仓和溜煤眼只能用作存煤和运输煤炭，若将存煤全部放空，即使关闭煤口闸板，由于风压的关系，风流也会流经煤口闸板缝隙将煤尘携带、扩散到其他地点导致煤尘飞扬。

因此，井下所有煤仓和溜煤眼都应保持一定的存煤，不得放空，防止漏风，保证其他用风地点新鲜风流的质量。

溜煤眼只能用作溜煤而不得兼作风眼，这是因为溜煤眼既溜煤又通风会导致溜煤过程中产生的大量煤尘飞扬，并随风流飘散到其他作业地点，恶化生产环境甚至引发事故。假设溜煤眼能兼作风眼，溜煤眼一旦被煤炭堵塞，就会使矿井通风系统紊乱，严重威胁矿井安全生产。

☞ 现场贯彻

(1) 矿井生产技术部门在溜煤眼设计中，溜煤眼只能作为溜煤使用，严禁兼作风眼进行通风。

(2) 通防防尘班组负责在溜煤眼放煤口、卸载点等地点敷设防尘供水管路，必须设置洒水喷雾装置，并安设支管和阀门，开启阀门的手轮必须齐全，防尘用水均应进行过滤。

(3) 通防监测班组保证瓦斯传感器灵敏可靠使用正常，按规定标校，探头位置悬挂检测牌板，标校数据填写清楚。

第一百五十三条　采煤工作面必须采用矿井全风压通风，禁止采用局部通风机稀释瓦斯。

采掘工作面的进风和回风不得经过采空区或者冒顶区。

无煤柱开采沿空送巷和沿空留巷时，应当采取防止从巷道的两帮和顶部向采空区漏风的措施。

矿井在同一煤层、同翼、同一采区相邻正在开采的采煤工作面沿空送巷时，采掘工作面严禁同时作业。

水采和连续采煤机开采的采煤工作面由采空区回风时，工作面必须有足够的新鲜风流，工作面及其回风巷的风流中的甲烷和二氧化碳浓度必须符合本规程第一百七十二条、第一百七

十三条和第一百七十四条的规定。

条文解读

本条是关于采掘工作面的进、回风不得经过采空区和冒顶区以及无煤柱开采沿空留巷的规定。

1. 采掘工作面的风流不得经过采空区和冒顶区

井下采空区或冒顶区内易积存大量的高浓度瓦斯和有毒有害气体，如果采掘工作面的进风流经过采空区或冒顶区，会将采空区或冒顶区内积存的高浓度瓦斯和有毒有害气体与新鲜风流混合后一并进入采掘工作面，造成采掘工作面的氧气浓度下降、有害气体增高，影响和威胁矿井安全生产。

2. 无煤柱开采沿空送巷和沿空留巷的防漏风要求

（1）无煤柱开采沿空送巷和沿空留巷，在沿采空区一侧，都应采取防止和减少向采空区漏风的措施。采取堵漏风措施后，要求每平方米的漏风量要小于0.02 m^3/min。

（2）沿空送巷和沿空留巷必须保持原设计的规格断面，应防止巷道净断面的缩小而产生过大的局部阻力。

（3）沿空送巷和沿空留巷的采区内，工作面应依次顺序开采，以防出现孤岛煤柱。

（4）沿空送巷和沿空留巷的采空区一侧，应采用充填、挂帘或喷涂等堵漏方法。

现场贯彻

（1）矿井通防管理部门加强矿井通风系统管理，矿井所有采煤工作面必须采用矿井全风压通风，严禁采用局部通风机稀释瓦斯。

（2）测风班组每旬对该采煤工作面进行一次全面测风，测风结果应做好记录并填写在测风地点的记录牌板上，确保采煤工作面风量满足要求。

（3）采煤工作面按规定安设瓦斯传感器，随时监测瓦斯变化情况。通防监测班组确保瓦斯传感器灵敏可靠使用正常，按规定标校，探头位置悬挂检测牌板，标校数据填写清楚。通防瓦检班组专职瓦斯检查员按规定进行检查，采煤工作面进风流瓦斯浓度不得超过0.5%，其他有害气体浓度达到《规程》规定时，必须停止工作、查找原因、汇报通防工区和调度室。

第一百六十一条　矿井必须制定主要通风机停止运转的应急预案。因检修、停电或者其他原因停止主要通风机运转时，必须制定停风措施。

变电所或者电厂在停电前，必须将预计停电时间通知矿调度室。

主要通风机停止运转时，必须立即停止工作、切断电源，工作人员先撤到进风巷道中，由值班矿领导组织全矿井工作人员全部撤出。

主要通风机停止运转期间，必须打开井口防爆门和有关风门，利用自然风压通风；对由多台主要通风机联合通风的矿井，必须正确控制风流，防止风流紊乱。

条文解读

本条是关于主要通风机因故停止运转时的管理规定。

主要通风机由于停电、检修或其他原因停止运转时，井下受停风影响的地点就会处于微风或无风状态，空气中的瓦斯和各种有害气体的浓度就会急剧上升甚至超限，极易酿成人员室

息或瓦斯燃爆事故。所以，主要通风机停止运转时，必须制定停风措施；受停风影响的地点，必须停止工作，切断电源，人员撤到进风巷道，再由值班矿长迅速决定是否停止生产，工作人员是否全部撤出。

☞ 现场贯彻

（1）矿井通防部门必须制定无计划停风应急预案和有计划停风应急预案，并制定相应的安全措施。

（2）受停风影响的地点，必须立即停止工作、切断电源，工作人员先撤到进风大巷新鲜风流中，由值班矿领导迅速决定全矿井是否停止生产、工作人员是否全部撤出。

（3）人员撤离前，受影响的采掘工作面定好的炮及瞎炮要处理完毕，剩余雷管及炸药退回药库。

（4）主要通风机停止运转期间，必须打开井口防爆门和有关风门，利用自然风压通风。

（5）通防检测班组负责监测井下各地点风速、风量、有害气体含量，并及时向调度室汇报。

（6）瓦检班组瓦斯检查员要分片负责，明确人员及恢复通风地点，做好恢复通风前瓦斯检查工作，并有分片检查人员记录。

① 主要通风机恢复通风 30 min 后，专职瓦斯检查员按规定，对采煤工作面及其他全风压通风地点进行瓦斯检查，并对可能积聚瓦斯的地点及电气设备附近 10 m 范围内的 CH_4 及 CO_2 浓度进行检测，只有 CH_4 及 CO_2 浓度都不超过 0.5% 时方可供电。

② 局部通风机供风地点恢复通风前，专职瓦斯检查员联系

安全监测中心站，若瓦斯传感器探头显示迎头 CH_4 浓度不超过1%，方准由专职瓦斯检查员及局部通风机专职司机陪同携带氧气检查仪到迎头探查瓦斯，只有掘进工作面 CH_4 浓度不超过1%且掘进工作面局部通风机及其开关10 m范围内瓦斯浓度不超过0.5%时，检查无问题后，方准由局部通风机专职司机恢复通风。瓦斯探头无数据或超限报警及停风时间超规定，必须制定安全措施报矿总工程师批准后由救护队进行巷道探查或排放瓦斯工作。

第一百六十四条　安装和使用局部通风机和风筒时，必须遵守下列规定：

（一）局部通风机由指定人员负责管理。

（二）压入式局部通风机和启动装置安装在进风巷道中，距掘进巷道回风口不得小于10 m；全风压供给该处的风量必须大于局部通风机的吸入风量，局部通风机安装地点到回风口间的巷道中的最低风速必须符合本规程第一百三十六条的要求。

（三）高瓦斯、突出矿井的煤巷、半煤岩巷和有瓦斯涌出的岩巷掘进工作面正常工作的局部通风机必须配备安装同等能力的备用局部通风机，并能自动切换。正常工作的局部通风机必须采用三专（专用开关、专用电缆、专用变压器）供电，专用变压器最多可向4个不同掘进工作面的局部通风机供电；备用局部通风机电源必须取自同时带电的另一电源，当正常工作的局部通风机故障时，备用局部通风机能自动启动，保持掘进工作面正常通风。

（四）其他掘进工作面和通风地点正常工作的局部通风机可不配备备用局部通风机，但正常工作的局部通风机必须采用三专供电；或者正常工作的局部通风机配备安装一台同等能力的

备用局部通风机，并能自动切换。正常工作的局部通风机和备用局部通风机的电源必须取自同时带电的不同母线段的相互独立的电源，保证正常工作的局部通风机故障时，备用局部通风机能投入正常工作。

（五）采用抗静电、阻燃风筒。风筒口到掘进工作面的距离、正常工作的局部通风机和备用局部通风机自动切换的交叉风筒接头的规格和安设标准，应当在作业规程中明确规定。

（六）正常工作和备用局部通风机均失电停止运转后，当电源恢复时，正常工作的局部通风机和备用局部通风机均不得自行启动，必须人工开启局部通风机。

（七）使用局部通风机供风的地点必须实行风电闭锁和甲烷电闭锁，保证当正常工作的局部通风机停止运转或者停风后能切断停风区内全部非本质安全型电气设备的电源。正常工作的局部通风机故障，切换到备用局部通风机工作时，该局部通风机通风范围内应当停止工作，排除故障；待故障被排除，恢复到正常工作的局部通风后方可恢复工作。使用2台局部通风机同时供风的，2台局部通风机都必须同时实现风电闭锁和甲烷电闭锁。

（八）每15天至少进行一次风电闭锁和甲烷电闭锁试验，每天应当进行一次正常工作的局部通风机与备用局部通风机自动切换试验，试验期间不得影响局部通风，试验记录要存档备查。

（九）严禁使用3台及以上局部通风机同时向1个掘进工作面供风。不得使用1台局部通风机同时向2个及以上作业的掘进工作面供风。

条文解读

本条是关于局部通风机安设与使用的规定。

1. 局部通风机必须由专人负责管理

局部通风机是保证掘进巷道供给新鲜空气以便作业人员呼吸，稀释、排出有害气体的主要设备。由于局部通风机的管理混乱，随意停开局部通风机导致瓦斯积聚而引发瓦斯燃爆事故曾多次发生，教训是沉痛的。因此，保持局部通风机的正常运转是防止瓦斯事故的必备条件。局部通风机一般由该掘进面作业的班组长负责和管理，并做好以下工作：

（1）负责局部通风机的正常运转，严禁和制止任何人随意停、开局部通风机。

（2）局部通风机因故障停止运转，负责撤出人员和尽快找电工维修；在局部通风机及其开关附近 10 m 内风流中的瓦斯浓度不超过 0.5% 时，经瓦斯检查员同意后，方可亲自启动局部通风机，并做好故障原因和停风时间等有关情况的记录。

（3）参与和协助通风部门（人员）的排放瓦斯、接设风筒等工作。

（4）专职看管局部通风机的工种人员，必须坚守岗位，不得离开局部通风机 2 m 以外。

（5）负责将本班局部通风机运转情况，向下一个班次管理局部通风机的指定人员交接清楚。

2. 局部通风机安设地点及该处的供风量必须符合规定

这些规定的目的是为了防止局部通风机发生循环风。循环风的害处是：掘进工作面的乏风反复返回掘进工作面，有毒有害气体和粉尘浓度越来越大，不仅使作业环境越来越恶化，更

为严重的是由于风流瓦斯浓度不断增加，当其进入局部通风机时，极易引起瓦斯爆炸事故。

3. 风筒的安设应符合要求

风筒是确保掘进工作面供给足够有效风量的关键设备，必须加强管理与维护。风筒接设与管理应符合下列要求：

（1）必须采用抗静电、阻燃风筒。

（2）风筒末端到工作面的距离和出口风量，要在作业规程中做出明确规定。风筒末端到工作面的距离不应太近，以免吹起矿尘影响现场作业和损害人员健康；更不应太远，以免风速过低引起瓦斯超限，一般以 10 ~ 15 m 为宜；风筒出口风量不应小于 40 m^3/min。

（3）风筒接头严密，无破口、无反接头，软质风筒接头要反压边，硬质风筒接头要加垫，上紧螺钉。

（4）风筒吊挂要平直，逢环必挂；铁风筒每节至少吊挂 2 点。

（5）风筒拐变处要缓慢拐变或设弯头，不准拐死弯；异径风筒接头要有过渡节，先大后小，不准化接。

（6）加强管理，不准损坏风筒，风筒应实行逐节编号管理，在第 1、第 2 节风筒之间接设“卸压三通”。

（7）要保证工作面和回风流的瓦斯不超限，巷道中的风速符合规定。

4. 局部通风机应采用“采掘分开”供电和“三专”供电

局部通风机的供电如果没有专用线路，而是与采掘工作面的动力电源相连，由于工作面电气设备较多就会经常因超负荷而造成断电，导致局部通风机频繁停止运转、工作面频繁停风、瓦斯超限和积聚现象频繁发生。

为保证局部通风机的供电可靠、风机的连续正常运转，低瓦斯矿井的局部通风机应采用装有选择性漏电保护装置的供电线路供电，或与采煤工作面分开供电；瓦斯喷出区域和高瓦斯、突出矿井中的局部通风机应采用“三专”供电，即每个掘进工作面的局部通风机的电源，直接从采区变电所采用专用变压器、专用开关、专用线路向局部通风机供电。

对“三专”供电设备应加强管理与维护，做到：

(1) 要指定专人或由电气值班人员负责操作，定期对变压器、开关和线路进行检查和维护。

(2) 对“三专”设备应在采区变电所内设立标志牌，标明使用地点、设备容量、线路电压、电缆截面、管理负责人等。

(3) 要设立专用运行记录簿，详细记录停送电时间、故障处理结果，并在发生停电故障时及时报告矿调度室。

5. 严禁3 (1) 台局部通风机向1 (2) 个掘进工作面供风

这种布置方法有两个缺点：一是造成掘进巷道的管理混乱，接设多条风筒占据巷道大量断面，使行人、运料不便；影响对巷道侧帮和顶板瓦斯与有害气体的检查；对风筒的检查、维护也很困难。二是一旦其中 1 台局部通风机出现故障将会造成供风不足，引起瓦斯超限或积聚，甚至诱发爆炸事故。

6. 局部通风机必须实行风电闭锁

使用 2 台局部通风机供风的，2 台局部通风机都必须同时实现风电闭锁。风电闭锁的功能如下：

(1) 局部通风机停止运转时，立即切断停风区域内全部非本质安全型电气设备的电源；

(2) 局部通风机启动，工作面风量符合要求后，才可向供风区域送电。

现场贯彻

（1）掘进区队机电班组负责本掘进工作面局部通风机的安装工作，生产班组负责使用和维护。

（2）通防测风班组应按规定测定局部通风机吸风量及掘进工作面迎头风量，确保掘进工作面风量、风速满足需求。

事故案例

1997 年 5 月 28 日，抚顺龙凤矿 7403－W 入顺掘进工作面三岔口处发生死亡 69 人的瓦斯爆炸事故，与向该工作面供风的 2 台局部通风机中的 1 台停止运转有关。《规程》规定严禁使用 3 台以上（含 3 台）的局部通风机同时向 1 个掘进工作面供风，是有事实根据的。

1997 年 11 月 13 日，淮南潘三矿采用一台局部通风机向两个掘进面供风，另一台局部通风机又向其中的一个掘进面供风，这种“1 台供 2 面、2 台供 1 面”的通风方式，管理十分困难。结果其中一个掘进面风量不足、爆破引燃积聚的瓦斯、继而又连续发生 7 次瓦斯煤尘爆炸，酿成了 88 人死亡的惨剧。

第一百六十五条　使用局部通风机通风的掘进工作面，不得停风；因检修、停电、故障等原因停风时，必须将人员全部撤至全风压进风流处，切断电源，设置栅栏、警示标志，禁止人员入内。

条文解读

本条是关于掘进工作面停风的规定。

巷道掘进时的瓦斯涌出量，一部分来自掘进工作面；另一部分来源于巷道周围的煤（岩）层，巷道越长涌出量越大。即使工作面停工，巷道瓦斯仍在涌出。如若停风，盲巷内定会积存大量瓦斯，时间稍长就会导致人员窒息或引发爆炸事故。掘进工作面恢复通风前，必须检查瓦斯浓度，只有在局部通风机及其开关附近 10 m 以内风流中的瓦斯浓度都不超过 0.5% 时，方可人工启动局部通风机，以免引爆巷道中涌出的瓦斯酿成灾害事故。

☞ 现场贯彻

（1）掘进区队机电班组及生产班组加强局部通风机的日常检修及维护工作，局部通风机必须指定专人管理，不得随意停开，并实行挂牌管理。

（2）局部通风机确需停风时要编制局部通风机有计划停风安全措施：

① 临时停风的掘进工作面，必须根据现场具体情况编制安全措施，包括停电停风时间、原因、停风前的准备工作、停风期间的安全保障、恢复通风的步骤等内容，并明确责任人，确保安全措施的落实。

② 临时停工地点不得停风，施工单位留专人看管风机，严禁随意停开。如需停止局部通风机运转，必须填写“有计划停风报告单”，报矿总工程师、通防部门及有关单位审批。

③ 因检修、试验等原因需要停风时，必须停止工作、切断电源、撤出人员，施工地点不得留有余炮。施工单位必须留专人看管风机，严禁随意停开。在全风压巷道口设置栅栏，严禁人员进入停风区。

④ 临时停风的巷道恢复通风时必须制定措施，由救护队进

行探查、排放瓦斯。

⑤ 局部通风机双路电源有一路无计划停电时，另一路不得同时进行停电检修工作。

（3）局部通风机无计划停风措施：

① 凡未经批准的情况下局部通风机停止运转，如由于高低压供电系统停电，风机电器、机械故障等原因造成局部通风机停风，不论时间长短都属于无计划停风，必须有记录可查。

② 使用局部通风机的施工单位必须制定局部通风机无计划停风安全预案，并纳入施工作业规程，在发生无计划停风时，能及时落实安全措施。

③ 局部通风机发生无计划停风时，班组长必须立即命令停止工作，撤出人员，切断电源，并及时向矿调度室汇报。如10 min之内无法恢复通风时，班组长组织人员在全风压巷道口打好栅栏，切断风筒，安排专人看管风机，禁止随意启动风机和人员进入停风区。

④ 矿调度室必须及时向有关领导汇报并安排人员查明局部通风机停风原因，进行处理，为尽快恢复通风做好准备。

⑤ 局部通风机无计划停风，总工程师必须组织有关领导和部门负责人及时进行分析处理，总结经验教训，并有记录可查。

第二节　瓦斯和煤尘爆炸防治

第一百六十九条　一个矿井中只要有一个煤（岩）层发现瓦斯，该矿井即为瓦斯矿井。瓦斯矿井必须依照矿井瓦斯等级进行管理。

根据矿井相对瓦斯涌出量、矿井绝对瓦斯涌出量、工作面

绝对瓦斯涌出量和瓦斯涌出形式，矿井瓦斯等级划分为：

（一）低瓦斯矿井。同时满足下列条件的为低瓦斯矿井：

1. 矿井相对瓦斯涌出量不大于10 m^3/t；

2. 矿井绝对瓦斯涌出量不大于40 m^3/min；

3. 矿井任一掘进工作面绝对瓦斯涌出量不大于3 m^3/min；

4. 矿井任一采煤工作面绝对瓦斯涌出量不大于5 m^3/min。

（二）高瓦斯矿井。具备下列条件之一的为高瓦斯矿井：

1. 矿井相对瓦斯涌出量大于10 m^3/t；

2. 矿井绝对瓦斯涌出量大于40 m^3/min；

3. 矿井任一掘进工作面绝对瓦斯涌出量大于3 m^3/min；

4. 矿井任一采煤工作面绝对瓦斯涌出量大于5 m^3/min。

（三）突出矿井。

条文解读

本条是关于矿井瓦斯等级划分的规定。

矿井瓦斯是指矿井中主要由煤层气构成的以甲烷为主的有害气体的总称。有时单指甲烷。矿井瓦斯是煤矿重大灾害之一，矿井瓦斯等级是矿井瓦斯涌出量大小和安全程度的基本标志。由于不同煤田瓦斯生成与赋存的条件不同，开采时不同的矿井瓦斯涌出量有很大的差异。将瓦斯矿井分为不同的等级，其主要目的是为了做到区别对待，采取不同的针对性的技术措施与装备，对矿井瓦斯进行有效的管理与防治。

第一百七十一条　矿井总回风巷或者一翼回风巷中甲烷或者二氧化碳浓度超过0.75%时，必须立即查明原因，进行处理。

条文解读

本条是关于矿井总回风巷或一翼回风巷中甲烷和二氧化碳

浓度的规定。

考虑到总回风巷或一翼回风巷是各个分区（采区、工作面）风流的汇合，如果甲烷或者二氧化碳浓度定为1.0%，也就意味着各个分区都可达到1.0%。而其中一个分区小于1.0%，则另外分区必然超过1.0%，这样就不符合分区不得超过1.0%的规定。因此，将矿井总回风巷或一翼回风巷中的风流瓦斯浓度控制在0.75%以内，可以防止任何一个分区风流瓦斯浓度超过1.0%。

现场贯彻

（1）在对矿井总回风巷或一翼回风巷风流中的甲烷或二氧化碳浓度进行测定时，均应在测风站内进行，并连测3次取其平均值作为测定结果和处理依据。

（2）测定巷道风流甲烷浓度时，要在巷道风流的上部距顶板不大于300 mm；测定二氧化碳浓度时，应在巷道风流的下部距底板不大于200 mm。

（3）当矿井总回风巷或一翼回风巷中甲烷或二氧化碳浓度超过0.75%时，不需要断电，也不需要撤人，但必须立即组织人员，查明超限地点、原因，采取措施，进行处理。

第一百七十二条　采区回风巷、采掘工作面回风巷风流中甲烷浓度超过1.0%或者二氧化碳浓度超过1.5%时，必须停止工作，撤出人员，采取措施，进行处理。

条文解读

本条是关于采区回风巷和采掘工作面回风巷风流中甲烷和二氧化碳浓度的规定。

采区和采掘工作面回风巷风流中甲烷浓度规定不得超过1.0%，而不是瓦斯爆炸浓度的下限5%，主要是考虑以下几点：

（1）瓦斯爆炸浓度的下限5%是在没有其他因素影响条件下，实验室得出的结论。在煤矿井下特殊的环境中，矿井空气的成分和质量与地面空气相比，煤尘和其他可燃性气体的混入，空气温度也有较大差异，这些因素都可能导致瓦斯爆炸浓度的下限降低。

（2）井下空气中瓦斯浓度的分布，在时间和空间上都是不均匀的，人们很难准确地掌握井下某一地点、某一时刻的瓦斯浓度。

（3）测定仪器有一定的允许误差；检测人员存在一定的读数误差。

（4）人员对瓦斯的认知存在一定的差异。

综上原因，世界所有产煤国家的相关规定中，都采用较大的安全系数。我国煤矿采用了瓦斯爆炸浓度下限5倍的安全系数，即1.0%。

采区和采掘工作面回风巷风流中二氧化碳浓度的规定。参见本《规程》第一百七十四条，关于采掘工作面风流中二氧化碳浓度的规定的条文解读。

☞ 现场贯彻

（1）采区回风巷道风流中的甲烷和二氧化碳浓度的测定，应在该采区全部回风流汇合后的风流中进行，并连测3次取其平均值作为测定结果和处理标准。

（2）采煤工作面回风巷风流中甲烷和二氧化碳浓度的测定，

应在距采煤工作面煤壁 10 m 以外的回风巷内且无其他风流汇合的风流中进行，并连测 3 次取其最大值作为测定结果和处理依据。

（3）掘进工作面采用压入式通风时，测定工作面回风流中甲烷和二氧化碳的浓度应在距风筒出口 10 m 以外且无其他风流汇合的风流中进行，并连测 3 次取其取最大值作为测定结果和处理标准。

（4）测定采区回风巷、采掘工作面回风巷风流中甲烷浓度超过 1.0% 或二氧化碳浓度超过 1.5% 时，必须停止采区（采掘工作面）的工作，并把人员撤到采区（采掘工作面）的新鲜风流中，采取措施，进行处理。

第一百七十三条　采掘工作面及其他作业地点风流中甲烷浓度达到 1.0% 时，必须停止用电钻打眼；爆破地点附近 20 m 以内风流中甲烷浓度达到 1.0% 时，严禁爆破。

采掘工作面及其他作业地点风流中、电动机或者其开关安设地点附近 20 m 以内风流中的甲烷浓度达到 1.5% 时，必须停止工作，切断电源，撤出人员，进行处理。

采掘工作面及其他巷道内，体积大于 0.5 m³ 的空间内积聚的甲烷浓度达到 2.0% 时，附近 20 m 内必须停止工作，撤出人员，切断电源，进行处理。

对因甲烷浓度超过规定被切断电源的电气设备，必须在甲烷浓度降到 1.0% 以下时，方可通电开动。

条文解读

本条是关于采掘工作面及其他作业地点使用电钻打眼、爆破作业、电动机及开关安设时，附近风流甲烷浓度和局部瓦斯积聚的规定。

采掘工作面及其他作业地点是矿井瓦斯涌出量较大且比较集中的地点，也是瓦斯事故的多发地。从引爆瓦斯火源看，电火花和放炮火焰占比较大，居各类引爆火源的前列。电钻属移动频繁的轻便型电气设备，易出现故障失爆；爆破作业的炮眼布置、深度、装药与封孔质量等不符合规定，易导致炮眼爆破出火。因此，为了防止电火花和爆破火焰引起瓦斯爆炸，规定采掘工作面及其他作业地点风流甲烷浓度达到1.0%，必须停止用电钻打眼；爆破地点附近20 m以内风流中甲烷浓度达到1.0%时，严禁爆破。

电动机及其开关虽不像电钻那样移动频繁，但也需要经常检查与维修，其防爆性能不好或丧失，易引起瓦斯燃爆。因此，规定电动机或其开关安设地点附近20 m以内风流中的甲烷浓度达到1.5%时，必须停止工作，切断电源，撤出人员，进行处理。

由于煤矿井下生产条件复杂，瓦斯和各种有害气体的涌出变化异常，煤尘和其他可燃可爆性气体的混入降低了瓦斯爆炸下限，以及人的主观意识上的差异等，因此在对矿井瓦斯进行管理时，一般取5倍的安全系数。当瓦斯浓度达到2%时，与瓦斯爆炸下限比较，只有2.5倍的安全系数，很不安全。另外，0.5 m^3 的瓦斯在达到爆炸浓度下限时，遇到高温火源足以能引燃引爆。所以，当采掘工作面及其他巷道内出现甲烷浓度达到2%、体积超过0.5 m^3 时，即为局部瓦斯积聚。对于局部瓦斯积聚，必须及时发现和妥善处理，要求附近20 m内必须停止工作，撤出人员，切断电源，进行处理。

☞现场贯彻

（1）对采煤工作面爆破地点附近 20 m 内风流（爆破地点沿工作面煤壁方向的两端各 20 m 范围内的采煤工作面风流）连测 3 次取其最大值作为测定结果和处理依据。

（2）在采空区一侧打钻爆破放顶时，必须测定采空区内瓦斯浓度，测定范围应根据采高、顶板冒落程度、采空区内通风条件和瓦斯积聚情况而定，并经矿总工程师批准。

（3）对掘进工作面爆破地点附近 20 m 内风流（爆破的掘进工作面向外 20 m 范围内的巷道风流，包括这一范围内盲巷的局部瓦斯积聚）连测 3 次取其最大值作为测定结果和处理依据。

（4）对电动机及其开关附近 20 m 风流（电动机及其开关地点的上风流和下风流两端各 20 m 范围内的巷道风流）连测 3 次取其最大值作为测定结果和处理依据。

（5）采掘工作面的局部瓦斯积聚，是指采掘工作面风流范围以外地点的局部瓦斯积聚。

但采掘工作面的刮板输送机底槽内的甲烷浓度达到 2%、其体积超过 0.5 m^3 时，也按局部瓦斯积聚处理。对局部瓦斯积聚，可根据现场实际条件，采取加大风量，提高风速，吹散冲淡；充填或封堵；抽采瓦斯等措施进行处理。

（6）采煤工作面甲烷传感器设置在距煤壁不大于 10 m 的回风巷中，采煤工作面回风流甲烷传感器设置在回风巷距外出口 10 ~ 15 m 处；掘进工作面甲烷传感器应设置在距工作面 5 m 以内，掘进工作面回风流甲烷传感器应设置在回风巷距外出口 10 ~ 15 m 处。

第一百七十四条　采掘工作面风流中二氧化碳浓度达到

1.5%时，必须停止工作，撤出人员，查明原因，制定措施，进行处理。

条文解读

本条是关于采掘工作面风流中二氧化碳浓度的规定。

二氧化碳是一种无色、略带酸味、窒息性气体。它对人的眼、鼻、口等器官有刺激作用。当空气中二氧化碳浓度达到1.0%时，人的呼吸次数和深度略有增加；达到3.0%时，会刺激人体的中枢神经，引起呼吸加快而增大吸氧量。为保护井下作业人员健康，规定采掘工作面风流中二氧化碳浓度达到1.5%时，必须停止工作，撤出人员，查明原因，制定措施，进行处理。

第一百七十五条　矿井必须从设计和采掘生产管理上采取措施，防止瓦斯积聚；当发生瓦斯积聚时，必须及时处理。当瓦斯超限达到断电浓度时，班组长、瓦斯检查工、矿调度员有权责令现场作业人员停止作业，停电撤人。

矿井必须有因停电和检修主要通风机停止运转或者通风系统遭到破坏以后恢复通风、排除瓦斯和送电的安全措施。恢复正常通风后，所有受到停风影响的地点，都必须经过通风、瓦斯检查人员检查，证实无危险后，方可恢复工作。所有安装电动机及其开关的地点附近20 m的巷道内，都必须检查瓦斯，只有甲烷浓度符合本规程规定时，方可开启。

临时停工的地点，不得停风；否则必须切断电源，设置栅栏、警标，禁止人员进入，并向矿调度室报告。停工区内甲烷或者二氧化碳浓度达到3.0%或者其他有害气体浓度超过本规程第一百三十五条的规定不能立即处理时，必须在24 h内封闭完

毕。

恢复已封闭的停工区或者采掘工作接近这些地点时，必须事先排除其中积聚的瓦斯。排除瓦斯工作必须制定安全技术措施。

严禁在停风或者瓦斯超限的区域内作业。

条文解读

本条是关于防止瓦斯积聚的规定。

煤矿开采是在地下数百米甚至上千米的巷道内进行的生产活动，其生产空间和环境条件较为特殊。在巷道掘进和回采过程中不断涌出的瓦斯常出现异常；通风设施的设置与维护、风量的分配与调节等通风管理工作，难免出现疏忽或漏洞，进而导致井下瓦斯积聚发生。而瓦斯积聚是导致瓦斯事故的主要原因，因此矿井必须从设计和采掘生产管理上采取措施，防止瓦斯积聚。

主要通风机一旦停止运行或矿井通风系统遭到破坏，必然导致采掘工作面或其他作业地点的瓦斯积聚而诱发瓦斯事故；另外，停风区内不断涌出的瓦斯和其他有害气体，极易使人缺氧窒息；瓦斯超限可能达到爆炸浓度的下限。因此，主要通风机恢复正常通风后，必须按本条规定执行。

现场贯彻

（1）加大瓦斯抽采力度。

（2）加强通风，保证采掘工作面风量充足。

（3）加强检查监测，及时发现瓦斯超限积聚。

（4）及时处理瓦斯超限积聚隐患。

第一百七十六条　局部通风机因故停止运转，在恢复通风前，必须首先检查瓦斯，只有停风区中最高甲烷浓度不超过1.0%和最高二氧化碳浓度不超过1.5%，且局部通风机及其开关附近10 m以内风流中的甲烷浓度都不超过0.5%时，方可人工开启局部通风机，恢复正常通风。

停风区中甲烷浓度超过1.0%或者二氧化碳浓度超过1.5%，最高甲烷浓度和二氧化碳浓度不超过3.0%时，必须采取安全措施，控制风流排放瓦斯。

停风区中甲烷浓度或者二氧化碳浓度超过3.0%时，必须制定安全排放瓦斯措施，报矿总工程师批准。

在排放瓦斯过程中，排出的瓦斯与全风压风流混合处的甲烷和二氧化碳浓度均不得超过1.5%，且混合风流经过的所有巷道内必须停电撤人，其他地点的停电撤人范围应当在措施中明确规定。只有恢复通风的巷道风流中甲烷浓度不超过1.0%和二氧化碳浓度不超过1.5%时，方可人工恢复局部通风机供风巷道内电气设备的供电和采区回风系统内的供电。

条文解读

本条主要是关于排放瓦斯分级管理的规定。

排放瓦斯是矿井瓦斯管理工作的重要内容之一。局部通风机因故停止运转，常造成巷道内瓦斯积存，及时安全地排除积存瓦斯，是防止瓦斯灾害事故的前提。排放瓦斯工作是实行分级管理，区别对待的。对停风区内积聚的瓦斯量不大，甲烷浓度超过1.0%但不超过3.0%时，可采取控制风流的措施安全排放；排放浓度超过3.0%接近爆炸下限浓度的积存瓦斯时，必须针对该地点制定专门的安全排放瓦斯措施，并报矿总工程师批

准。为防止排放瓦斯过程中引发瓦斯燃爆事故，规定在排放瓦斯过程中，风流混合处的瓦斯浓度不得超过1.5%，严禁“一风吹”，停电撤人范围应在措施中明确规定。

第一百七十七条　井筒施工以及开拓新水平的井巷第一次接近各开采煤层时，必须按掘进工作面距煤层的准确位置，在距煤层垂距10 m以外开始打探煤钻孔，钻孔超前工作面的距离不得小于5 m，并有专职瓦斯检查工经常检查瓦斯。岩巷掘进遇到煤线或者接近地质破坏带时，必须有专职瓦斯检查工经常检查瓦斯，发现瓦斯大量增加或者其他异常时，必须停止掘进，撤出人员，进行处理。

条文解读

本条是关于井筒施工以及开拓新水平的井巷接近开采煤层时打钻探明煤层瓦斯状况的规定。

一般来说，瓦斯含量、瓦斯压力随着煤层埋藏深度的增加而增大。煤层达到一定深度时，非突出煤层可能转变为突出煤层。因此，在开拓新水平的井巷第一次接近各开采煤层时，必须打钻探明煤层和瓦斯赋存状况。为防止煤层倾角很小，误揭煤层发生突出危险，钻孔位置要在垂直与煤层距离10 m以外，且钻孔位置超前工作面的距离不得小于5 m。

第一百七十八条　有瓦斯或者二氧化碳喷出的煤（岩）层，开采前必须采取下列措施：

（一）打前探钻孔或者抽排钻孔。

（二）加大喷出危险区域的风量。

（三）将喷出的瓦斯或者二氧化碳直接引入回风巷或者抽采瓦斯管路。

本条是关于有瓦斯或二氧化碳喷出煤层开采前的规定。

瓦斯喷出是瓦斯涌出的特殊形式，是大量承压状态的瓦斯从煤、岩裂隙或孔洞中释放出来的动力现象。为了防止巷道掘进过程中误入瓦斯富集区域而导致瓦斯事故，必须打前探钻孔或抽排钻孔，并采取加大风量或敷设管路进行抽采。

现场贯彻

（1）掘进岩巷前方的煤层有大量喷出瓦斯或二氧化碳危险时，应向煤层打前探钻孔，钻孔超前工作面的距离不得小于 5 m，孔数不少于 3 个，孔径为 75 mm，呈扇形布置。

（2）在有瓦斯或二氧化碳喷出危险的煤层中掘进时，施工超前钻孔与掘进作业不得同时进行。钻孔超前工作面的距离不得小于 5 m，孔数不少于 3 个，孔径为 75 mm，呈扇形布置。

（3）在有裂隙、溶洞或破坏带并具有瓦斯或二氧化碳喷出危险的岩层中掘进巷道时，应打超前钻孔，钻孔超前工作面的距离不得小于 5 m，孔数不少于 2 个，孔径不小于 75 mm。

（4）在岩层中掘进巷道，其上或下邻近煤层有瓦斯或二氧化碳喷出危险时，可向邻近煤层打前探钻孔，掌握煤岩层间距，探明瓦斯压力。

（5）打前探钻孔后，如果瓦斯或二氧化碳喷出量较大，应打排放钻孔进行排放。

第一百八十条　矿井必须建立甲烷、二氧化碳和其他有害气体检查制度，并遵守下列规定：

（一）矿长、矿总工程师、爆破工、采掘区队长、通风区队

长、工程技术人员、班长、流动电钳工等下井时，必须携带便携式甲烷检测报警仪。瓦斯检查工必须携带便携式光学甲烷检测仪和便携式甲烷检测报警仪。安全监测工必须携带便携式甲烷检测报警仪。

（二）所有采掘工作面、硐室、使用中的机电设备的设置地点、有人员作业的地点都应当纳入检查范围。

（三）采掘工作面的甲烷浓度检查次数如下：

1. 低瓦斯矿井，每班至少2次；

2. 高瓦斯矿井，每班至少3次；

3. 突出煤层、有瓦斯喷出危险或者瓦斯涌出较大、变化异常的采掘工作面，必须有专人经常检查。

（四）采掘工作面二氧化碳浓度应当每班至少检查2次；有煤（岩）与二氧化碳突出危险或者二氧化碳涌出量较大、变化异常的采掘工作面，必须有专人经常检查二氧化碳浓度。对于未进行作业的采掘工作面，可能涌出或者积聚甲烷、二氧化碳的硐室和巷道，应当每班至少检查1次甲烷、二氧化碳浓度。

（五）瓦斯检查工必须执行瓦斯巡回检查制度和请示报告制度，并认真填写瓦斯检查班报。每次检查结果必须记入瓦斯检查班报手册和检查地点的记录牌上，并通知现场工作人员。甲烷浓度超过本规程规定时，瓦斯检查工有权责令现场人员停止工作，并撤到安全地点。

（六）在有自然发火危险的矿井，必须定期检查一氧化碳浓度、气体温度等变化情况。

（七）井下停风地点栅栏外风流中的甲烷浓度每天至少检查1次，密闭外的甲烷浓度每周至少检查1次。

（八）通风值班人员必须审阅瓦斯班报，掌握瓦斯变化情

况，发现问题，及时处理，并向矿调度室汇报。

通风瓦斯日报必须送矿长、矿总工程师审阅，一矿多井的矿必须同时送井长、井技术负责人审阅。对重大的通风、瓦斯问题，应当制定措施，进行处理。

条文解读

本条是关于矿井瓦斯、二氧化碳和其他有害气体检查制度的规定。

矿井瓦斯、二氧化碳和其他有害气体，在不间断地涌出并发生变化，因此，瓦斯爆炸、自然发火、中毒、窒息等灾害事故隐患随时都可能出现。为了防止灾害事故的发生，矿井必须建立对瓦斯、二氧化碳和其他有害气体进行检测的管理制度，所有采区、采掘工作面、硐室、机电设备设置地点、停风地点和有人作业的地点等，瓦斯、二氧化碳和其他有害气体易涌出异常，必须纳入检查范围。矿井必须根据瓦斯灾害的危险程度，规定检查次数，及时了解瓦斯涌出量。突出煤层、有瓦斯喷出危险和瓦斯涌出较大、变化异常的采掘工作面，发生瓦斯灾害事故的危险性较大，因此必须有专人经常进行检查。许多事故教训表明，一些重大事故的发生与没有建立健全相应的检查检测制度或制度落实不到位有关。

现场贯彻

为了防止漏检，瓦斯检查人员必须按照检查的范围和路线执行巡回检查制度和请示报告制度。做到瓦检工随身携带的瓦斯检查手册、井下检查地点的记录牌板和瓦斯检查班报（或地面调度台账）“三对照”。“三对照”的内容包括：检查地点、

瓦斯浓度、空气温度、二氧化碳浓度、检查时间和检查人等。三者所填写的检查内容、数值必须齐全、一致，不准出现不符或矛盾。必须做到检查一次填写一次，并及时向通风部门或调度室汇报，严禁假检、漏检。另外，发现瓦斯涌出异常，应查明原因，立即汇报，及时采取措施，进行处理，并将处理情况向通风部门或调度室汇报。在有自然发火危险的矿井，必须定期检查一氧化碳浓度和气体温度等的变化情况。

第一百八十六条　开采有煤尘爆炸危险煤层的矿井，必须有预防和隔绝煤尘爆炸的措施。矿井的两翼、相邻的采区、相邻的煤层、相邻的采煤工作面间，掘进煤巷同与其相连的巷道间，煤仓同与其相连的巷道间，采用独立通风并有煤尘爆炸危险的其他地点同与其相连的巷道间，必须用水棚或者岩粉棚隔开。

必须及时清除巷道中的浮煤，清扫、冲洗沉积煤尘或者定期撒布岩粉；应当定期对主要大巷刷浆。

条文解读

本条是关于开采有煤尘爆炸危险煤层必须采取隔爆措施的规定。

煤尘爆炸危险煤层指经煤尘爆炸性试验鉴定其煤尘有爆炸性的煤层。隔爆设施指限制爆炸范围，阻止灾害区域扩展，防止煤尘连续爆炸和瓦斯爆炸引起煤尘爆炸的安全设施。由于连续爆炸形式导致的事故后果十分严重，为防止发生连续爆炸事故，规程规定了开采有煤尘爆炸危险煤层的矿井，必须在相关地点安设隔绝煤尘爆炸的设施。及时清除巷道中的浮煤，清扫或冲洗沉积煤尘或定期撒布岩粉，定期对主要大巷刷浆。

目前，常用的隔爆设施有隔爆水幕、隔爆水棚或岩粉棚、自动式隔爆棚等。

隔爆水幕是利用爆炸时的高温将水汽化为水幕带并吸收大量热量，致使爆炸火焰熄灭而不能扩展蔓延。受特定条件限制，并不是煤矿井下所有地点都适合安设隔爆水幕。

隔爆水棚是由不同规格型号的水袋组成，按其隔绝煤尘爆炸的保护范围，可分为主要隔爆棚和辅助隔爆棚，按设置方式可分为集中式和分散式两种。

自动式隔爆棚是利用各种传感器测量爆炸所产生的各种物理参数并迅速转换成电信号，指令机构的演算器根据这些信息准确地计算出火焰传播的速度，并在最恰当的时候发出动作信号，让抑制装置强制喷撒出消火剂而阻隔爆炸。

☞现场贯彻

1. 水幕隔爆措施

（1）隔爆水幕的用水总流量、前后两排水幕之间的间距和水幕区段的长度等，应根据巷道断面积而定，且必须符合以下要求：

巷道断面积/m^2	水幕总流量/（$L\cdot min^{-1}$）	前后两排水幕的间距/m	水幕区段的长度/m
≤5	≥500	1～1.5	15～20
5～10	≥800	1.5～2.5	20～25
10～13	≥1000	2～3	20～30

（2）水幕的供水压力不小于0.4 MPa。

(3) 每排水幕中喷嘴的安装数量（不少于5个）和安装角度，应使每排水幕的喷雾能够封闭该处巷道的全断面，尤其是巷道的顶部，不得出现无水喷雾的死角。

(4) 水幕中各个喷嘴的喷出雾粒的数量，其中应有50%的粒径必须小于140 μm。

(5) 采取水幕系统单独供水，以保证水幕在发生爆炸时正常供水；水幕供水管路应采用耐爆炸的钢管，并采取相应的保护措施。

(6) 保持所有喷嘴良好的喷雾状态，喷嘴损坏或堵塞时必须及时更换和处理。

(7) 每月检查与测定一次喷嘴的喷雾状态和水压，每季检测一次水的流量和雾粒粒径（水质化验），并做好记录。

2. 水棚的设置

(1) 隔爆水棚的排间距为1.2～3.0 m，主要隔爆水棚的棚区长度不小于30 m，辅助隔爆水棚的棚区长度不小于20 m，分散式水袋棚棚区长度不小于120 m。

(2) 隔爆水棚的用水量按巷道的断面积计算：主要隔爆棚不得少于400 L/m^2，辅助隔爆棚不得少于200 L/m^2，分散式隔爆棚按棚区所占巷道空间1.2 L/m^3 计算。

(3) 水槽或水袋在井下巷道的安装方式采用吊挂式，并呈横向布置（即长边垂直于巷道轴线）。

(4) 水槽（或水袋）外边缘距巷壁（两帮）、顶梁（无支架时为顶板）之间的垂直距离大于或等于100 mm；水槽（或水袋）底部至顶板（梁）的垂直距离小于或等于1.6 m（水袋小于或等于1.0 m），否则，必须在其上方增设1个水槽（水袋）；水槽（或水袋）底部至巷道轨面的垂直距离，不得低于巷道高

度的1/2，且不得小于1.8 m。

（5）高度大于4 m的巷道，应设置双层棚子。上层水槽（或水袋）的总水量，按巷道全面积每平方米30 L单独计算，下层水槽棚用水量，仍按前述水槽棚用水量计算。

（6）棚区内的各排水棚的安设高度应保持一致；棚区处的巷道需要挑顶时，其断面和形状应与其前后各20 m长度的巷道保持一致。

（7）同一排水棚内两个水槽之间的间隙小于或等于1.2 m（水袋为大于或等于100 mm，与小于或等于1.2 m）；水槽之间的间隙与水槽同巷道之间的间隙之和小于或等于1.5 m，特殊情况小于或等于1.8 m。每排水棚中的水槽，所占据巷道宽度之和与巷道最大宽度的比例：巷道净断面小于10 m^2，至少为35%；巷道净断面10～12 m^2，至少为50%；净断面大于12 m^2，至少为65%。

（8）首排水棚距工作面距离必须保持在60～200 m范围内。

（9）水棚应设置在巷道的直线段内；水棚与巷道的交叉口、转弯处、变坡处之间的距离，不得小于50 m。

（10）悬挂隔爆水袋的挂钩，分固定钩和脱钩，其角度要大于75°，以便受爆炸冲击波作用时能够顺利脱钩，使水倾洒弥漫于巷道中。在倾斜巷道中安设水袋棚时，棚子与棚子之间应用铅丝拉紧，以免棚子晃动；并应调整水袋架与金属支架的连接构件，使袋面保持水平。

3. 岩粉棚的设置

（1）岩粉棚应垂直于巷道轴线方向，靠顶板横向布置。岩粉棚的长度不能小于设置地点巷道宽度的70%，否则，可将岩粉棚布置成相互错开的锯齿形，或者在巷道两帮设置顺帮棚子，

予以补齐。

（2）堆放岩粉的岩粉板与两侧支柱（或两帮）之间的间隙不得小于50 mm；岩粉板板面距顶梁（或顶板）之间的距离为250～300 mm，使堆放的岩粉顶部距顶梁（或顶板）之间的距离不小于100 mm；岩粉板距轨面不小于1.8 m。

（3）严禁用铁钉或铁丝将岩粉板与台木和支撑木固定死。

第一百八十八条　高瓦斯矿井、突出矿井和有煤尘爆炸危险的矿井，煤巷和半煤岩巷掘进工作面应当安设隔爆设施。

条文解读

本条是关于高突和有煤尘爆炸危险的矿井煤掘工作面设置隔爆设施的规定。

煤巷掘进工作面是发生瓦斯爆炸事故最多的地点。根据1983—2000年我国煤矿发生在工作面10人以上瓦斯爆炸事故94次，死亡2867人的资料统计，其中掘进工作面发生59次，死亡1815人，分别占总数的62.77%和63.31%。为了防止瓦斯和煤尘连续爆炸，减轻灾害程度，对于高突矿井不论煤尘爆炸危险的强弱，煤巷掘进工作面都应设置隔爆设施。

第三节　煤(岩)与瓦斯(二氧化碳)突出防治

第一百九十四条　石门、井筒揭穿突出煤层必须编制防突专项设计，并报企业技术负责人审批。

突出煤层采掘工作面必须编制防突专项设计。

矿井必须对防突措施的技术参数和效果进行实际考察确定。

条文解读

本条是关于石门、井筒揭穿突出煤层和突出煤层采掘工作面必须编制防突专项设计的规定。

石门、井筒揭穿突出煤层时的突出，是井下巷道中突出强度最大的一种。其特点是石门工作面前方的煤体因岩柱的隔离和阻挡大多处于未卸压和无瓦斯排放的状态，所以石门、井筒揭煤时发生突出的危险性较大，防突工作的困难和工作量也较大，要求也应更为严格。

现场贯彻

(1) 施工防突措施的区（队）在施工前，负责向本区（队）班组职工贯彻并严格组织实施防突措施。

(2) 采掘作业时，应当严格执行防突措施的规定并有详细准确的记录。

第一百九十五条　突出矿井的采掘布置应当遵守下列规定：

（一）主要巷道应当布置在岩层或者无突出危险煤层内。突出煤层的巷道优先布置在被保护区域或者其他无突出危险区域内。

（二）应当减少井巷揭开（穿）突出煤层的次数，揭开（穿）突出煤层的地点应当合理避开地质构造带。

（三）在同一突出煤层的集中应力影响范围内，不得布置2个工作面相向回采或者掘进。

条文解读

本条规定了突出矿井采掘布置的原则。

主要巷道布置在岩石和非突煤层中。这样可减少防突工程量；突出煤层巷道应优先布置在被保护区或卸压区。如区段巷道采用沿空护巷且采用内错式布置，或将巷道布置在预抽瓦斯条带内等。

减少井巷揭开（穿）突出煤层次数。据突出资料统计，井巷揭煤发生突出的概率最大，突出的平均强度最大，造成的危害最大。因此，矿井在巷道布置时，应尽量减少井巷揭煤的次数，揭煤地点应避开地质构造带。据多数突出矿井资料统计，突出与地质构造关系密切，这是因为构造带可能存在残余构造应力，这给突出的发生提供了更多的动力条件；构造带岩石破碎，强度低，抵抗突出的能力降低；构造带在形成过程中，由于其动力作用产生的高温高压，会使煤层变质作用加深，瓦斯的生成量增大，从这个意义上讲，构造带也是瓦斯富集的地方。

在突出危险煤层同一区段做相向掘进与回采时，易造成应力集中，且应力集中系数较高，因而在此范围内进行回采与掘进巷道时易发生突出。尤其在突出煤层中准备掘进的巷道，当处于相邻煤层回采工作的集中应力影响或煤柱集中应力影响下时，特别具有突出危险。

第一百九十六条　突出煤层的采掘工作应当遵守下列规定：

（一）严禁采用水力采煤法、倒台阶采煤法或者其他非正规采煤法。

（二）在急倾斜煤层中掘进上山时，应当采用双上山、伪倾斜上山等掘进方式，并加强支护。

（三）上山掘进工作面采用爆破作业时，应当采用深度不大于 1.0 m 的炮眼远距离全断面一次爆破。

（四）预测或者认定为突出危险区的采掘工作面严禁使用风镐作业。

（五）在过突出孔洞及其附近 30 m 范围内进行采掘作业时，必须加强支护。

（六）在突出煤层的煤巷中安装、更换、维修或者回收支架时，必须采取预防煤体冒落引起突出的措施。

条文解读

本条是对突出煤层采掘作业的规定。

水力采煤，工作面无支护，而且是依靠高压水冲刷煤壁，把煤采落下来，高压水对煤体的冲击作用，有可能诱导突出。此外，水力采煤需要人员手持水枪站在工作面附近采煤，一旦突出，将直接危及采煤作业人员的安全。倒台阶采煤主要用于急倾斜煤层。在急倾斜突出煤层采用倒台阶采煤，一是在台阶工作面容易产生应力集中，二是煤体在自重应力的作用下容易失去其稳定性，容易造成煤壁垮落而诱发突出。非正规采煤是指采煤工作面没有形成运输、通风正规生产系统和两个以上安全出口的情形，现场更多地表现为巷道式采煤，一旦发生突出不便于人员撤退。

急倾斜煤层要采用双上山或伪上山掘进。在突出煤层掘进上山，因煤体自重应力的作用，增加了突出的危险性。可见，在急倾斜煤层中掘进上山，其突出危险性更大。再说上山掘进发生突出，突出物容易堵塞巷道，埋压风筒，使人员撤退或躲避突出物的危害困难。

上山掘进采用深度不大于 1.0 m 的炮眼远距离全断面一次爆破。一是对爆破的深度进行控制，使爆破过程中不至于产生高

强度的扰动，导致突出事故发生；二是远距离爆破，人员撤至安全地点，避免一旦发生突出造成人员伤亡。

风镐是一种震动力很强的工具，使用它进行落煤工作时，对煤体会产生强烈的震动，会加速煤层瓦斯解吸并触发工作面前方应力突变，从而导致突出。除此之外，高噪声也掩盖了突出的有声预兆，使工作人员不能及时发现突出预兆，迅速撤离现场，极易造成人员伤亡。所以在突出煤层中进行采掘工作时，不能使用风镐。

突出空洞内的应力虽已经释放，但在突出空洞周围却又形成有新的能量集中地带，突出空洞的断面往往大于巷道断面，空洞空间也大，所以在突出空洞周围应力的集中程度要比巷道的集中程度高，突出危险程度也要大得多。为了防止垮塌、冒顶或片帮，必须加强巷道支护工作，强化综合防治突出措施。

突出煤层中维修巷道或回收支架时，极易诱导突出事故的发生，必须有防煤体冒落引起突出的措施。

第一百九十七条　有突出危险煤层的新建矿井或者突出矿井，开拓新水平的井巷第一次揭穿（开）厚度为 0.3 m 及以上煤层时，必须超前探测煤层厚度及地质构造、测定煤层瓦斯压力及瓦斯含量等与突出危险性相关的参数。

条文解读

本条是关于有突出危险的新建矿井或开拓新水平井巷第一次揭穿（开）厚度为 0.3 m 及以上煤层时的规定。

新建的突出矿井或突出矿井开拓新水平的井巷第一次揭穿（开）各煤层时，虽然在未开拓前做过一些推测，但可能与实际

状况有出入，所以要对厚度为0.3 m及以上煤层的瓦斯实际情况进行了解，以便对未开拓前的结论进行修正，并采取相应的防治措施，避免发生煤与瓦斯突出事故。同时，必须超前探测煤层厚度及地质构造，测量煤层中的瓦斯压力、瓦斯含量，并测定其他与煤与瓦斯突出有关的相关参数，以便确定煤层实际的突出危险性和采取的防突措施，确保井巷揭（开）煤工作面的生产安全。

第一百九十八条　在突出煤层顶、底板掘进岩巷时，必须超前探测煤层及地质构造情况，分析勘测验证地质资料，编制巷道剖面图，及时掌握施工动态和围岩变化情况，防止误穿突出煤层。

条文解读

本条是关于在突出煤层顶、底板掘进岩巷时必须采取超前探测的规定。

突出煤层顶、底板的掘进岩巷（包括顶、底板）时，必须超前探测，及时分析地质资料，防止误穿煤层或安全岩柱过小而发生突出。在突出煤层以外的顶、底板中掘进巷道，误穿煤层而引起突出的事例不少，其主要原因是对掘进工作面前方瓦斯地质情况不清楚所致，而要准确地掌握掘进工作面前方煤层赋存情况，目前唯一有效的方法是加强钻探。

第二百零一条　突出煤层工作面的作业人员、瓦斯检查工、班组长应当掌握突出预兆。发现突出预兆时，必须立即停止作业，按避灾路线撤出，并报告矿调度室。

班组长、瓦斯检查工、矿调度员有权责令相关现场作业人员停止作业，停电撤人。

条文解读

本条是关于开采突出煤层瓦斯检查发生突出预兆时采取措施的规定。

突出发生前，通常都有预兆，而以瓦斯变化预兆较多见。必须在每个采掘工作面设专职瓦斯检查员，掌握突出前的预兆，这是发现突出、避免伤亡的有效措施之一。瓦斯突出是一个动态过程，有很强的随机性，专职瓦斯检查工应随时检查瓦斯，这是根据实际工作经验总结出的一种及时发现突出预兆的有效办法，只有这样才能及时发现突出预兆，采取预防措施。

第二百一十二条　突出煤层采掘工作面经工作面预测后划分为突出危险工作面和无突出危险工作面。

未进行突出预测的采掘工作面视为突出危险工作面。

当预测为突出危险工作面时，必须实施工作面防突措施和工作面防突措施效果检验。只有经效果检验有效后，方可进行采掘作业。

条文解读

本条是关于采掘工作面预测及预测结果分类的规定。

预测为突出危险工作面时，必须在措施效果检验有效后采取安全防护措施施工，并在留有 5 m 的预测超前距的情况下，再进行下一次工作面预测。若下一次预测循环预测为无突出危险工作面时，为了确保安全，必须重复进行一次措施循环后，再进行工作面预测，确认为无突出危险工作面后，方可进行采掘作业。

当工作面预测为无突出工作面时，应在保留保证预测人员

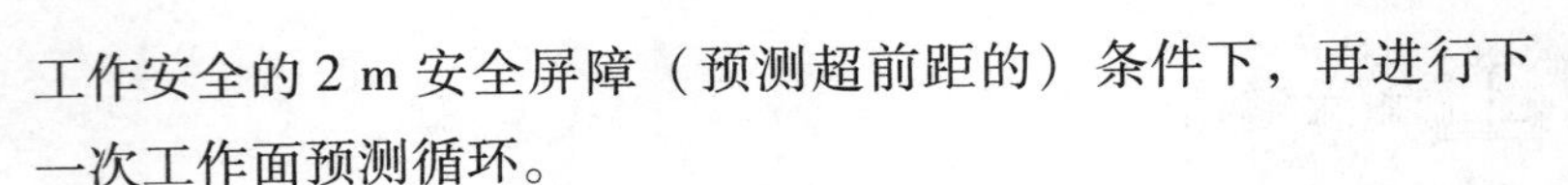

工作安全的2 m安全屏障（预测超前距的）条件下，再进行下一次工作面预测循环。

在进行工作面预测时，由于仪器仪表存在误差，人员操作上会有不当，加之人们在主观判断上也可能有失误，为了确保安全，避免因人为因素或仪表的偶然误差而导致突出预测的失误，引发突出事故，只有在连续2次工作面预测皆为无突出危险时，突出危险工作面才能确定。

第二百一十三条　井巷揭煤工作面的防突措施包括预抽煤层瓦斯、排放钻孔、金属骨架、煤体固化、水力冲孔或者其他经试验证明有效的措施。

条文解读

本条是关于防治井巷揭煤工作面突出措施的有关规定。

作为防治煤与瓦斯突出的局部措施，如抽放瓦斯、排放钻孔、金属骨架、煤体固化、水力冲孔等，可改善或削弱诱发煤与瓦斯突出的要素，常被用于井巷揭煤工作面。

抽放瓦斯和排放钻孔在防治煤与瓦斯突出作用机理方面是相同的，都是力求将突出煤层中的瓦斯含量、煤层中的应力降低到不能发动突出的安全范围内，即煤层始突深度时的煤层瓦斯含量，但短时间内达到此目的是很困难的。

金属骨架适用于急倾斜厚度不大、松软的突出煤层（通常煤层厚度不超过4 m，若煤层厚度大，骨架容易发生强烈的弯曲，起不到支撑煤体的作用），其主要作用是增加井巷揭穿煤层时巷道上方煤层的稳定性和排除煤体中的瓦斯。实际上它起到在松软的急倾斜煤层中为了防止煤层冒顶而引发突出的一种前探支架作用。

水力冲孔与抽放、排放钻孔作用一样，也是为了排除煤层中的瓦斯，达到降低煤层中瓦斯含量与应力的目的。

现场贯彻

1. 抽放瓦斯与排放钻孔

1）预抽瓦斯的措施

（1）煤层透气性较好，并有足够的抽放时间，一般不小于3个月时，可采用预抽瓦斯措施。

（2）抽放钻孔布置到石门周界外3～5 m的煤层内。

（3）抽放钻孔的直径为75～100 mm，钻孔孔底间距一般为2～3 m。

（4）在抽放钻孔控制范围内，如预测指标降到突出临界值以下，认为防突措施有效。

2）排放钻孔的措施

（1）在煤层透气性较好，并有足够的抽放时间时，可采用钻孔排放措施。

（2）排放钻孔布置到石门周界外3～5 m的煤层内。

（3）排放钻孔的直径为75～100 mm，钻孔间距根据实测的有效排放半径而定。一般孔底间距不大于2 m。

（4）在抽放钻孔控制范围内，如预测指标降到突出临界值以下，认为防突措施有效。

（5）对于缓倾斜厚煤层，当钻孔不能一次打穿煤层全厚时，可采取分段打钻，但第一次打钻钻孔穿煤长度不得小于15 m。进入煤层掘进时，必须留有5 m最小超前距离（掘进到煤层顶底板时不在此限）。下一次的排放钻孔参数（直径、间距、孔数）应与第一次相同。

2. 金属骨架

（1）在揭开具有软煤和软围岩的薄及中厚突出煤层时，可采用金属骨架。

（2）在石门上部和两侧周边 0.5 ~ 10 m 范围内布置骨架孔。

（3）骨架钻孔穿过煤层并进入煤层顶（底）板至少 0.5 m，钻孔间距不得大于 0.3 m，对于软煤要架两排金属骨架，钻孔间距应小于 0.2 m。

（4）金属材料可选用 8 kg/m 的钢轨、型钢或直径不小于 50 mm 钢管，其伸出孔外端用金属框架支撑或砌入碹体内。

（5）揭开煤层后，严禁拆除金属骨架。

（6）采用金属骨架防治突出措施时，应与抽放瓦斯、水力冲孔或排放钻孔等措施配合使用。

3. 水力冲孔

（1）在打钻时具有自喷（喷煤、喷瓦斯）现象的煤层，可采用水力冲孔措施。

（2）水力冲孔的水压根据煤层的软硬程度而定，一般应大于 3 MPa。

（3）钻孔应布置到石门周界外 3 ~ 5 m 的煤层内。

（4）水力冲孔的钻孔冲孔顺序为先冲对角孔再冲边上孔，最后冲中间孔。

（5）石门冲出的总煤量不得少于煤层厚度 20 倍的煤量，如果冲出的煤量较少时，应在该孔周围补孔。

第二百一十四条　井巷揭穿（开）突出煤层必须遵守下列规定：

（一）在工作面距煤层法向距离 10 m（地质构造复杂、岩石破碎的区域 20 m）之外，至少施工 2 个前探钻孔，掌握煤层

赋存条件、地质构造、瓦斯情况等。

（二）从工作面距煤层法向距离大于5 m处开始，直至揭穿煤层全过程都应当采取局部综合防突措施。

（三）揭煤工作面距煤层法向距离2 m至进入顶（底）板2 m的范围，均应当采用远距离爆破掘进工艺。

（四）厚度小于0.3 m的突出煤层，在满足（一）的条件下可直接采用远距离爆破掘进工艺揭穿。

（五）禁止使用震动爆破揭穿突出煤层。

条文解读

本条是关于井巷揭穿（开）突出煤层的规定。

井巷揭穿煤层全过程的含义为井巷自底（顶）板岩柱穿入煤层进入顶（底）板的全部作业过程。具体来讲，井巷揭穿煤层分两个阶段：第一阶段是揭煤工作面距煤层垂距10 m时就开始，探明煤层的位置、产状、煤层的突出危险性，制定和执行防治突出措施，在经措施效果检验有效后，揭煤工作面掘进到距煤层垂距2 m处。第二阶段是从揭煤工作面掘进到距煤层垂距2 m处开始，直到突出煤层全部被掘完时为止，巷道全部成型、支护全部架好。只有上述两个阶段全部完工后，石门揭煤工作才算完成。

揭煤工作面距煤层法向距离2 m至进入顶（底）板2 m的范围，要求采用远距离爆破实施揭穿，是为了避免因瓦斯压力或地应力过大，岩柱抵抗不住而引发自行突出事故的发生。

由于震动爆破对煤体的震动也有可能诱发突出，因此，要求在揭煤时严禁使用震动爆破。

第二百一十五条　煤巷掘进工作面应当选用超前钻孔预抽

瓦斯、超前钻孔排放瓦斯的防突措施或者其他经试验证实有效的防突措施。

条文解读

本条是对煤巷掘进工作面防突措施的使用要求。

超前钻孔就是在突出危险煤层采掘时，向工作面前方沿煤层布置一定数量的超前钻孔，使工作面前方煤体卸压、排放瓦斯，消除或减小一定范围内的突出危险性。超前预抽钻孔是指与瓦斯抽采系统联网抽放的防突工艺，超前排放钻孔是指自然排放的防突工艺。其他经试验证实有效的防突措施包括水力冲孔、深孔爆破等措施。

现场贯彻

（1）应当优先选用超前（抽、排）钻孔的排放措施。

（2）松动爆破、水力冲孔、水力疏松等措施，必须经试验验证措施有效后方可使用。

第二百一十七条　突出煤层的采掘工作面，应当根据煤层实际情况选用防突措施，并遵守下列规定：

（一）不得选用水力冲孔措施，倾角在8°以上的上山掘进工作面不得选用松动爆破、水力疏松措施。

（二）突出煤层煤巷掘进工作面前方遇到落差超过煤层厚度的断层，应当按井巷揭煤的措施执行。

（三）采煤工作面采用超前钻孔预抽瓦斯和超前钻孔排放瓦斯作为工作面防突措施时，超前钻孔的孔数、孔底间距等应当根据钻孔的有效抽、排半径确定。

（四）松动爆破时，应当按远距离爆破的要求执行。

条文解读

本条是关于突出煤层采掘作业的规定。

在突出煤层掘进上山，危险性极高，世界各主要产煤国家，虽然经过多年努力至今仍未找到满意的防治突出的方法。由于突出煤层强度小，在掘进上山时受煤层自重的影响很容易发生垮塌，并诱发突出。另外，在突出煤层中掘进上山，即使在发生垮塌或突出前工作人员发现突出预兆后，由于受条件的限制，也很难迅速地撤离现场，容易导致人员伤亡。所以在突出煤层掘进上山时应首先采取能增加煤层稳定性的防突措施。但松动爆破、水力冲孔、水力疏松等防突措施会破坏煤体的稳定性，在上山掘进中应用对防突工作不利，故不能采用。

现场贯彻

（1）对于突出煤层煤巷掘进工作面前方遇到落差超过煤层厚度的断层，突出危险性非常大，为确保安全，应按井巷揭煤的措施执行。即揭煤工作面距煤层垂距 10 m 时开始探煤，5 m 时实施综合防突措施，直至远距离爆破揭开煤层。

（2）采煤工作面采用超前钻孔预抽瓦斯和超前钻孔排放瓦斯措施钻孔布置的要求，孔数、孔底间距等应当根据钻孔的有效抽、排半径确定。具体要求是：钻孔直径 75 ~ 120 mm；钻孔在工作面均匀布置；钻孔个数、孔底间距应根据突出危险性大小、煤层透气性系数、排放瓦斯时间所推算的有效半径确定，与现场实际紧密联系。

（3）松动爆破时，极易诱导煤与瓦斯突出的发生，按远距离爆破的要求执行，人员撤至安全地点，确保不发生突出伤人。

第二百一十八条　工作面执行防突措施后，必须对防突措施效果进行检验。如果工作面措施效果检验结果均小于指标临界值，且未发现其他异常情况，则措施有效；否则必须重新执行区域综合防突措施或者局部综合防突措施。

条文解读

本条是关于工作面防突措施效果检验规定。

钻孔深度应小于等于措施钻孔深度，效果检验指标值小于临界值，且无喷孔、顶钻等瓦斯异常情况，则措施有效；否则，必须重新执行区域或局部综合防突措施。

第二百一十九条　在煤巷掘进工作面第一次执行局部防突措施或者无措施超前距时，必须采取小直径钻孔排放瓦斯等防突措施，只有在工作面前方形成5 m以上的安全屏障后，方可进入正常防突措施循环。

条文解读

本条是关于煤巷掘进工作面进入正常防突措施循环的规定。

在第一次执行局部防治突出措施或无措施超前距时，工作面前方5 m内煤体没有得到充分的卸压，发生突出的因素未得到充分消除，在执行措施后，进入上述地段1～2 m便会发生突出，这种情况时有发生。此时只能采取小直径排放钻孔等不破坏煤体，又能排放瓦斯，提高煤体强度的措施，使此地段形成安全屏障。

实际经验表明，煤巷掘进时，工作面前方5～6 m处为应力集中带，而在距工作面5 m之内一般处于卸压状态，该卸压带

有能力阻挡煤与瓦斯突出的是工作面作业的安全屏障。作业时，若在此安全屏障未形成前就进入正常的防突措施循环，则有可能因为发生突出的因素未消除，工作面前方煤体阻挡能力不足而发生突出导致事故。所以，只有在工作面前方形成 5 m 的安全屏障后，才可进入正常防突措施循环。

现场贯彻

班组施工时必须留有 5 m 以上的安全距离施工。在第一次执行局部措施或无措施超前达不到 5 m 时，必须采用小直径钻孔排放瓦斯的措施。

第二百二十条　井巷揭穿突出煤层和在突出煤层中进行采掘作业时，必须采取避难硐室、反向风门、压风自救装置、隔离式自救器、远距离爆破等安全防护措施。

条文解读

本条是关于井巷揭穿突出煤层和在突出煤层中进行采掘作业时必须采取安全防护措施的规定。

综合防治突出措施中最后一个关口是安全防护措施。煤与瓦斯突出的机理至今仍处于假说阶段，虽然有一套行之有效的预测方法和防治突出的措施，但因形成突出的因素随机性很强，有时也难免出现一些偏差，必须有一套完整的安全防护措施，以保证工作人员的安全。

安全防护措施可分为两部分，一是尽量减少工作人员在落煤时与工作面的接触时间，主要措施是远距离爆破。二是突出后工作人员应有的一套完整的生命保障系统，主要有避难硐室、隔离式自救器、压风自救装置、反向风门等。避难硐室是供矿

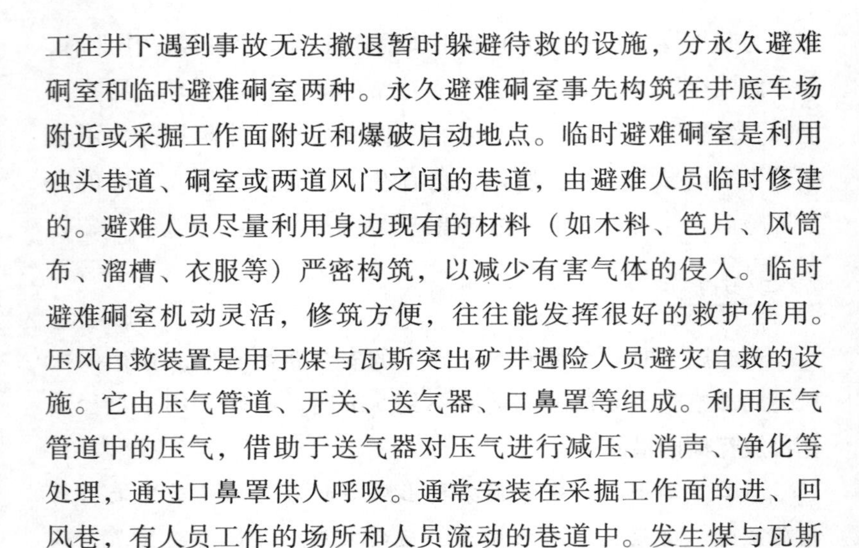

工在井下遇到事故无法撤退暂时躲避待救的设施，分永久避难硐室和临时避难硐室两种。永久避难硐室事先构筑在井底车场附近或采掘工作面附近和爆破启动地点。临时避难硐室是利用独头巷道、硐室或两道风门之间的巷道，由避难人员临时修建的。避难人员尽量利用身边现有的材料（如木料、笆片、风筒布、溜槽、衣服等）严密构筑，以减少有害气体的侵入。临时避难硐室机动灵活，修筑方便，往往能发挥很好的救护作用。压风自救装置是用于煤与瓦斯突出矿井遇险人员避灾自救的设施。它由压气管道、开关、送气器、口鼻罩等组成。利用压气管道中的压气，借助于送气器对压气进行减压、消声、净化等处理，通过口鼻罩供人呼吸。通常安装在采掘工作面的进、回风巷，有人员工作的场所和人员流动的巷道中。发生煤与瓦斯突出后，灾区人员可以利用它避灾自救，等待救援。

第二百二十一条　突出煤层的石门揭煤、煤巷和半煤岩巷掘进工作面进风侧必须设置至少2道反向风门。爆破作业时，反向风门必须关闭。反向风门距工作面的距离，应当根据掘进工作面的通风系统和预计的突出强度确定。

条文解读

本条是关于设置反向风门的规定。

反向风门安全保护措施，是指远距离爆破时必不可少的措施，是防止突出时逆流进入风道而设的风门。因而平时反向风门是敞开的，在爆破时关闭，爆破后，矿井救护队和有关人员进入检查时，必须把风门打开顶牢。

☞现场贯彻

（1）突出煤层掘进工作面进风侧，必须设置至少2道牢固的反向风门。

（2）风门间距离不小于4 m。

（3）反向风门距工作面回风巷不小于10 m，与工作面的最近距离不小于70 m；小于70 m时应设置至少三道反向风门。

（4）反向风门墙垛用砖、料石或混凝土砌筑，嵌入巷道周边岩石的深度不小于0.2 m；墙垛厚度不小于0.8 m。

（5）在煤巷构筑反向风门时，风门墙体四周掏槽深度见硬帮硬底后再进入实体煤不小于0.5 m。

（6）通过反向风门墙垛的风筒、水沟、刮板输送机道等，必须设有逆向隔断装置。

（7）人员进入工作面时必须把反向风门打开、顶牢。工作面爆破和无人时，反向风门必须关闭。

第二百二十二条　井巷揭煤采用远距离爆破时，必须明确起爆地点、避灾路线、警戒范围，制定停电撤人等措施。

井筒起爆及撤人地点必须位于地面距井口边缘20 m以外，暗立（斜）井及石门揭煤起爆及撤人地点必须位于反向风门外500 m以上全风压通风的新鲜风流中或者300 m以外的避难硐室内。

煤巷掘进工作面采用远距离爆破时，起爆地点必须设在进风侧反向风门之外的全风压通风的新鲜风流中或者避险设施内，起爆地点距工作面的距离必须在措施中明确规定。

远距离爆破时，回风系统必须停电撤人。爆破后，进入工作面检查的时间应当在措施中明确规定，但不得小于30 min。

条文解读

本条是关于揭煤工作面远距离爆破的规定。

远距离爆破的主要目的是爆破时将工作人员撤离爆破地点，避免突出的煤（岩）、瓦斯危及作业人员的安全。反向风门虽然能起到隔离突出物流到进风侧和防止突出瓦斯逆流的作用，但当突出规模较大时，突出的煤（岩）、瓦斯会将反向风门摧毁，从而波及工作面进风侧，这时若发爆人员仅处在反向风门外的新鲜风流中，而不是处在全负压通风的新鲜风流中，当反向风门被摧毁时，就会造成发爆人员的伤亡。若发爆人员处在规定距离的全负压通风的新鲜风流中，由于全负压通风系统的风流状态不会因突出破坏了通风设施而受到影响，即使突出的瓦斯逆流到了发爆地，逆流的瓦斯在全负压风流的作用下也会很快得到稀释，将因瓦斯浓度过高造成人员窒息的可能性降到最小，对人身安全有利。

远距离爆破时，一是有可能发生延时突出；二是爆破后会产生有毒有害气体。实践证明，人员在 30 min 以后进入现场是相对安全的。

第二百二十三条　突出煤层采掘工作面附近、爆破撤离人员集中地点、起爆地点必须设有直通矿调度室的电话，并设置有供给压缩空气的避险设施或者压风自救装置。工作面回风系统中有人作业的地点，也应当设置压风自救装置。

条文解读

本条是关于突出煤层采掘工作面附近、爆破撤离人员集中地点、起爆地点必须设置电话及安全救生装置的规定。

突出煤层的采掘工作面无论地质条件、煤层厚度与强度、煤层瓦斯情况变化都很频繁，为随时了解突出工作面的实际变化，在突出煤层的采掘工作面附近，应设有直通矿调度室的电话。爆破时在撤离人员集中地点设直通矿调度室的电话是为了在发现突出征兆和发生突出时及时通知矿调度室，以便采取措施进行救灾和避免灾害范围扩大。另外，当出现突出预兆后人员需立即撤离现场，但因突出瓦斯影响范围广，波及速度快，有时工作人员还没有到达安全地点就会发生突出，为了解决这一问题，爆破时在撤离人员集中地点就必须设立电话和安全救生装置，以确保工作人员的安全。

☞现场贯彻

1. 工作面避难所

（1）掘进距离超过 500 m 的巷道内必须设置避难所。

（2）避难所应设在采掘工作面附近和爆破工操作爆破的地点。

（3）避难所应满足工作面最多作业人数避难的要求，其他要求与采区避难所相同。

2. 工作面压风自救系统

（1）压风自救装置安装在压缩空气管道上。

（2）设置压风自救装置地点：距采掘工作面 25 ~ 40 m 的巷道内、爆破地点、撤人与警戒所在的位置、回风道有人作业处。

（3）在长距离掘进巷道中，应根据实际情况增加设置。

（4）每组压风自救装置应可供 5 ~ 8 个人使用，平均每人的压缩空气供给量不得少于 0.1 m^3/min。

第二百二十四条　清理突出的煤（岩）时，必须制定防煤

尘、片帮、冒顶、瓦斯超限、出现火源，以及防止再次发生突出事故的安全措施。

条文解读

本条是关于清理突出煤（岩）时的规定。

突出的煤破碎程度高，比表面积大，容易被氧化，加之孔洞附近通风不良，氧化生热容易积聚，很容易发生煤层自燃，所以必须及时对突出孔洞进行充填、封闭或清理；清理突出煤过程中，仍有大量的瓦斯涌出，必须加强通风、洒水防尘，防止瓦斯煤尘爆炸；突出孔洞附近煤体松软，孔边应力梯度大，清理过程中可能引起片帮、冒顶或再次突出。可见清理突出的煤（岩）时有很多不安全因素，在清理前，必须制订切实可行的安全技术措施，防止再次发生事故。

第四节　防　灭　火

第二百四十六条　煤矿必须制定井上、下防火措施。煤矿的所有地面建（构）筑物、煤堆、矸石山、木料场等处的防火措施和制度，必须遵守国家有关防火的规定。

条文解读

本条是关于制定井上、下防火措施和制度的规定。

矿井火灾一旦发生，危害极其严重，矿井火灾不仅发生在井下，而且在地面井口附近、煤堆、矸石山、木料场等处都可能发生矿井火灾。因此，《规程》规定煤矿必须制定井上、下防火措施。

1. 矿井火灾的危害

（1）产生大量有毒有害气体，造成人员伤亡。矿井发生火灾时，会生成大量的一氧化碳等有毒有害气体，导致大量人员中毒、窒息甚至死亡。如 2005 年 4 月 23 日 17 时左右，河南禹州市苌庄乡梨园煤矿违章在井下安装、使用不符合规定的空气压缩机和润滑油，空气压缩机在运行过程中，温度超过了润滑油闪点，使进入高压汽缸的润滑油燃烧，生成大量有毒有害气体，致使 12 人中毒窒息死亡。据统计表明，在矿井火灾事故中，95% 以上的遇难人员是由于有害气体中毒导致的。

（2）冻结煤炭资源，影响矿井生产。矿井火灾发生后，会造成矿井全部或局部停产。为了灭火封闭采区，冻结大量开采煤量，使矿井产煤量大幅度下降，严重影响正常的生产秩序。

（3）烧毁设备，消耗大量灭火材料，造成巨大经济损失。矿井火灾所到之处，会造成设备被烧毁，电缆被烧坏等。同时，灭火要投入大量的人力、物力和财力，造成巨大的经济损失。如 2013 年 2 月 28 日 19 时 43 分，河北某煤矿井下发生一起重大火灾事故，造成 13 人死亡，直接经济损失 1425. 08 万元。

（4）能引起瓦斯煤尘爆炸事故。如 2004 年 11 月 28 日 07 时 10 分，陕西某煤矿因采空区发火，联络巷内积聚的高深度瓦斯从密闭裂缝进入采空区，发生瓦斯爆炸，事故造成 166 人死亡，45 人受伤。

（5）产生火风压，使火灾范围扩大。矿井发生火灾后，高温浓烟流经区域的空气发生变化，温度升高，在倾斜、垂直井巷产生火风压。火风压能使矿井总风量增加或减少，或使局部区域风流方向逆转，造成通风系统紊乱，扩大灾害范围，增加事故损失和灭火救灾的难度。如 1990 年 5 月 8 日黑龙江鸡西矿

务局安装处在小恒山矿安装带式输送机的过程中，用气焊切割钢板时发生火灾。火灾蔓延产生的火风压波及井下二水平生产采区、三水平井底以及地面主控室，死亡 80 人，伤 23 人。

2. 火灾的三要素

发生矿井火灾的原因很多，但引起火灾的基本要素有 3 点：

（1）可燃物。煤矿中的煤是大量而普遍存在的可燃物。另外，在生产过程中产生的煤尘以及所用的坑木、机电设备、各种油料、炸药等都具有可燃性。可燃物的存在是火灾发生的基础。

（2）热源。具有一定温度和足够热量的热源才能引起火灾。煤矿井下热源主要有：电流短路，电弧电火花，烘烤（灯泡取暖）静电，摩擦热，放明炮、糊炮，明火等。

（3）氧气。缺氧就不能维持燃烧。实验证明，一般在氧浓度为 3% 的空气中，任何可燃物的燃烧都很难维持；在氧浓度为 12% 的空气中瓦斯会失去爆炸性；氧浓度为 14% 以下，蜡烛会熄灭。据此，从封闭火区内取气样化验氧含量，可作为判断火灾是否熄灭的一个指标。

火灾的发生，必须同时满足以上 3 个条件，因此，对矿井火灾的防治应从这 3 个方面考虑。

3. 矿井防灭火措施

每个生产和在建矿井，在制定矿井生产长远规划和年度计划时，都必须由矿长和技术负责人（矿总工程师）负责组织制定本矿井的防灭火措施。矿井防灭火工程和措施所需的费用和材料、设备等必须列入企业财务和供应计划，并组织实施。

矿井防灭火措施应包括以下内容：

（1）防止井口地面火灾危害井下安全措施；

（2）各种外因火灾的防灭火措施；

（3）自燃煤层开采时的防灭火措施；

（4）现有火区管理和灭火措施；

（5）在火区周围进行生产活动的安全措施；

（6）发生火灾时的通风应变措施；

（7）发生火灾时防止瓦斯、煤尘爆炸和防止灾情扩大的措施；

（8）发生火灾时的矿工自救和救灾措施等。

☞ 现场贯彻

1. 禁止使用明火

（1）井下和井口房内不得从事电焊、气焊和喷灯焊接等工作。如果必须在井下主要硐室、主要进风井巷和井口房内进行电焊、气焊和喷灯焊接等工作，每次都必须制定安全措施，并由专人在场检查和监督。

（2）井口房和通风机房附近20 m内，不得有烟火或用火炉取暖。这是因为一旦井口房和通风机房附近发生火灾，其烟雾和有害气体会对矿井安全产生威胁。一旦发生煤与瓦斯突出，含有高浓度瓦斯和大量煤尘的高压气流，有可能进入用烟火或火炉取暖的抽出式通风的通风机房（或压入式通风的排风井口房），会引起瓦斯煤尘爆炸事故。

（3）井下严禁使用电炉。电炉本身就是一个明火源，稍有不慎就可能点燃附近的可燃物而引起火灾；如果遇到煤与瓦斯突出、喷出或采空区顶板大面积垮落将采空区积存的大量瓦斯压出，以及发生冲击地压伴随着涌出的高浓度瓦斯等，都很容易引发瓦斯爆炸事故。

2. 防止存在失控的高温热源

（1）预防电气设备失控引火。电气设备引起火灾主要是由于用电管理不当，电流过负荷、短路或因外力（如冒顶、跑车等）破坏了电缆的绝缘，产生电弧、电火花与过热现象，引起电气设备或电缆的绝缘材料的燃烧，而造成外源火灾。另外，变压器油长期不更换，绝缘程度降低，电流短路亦可引起着火。

为防止电器着火，井下所有电气设备的选择、安装与使用除必须遵守有关规定外，还应正确运用过负荷继电器与熔断器，一旦发生电流短路，就能自动切断电源。电缆必须按规定的高度悬挂好，接头处要用接线盒并灌满沥青。近年来我国已经生产出阻燃电缆，故应优先使用阻燃型矿用移动式屏蔽橡套电缆，以提高防火能力。

（2）预防机械摩擦起火。机械设备如管理不当，因摩擦产生高温，也能引起火灾。所以，对机械设备要安装良好，经常检查与维修，保持转动部分的清洁、润滑和正常转动，保证设备不“带病”运行。推广使用高强度阻燃皮带，配套各种监测、控制、保护装置。

（3）防止爆破引火。井下爆破工作是引起外源火灾的原因之一，甚至能引起瓦斯和煤尘爆炸事故。

3. 采用不燃性材料支护

《规程》规定：井筒、平硐、各水平的井底连接处及井底车场，主要绞车道同主要运输巷道、回风巷道的连接处，井下机电硐室，主要巷道内带式输送机的机头前后两端各20 m范围内，都必须用不燃性材料支护。

4. 使用不燃或难燃制品

国产电缆、风筒和输送机胶带均已有不燃或耐燃制品，应

大量推广使用。目前井下大量使用的可燃电缆、风筒和皮带都应淘汰。

5. 防止可燃物的大量积存

《规程》规定：井下使用的柴油、煤油、润滑油必须装入盖严的铁桶内，由专人押运送至使用地点；剩余的必须运回地面，严禁在井下存放。用过的棉纱、布头和纸，也必须放入盖严的铁桶内，并由专人定期送至地面处理，不准乱放乱扔。严禁将剩油和废油泼洒在井巷和硐室内。井下清洗风动工具，必须在专用硐室内进行，且必须用不燃性和无毒性洗涤剂。

第二百五十六条　井下使用的柴油、煤油、润滑油必须装入盖严的铁桶内，由专人押运送至使用地点；剩余的必须运回地面，严禁在井下存放。

井下使用的棉纱、布头和纸等，必须存放在盖严的铁桶内。用过的棉纱、布头和纸，也必须放在盖严的铁桶内，并由专人定期送到地面处理，不得乱放乱扔。严禁将剩油、废油泼洒在井巷或硐室内。

井下清洗风动工具时，必须在专用硐室进行，并必须使用不燃性和无毒性洗涤剂。

条文解读

本条是关于井下使用各种油类管理的规定。

柴油、煤油都属极易燃烧物质，与其他可燃物质比较，其燃烧和传播的速度要快得多，而且不宜用水扑灭。这些油类，对煤矿井下防火来讲，是一种极其危险的祸患。故此，《规程》对其作出了“专人押送”,“用时带来，用完带走”,“不得在井下存放”的严格规定。

现场贯彻

（1）易燃物下井前必须由使用单位填写审批单，注明名称、数量以及用途，并经过归口管理部门批准后方可下井。

（2）井下不准存放柴油、煤油和润滑油。井下必须使用柴油、煤油和润滑油时，执行易燃物审批程序。下井时必须装入盖严的铁桶内，由专人押运送至使用地点，剩余的柴油、煤油和润滑油必须及时运回地面，严禁在井下存放。

（3）井下使用的棉纱、布头和纸等，必须存放在盖严的铁桶内。使用过的棉纱、布头和纸，也必须放在盖严的铁桶内，并由专人定期送到地面处理，不得乱扔乱放。

第二百七十五条　任何人发现井下火灾时，应当视火灾性质、灾区通风和瓦斯情况，立即采取一切可能的方法直接灭火，控制火势，并迅速报告矿调度室。矿调度室在接到井下火灾报告后，应当立即按灾害预防和处理计划通知有关人员组织抢救灾区人员和实施灭火工作。

矿值班调度和在现场的区、队、班组长应当依照灾害预防和处理计划的规定，将所有可能受火灾威胁区域中的人员撤离，并组织人员灭火。电气设备着火时，应当首先切断其电源；在切断电源前，必须使用不导电的灭火器材进行灭火。

抢救人员和灭火过程中，必须指定专人检查甲烷、一氧化碳、煤尘、其他有害气体浓度和风向、风量的变化，并采取防止瓦斯、煤尘爆炸和人员中毒的安全措施。

条文解读

本条是关于井下发现火灾时应直接灭火及注意事项的规定。

矿井火灾不像煤与瓦斯突出和爆炸事故那样在瞬间突然发生造成重大灾害。在矿井中发生的火灾通常是从某一点开始的，火灾发生的初期，一般火势并不大，在火势尚未蔓延扩展之前，燃烧产生的热量也不大，周围介质和空气温度还不高，人员可以接近火源，这时的绝大多数火灾都可以被迅速扑灭。因此，火灾初期的积极灭火是极其重要的。否则，对发现或扑救不及时的可燃物充足的火灾有时仅仅数分钟就会发展成为一个很难或不可能扑灭的大火，最后只能封闭该着火区域。因此，最先发觉火灾的人员，一定要根据火灾性质采用一切可能的方法，力争在火灾初起之时就把它扑灭，同时迅速向矿调度室报告火情。

灭火就其方法而言，可分为直接灭火法、隔绝灭火法和混合灭火法三大类。直接灭火法是对刚发生的火灾或火势不大时，可采用水、砂子、化学灭火剂、高倍数泡沫灭火器和挖出火源的办法等直接将火扑灭。隔绝灭火法是在直接灭火法无效时采用的灭火方法，它是在通往火区的所有巷道中构筑防火密闭墙，阻止空气进入火区，从而使火逐渐熄灭。隔绝灭火法是处理大面积火灾，特别是控制火势发展的有效方法，其灭火的效果取决于密闭墙的气密性和密闭空间的大小。综合灭火法是以封闭火区为基础，再采取向火区内注入惰气、泥浆或均衡火区漏风通道压差等措施的灭火方法。

现场贯彻

1. 直接灭火的方法

（1）用水灭火是因为水吸热能力强，冷却作用大；水与火接触后能产生大量水蒸气（1 kg 水能生成 1700 L 的水蒸气），稀释空气中的氧浓度，并使燃烧物与空气隔绝，阻止其继续燃烧，强水流射向火源，能压灭燃烧物的火焰。所以对于火势不大，范围较小的火灾，用水扑灭是简单易行、经济有效的方法。

（2）用砂子或岩粉灭火就是把砂子（或岩粉）直接撒在燃烧物体上覆盖火源，将燃烧物与空气隔绝熄灭。此外，砂子或岩粉不导电，并能吸收液体物质，因此可用来扑灭油类或电气火灾。砂子成本低廉，灭火时操作简便，因此，在机电硐室、材料仓库、炸药库等地方均应设置防火砂箱。

（3）挖除火源就是在火势不大、范围小、人员能够接近的火区，直接用锹镐配合，将降温后的燃烧物直接挖除，消灭火灾。在瓦斯矿井挖除火源是比较危险的，必须检查瓦斯浓度和温度，采取必要的安全措施。

（4）化学灭火器灭火。目前煤矿上使用的化学灭火器有两类：一类是泡沫灭火器，另一类是干粉灭火器。

2. 用水灭火时应注意的问题

（1）应有足够的水源和水量。少量的水在高温下可以分解成具有爆炸性的氢气和助燃的氧气，因此，必须保证灭火时水源充足。

（2）应从火焰四周开始灭火，逐步移向火源中心，千万不要直接把水喷在火源中心，防止大量蒸汽和炽热煤块抛出伤人，也避免高温火源使水分分解成氢气和氧气。

（3）灭火时，必须指定专人检查瓦斯、一氧化碳、煤尘、其他有害气体和风流的变化，还必须采取防止瓦斯爆炸和人员中毒的安全措施。

（4）电气设备着火以后，应首先切断电源。在电源未切断以前，只能使用不导电的灭火器材，如用砂子、岩粉和四氯化

碳灭火器进行灭火。如果直接用水灭火，水能导电，火势将更大，并危及救火队员的安全。另外，水不能用来扑灭油料火灾，油比水轻，而且不易与水混合，可以随水流动从而扩大火灾面积。

（5）灭火人员一定要站在火源的上风侧，并应保持正常通风，回风道要畅通，以便将烟和水蒸气引入回风道中排出。

在井筒和主要巷道中，尤其是在带式输送机巷道中应装设水幕，当火灾发生时立即启动水幕，能很快地限制火灾的发展。但用水淹没采区或矿井的灭火方法，只能在万不得已时使用。

3. 直接挖出火源时应注意的事项

采用直接挖出火源方法灭火时，必须符合以下条件：

（1）火源范围小，且能直接达到火源。

（2）可燃物温度降到 70 ℃以下，且无复燃或引燃其他物质的危险。

（3）无瓦斯或火灾气体爆炸的危险。

（4）风流稳定，无 CO 中毒的危险。

（5）需要爆破处理时，炮眼内的温度不超过 40 ℃。

（6）挖出的炽热物应保证运输过程中无复燃危险。

第五节　防　治　水

第二百八十二条　煤矿防治水工作应当坚持“预测预报、有疑必探、先探后掘、先治后采”基本原则，采取“防、堵、疏、排、截”综合防治措施。

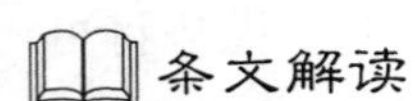

本条是关于防治水十六字原则和五项综合防治措施的规定。

防治水十六字原则科学地概括了水害防治工作的基本程序。“预测预报”是水害防治的基础，“有疑必探”“先探后掘”是水害防治的关键，“先治后采”是水害防治的最终目标。

“预测预报”是指在查清矿井水文地质条件基础上，运用先进的水害预测预报理论和方法，对矿井水害做出科学地分析判断和评价；“有疑必探”是指根据水害预测预报评价结论，对可能构成水害威胁的区域，采用物探、化探和钻探等综合探测技术手段，查明或排除水害；“先探后掘”是指先综合探查，确定巷道掘进没有水害威胁后再掘进施工；“先治后采”是指根据查明的水害情况，采取有针对性的治理措施排除水害隐患后，再安排采掘工程和正式回采。

五项防治措施是水害治理的基本技术方法。“防”主要指合理留设各类防隔水煤（岩）柱和修建各类防水闸门或防水墙等，防隔水煤（岩）柱一旦确定后，不得随意开采破坏；“堵”主要指注浆封堵具有突水威胁的含水层或导水断层、裂隙和陷落柱等通道；“疏”主要指探放老空水和对承压含水层进行疏水降压；“排”主要指完善矿井排水系统，排水管路、水泵、水仓和供电系统等必须配套；“截”主要指加强地表水（河流、水库、洪水等）的截流治理。

现场贯彻

矿井采掘工作面在掘进回采前应当组织专业技术人员全面收集采掘工作面区域的水文地质资料，按照“预测预报、有疑

必探、先探后掘、先治后采”的原则，认真分析采掘区域的水文地质条件，提出水害分析预测表、图和报告；水文地质条件不清的，要进行补充勘探，提高水害预测预报水平和准确性。对可能发生水害区域，采用钻探方法为主，配合物探、化探等综合探测技术手段，查明或排除水害。水害探查工作应坚持“物探先行，化探跟进，钻探验证，综合勘查”的基本思路。

“防、堵、疏、排、截”是在长期防治各类煤矿水害实践中总结出的行之有效的方法。例如受水威胁严重的矿井应当实现无人值守泵房和远程监控集控系统，推广使用地面操控的大流量、高扬程潜水泵排水系统，增加矿井抗灾能力；井下巷道前方穿越导水断层时，应当预先注浆加固，方可掘进施工；对华北地区煤层底板奥灰水实行疏水降压后再开采；工作面有突水威胁时，应当采取留设防隔水煤（岩）柱、底板注浆加固改造等措施，防止突水造成矿井灾害。

第二百八十八条　采掘工作面或者其他地点发现有煤层变湿、挂红、挂汗、空气变冷、出现雾气、水叫、顶板来压、片帮、淋水加大、底板鼓起或者裂隙渗水、钻孔喷水、煤壁溃水、水色发浑、有臭味等透水征兆时，应当立即停止作业，撤出所有受水患威胁地点的人员，报告矿调度室，并发出警报。在原因未查清、隐患未排除之前，不得进行任何采掘活动。

条文解读

本条是关于矿井出现透水征兆时应及时组织撤人的规定。

大部分透水事故发生前均会显现出不同的透水征兆，有时这些透（突）水征兆还非常明显。由于水源的类型不同，出现的透（突）水征兆也不尽相同，根据不同预兆，可以判断不同

水源，有利于我们采取相应的防治措施。

不同水源透水征兆的特点：

（1）老空水透水征兆：煤层变潮湿、松软，煤帮出现滴水、淋水现象，工作面气温降低及出现雾气、水叫、挂红、硫化氢气味等。

（2）工作面底板灰岩含水层突水征兆：工作面压力增大，底板鼓起，底鼓量有时可达500 mm以上；底板产生裂隙并逐渐增大，沿裂隙向外渗水；底板发生“底爆”，伴有巨响，水大量涌出。

（3）冲积层水突水征兆：突水部位发潮、滴水，并逐渐增大，仔细观测可发现水中有少量细沙；工作面发生局部冒顶，水量突增并出现流沙；发生大量溃水、溃沙，这种现象可能影响到地表，致使地表出现塌陷坑。

以上征兆是典型情况，在突（透）水过程中，不一定全部表现出来，所以，出现突（透）水征兆时，应先撤人到安全地点，再组织技术分析，作出科学判断，综合考虑各种因素，防止误判。没有查明原因、排除隐患的，不得组织生产。

现场贯彻

（1）井下现场作业人员必须掌握透（突）水征兆的知识，做到有备无患。采掘工作面或其他地点发现异常情况，应当细心观察，认真分析、判断，一旦准确辨识为突（透）水征兆，立即停止原作业，及时通过各种途径向矿调度室报告，同时也应以最快的方式告知井下毗邻地区不同开采层位、不同采区的所有受水害威胁的作业人员，按照《矿井水害应急预案》中所规定的方向和路线撤出。撤退过程中应绝对听从班组长的统一

指挥，不要惊慌失措。

（2）煤矿生产现场带班人员、班组长和调度人员在遇到透水征兆时，要在第一时间下达停产撤人命令，立即撤出所有受水威胁的作业人员到安全地点。煤矿应明确赋予并切实落实调度员、班组长、安全员紧急情况立即停产撤人权，防止因逐级汇报延误最佳撤人时机。因撤离不及时导致人身伤亡事故的，要从重追究相关人员的法律责任。

事故案例

某矿井下掘进工作面出现空气变冷、煤壁挂汗、裂缝滴水、炮眼向外流水、顶板滴水、水响声、臭鸡蛋味、夹钎子等明显透水征兆，由于未能辨识和捕捉这些透水信息，班组长既没有及时撤出作业人员，又不向上级汇报处理，强令工人冒险作业，导致揭穿老空区积水，造成21人死亡。

第二百九十九条　受水淹区积水威胁的区域，必须在排除积水、消除威胁后方可进行采掘作业；如果无法排除积水，开采倾斜、缓倾斜煤层的，必须按照《建筑物、水体、铁路及主要井巷煤柱留设与压煤开采规程》中有关水体下开采的规定，编制专项开采设计，由煤矿企业主要负责人审批后，方可进行。

严禁开采地表水体、强含水层、采空区水淹区域下且水患威胁未消除的急倾斜煤层。

条文解读

本条是关于地表水体下、水淹区域下采煤的规定。

水淹区域是指被水淹没的井巷和被水淹没的采空区的总称。在水淹区域下采煤和在河流、湖泊、水库和海域等地面水体下及强含水层下采煤其本质是一致的，任何一个薄弱环节与水体沟通，都可能造成重特大水害事故，因此，必须高度重视水体下采煤。

对受水淹区域积水威胁的采掘工作面，只要有条件的，应当在排除积水、消除威胁后进行布置和采掘。如果无法排除积水，只能开采倾斜、缓倾斜煤层，而且必须查明地质情况，按照《建筑物、水体、铁路及主要井巷煤柱留设与压煤开采规程》中有关水体下开采的规定，编制专项开采设计，组织相关技术人员研究，确定安全可靠的防隔水煤（岩）柱和安全防范措施，由煤矿主要负责人审批后，方可开采。

急倾斜煤层开采后极易沿层抽冒，按常规支护办法很难控制。而抽冒问题目前仍没有得到有效解决，为了保障安全，本条规定严禁在地表水体下、采空区水淹区域以下开采急倾斜煤层。

现场贯彻

（1）通防班组应当加强监测水情和水体底界面变形情况。

（2）认真组织落实《建筑、水体、铁路及主要井巷煤柱留设与压煤开采规程》及专项开采设计。

事故案例

2005 年 8 月 7 日 13 时 13 分，广东省梅州市兴宁市大兴煤矿发生特别重大透水事故，造成 121 人死亡。该事故直接原因是：透水前井下共布置 34 个采煤工作面和 12 个掘进工作面，超强度开采，导致急倾斜煤层（煤层倾角平均 75°）连续抽冒，抽冒高度达 200 m，破坏了上部留设的安全防隔水煤（岩）柱，使

上部老空积水迅速溃入井下，导致透水事故发生。

第三百一十一条　矿井应当配备与矿井涌水量相匹配的水泵、排水管路、配电设备和水仓等，并满足矿井排水的需要。除正在检修的水泵外，应当有工作水泵和备用水泵。工作水泵的能力，应当能在20 h内排出矿井24 h的正常涌水量（包括充填水及其他用水）。备用水泵的能力，应当不小于工作水泵能力的70%。检修水泵的能力，应当不小于工作水泵能力的25%。工作和备用水泵的总能力，应当能在20 h内排出矿井24 h的最大涌水量。

排水管路应当有工作和备用水管。工作排水管路的能力，应当能配合工作水泵在20 h内排出矿井24 h的正常涌水量。工作和备用排水管路的总能力，应当能配合工作和备用水泵在20 h内排出矿井24 h的最大涌水量。

配电设备的能力应当与工作、备用和检修水泵的能力相匹配，能够保证全部水泵同时运转。

条文解读

本条是关于矿井设置排水系统及其配置的规定。

排水系统是保障矿井正常生产的重要系统，也是矿井生产建设过程中战胜水害最重要的手段之一。该系统主要包括水泵、排水管路、配电设备、水仓、水沟等，各种排水设施要相互匹配。

（1）水泵：应当有工作水泵、备用水泵和检修水泵。配备的水泵应与矿井涌水量相匹配，为确保矿井安全，还要有一定的富余能力。因此规定了工作水泵的能力，应能在20 h排出24 h的正常涌水量，即工作水泵的能力比正常涌水量富余20%。

备用水泵的能力，应不小于工作水泵能力的 70% 。又考虑到有些矿井雨季时矿井最大涌水量和正常涌水量相差很大，如果也按工作水泵的 70% 配置备用泵，则不能保证安全，所以又规定了工作和备用水泵的总能力，应能在 20 h 排出矿井 24 h 的最大涌水量。两种计算值取较大值，且偏上取整值即为配置的备用泵台数。

（2）排水管路：应当有工作管路和备用管路。即使矿井的涌水量很小，为了预防涌水量突然增大排水管也必须有一定的备用量，不要求有检修管。水管的过水能力与水泵的排水能力相适应，也不必一台水泵匹配一趟管路。

（3）配电设备：如果要保持水泵的正常运转必须经常检修，配电设备在运转一定时间后也需要检修，所以规定了配电设备应同水泵的工作、备用和检修相适应。考虑到检修好的水泵在突水后也能投入运转，所以要求配电设备的能力应当能够保证全部水泵同时运转。

☞现场贯彻

设置排水系统是矿井防治水工作的基本要求，所有矿井（国有、地方和乡镇等所有煤矿）都应当按照本条要求建立健全排水系统，不得将矿井水向老空区排水或私自泄入其他矿井，再由其他矿井排水。近几年发生的一些透水事故，虽然只有几百立方水或者上千立方水，由于排水系统不健全，无法及时排出井下积水，不能及时救出井下被困人员，社会影响较大。所以，要求所有矿井在各水平都要建立排水系统，并且要有一定的富余能力。大型、特大型矿井排水系统可根据井下生产布局及涌水情况分区建设，每个排水分区可实现独立排水，但泵房

设计、排水能力及水仓容量必须符合本规程要求。排水系统集中控制的主要泵房可不设专人值守，但必须实现图像监视和专人巡检。

排水系统的设置应根据最新预测评价的正常涌水量和最大涌水量为依据。水泵、水管、闸阀、配电设备和线路等各种排水设施，必须经常检查和维护，确保矿井发生紧急情况时所有设备（特别是备用设备和应急设备）能够发挥作用。在每年雨季之前，必须全面检修1次，并对全部工作水泵和备用水泵进行1次联合排水试验，确保水泵安全、可靠、经济、合理地运行。联合排水试验要制定方案，严密组织，发现隐患，及时处理，并提交联合排水试验报告。

另外，排酸性矿井水时要采取措施，一是在排水前用石灰等碱性物质将水进行中和；二是采用耐酸泵排水，对管路进行耐酸防护处理。

第三百一十七条　在地面无法查明水文地质条件时，应当在采掘前采用物探、钻探或者化探等方法查清采掘工作面及其周围的水文地质条件。

采掘工作面遇有下列情况之一时，应当立即停止施工，确定探水线，实施超前探放水，经确认无水害威胁后，方可施工：

（一）接近水淹或者可能积水的井巷、老空区或者相邻煤矿时。

（二）接近含水层、导水断层、溶洞和导水陷落柱时。

（三）打开隔离煤柱放水时。

（四）接近可能与河流、湖泊、水库、蓄水池、水井等相通的导水通道时。

（五）接近有出水可能的钻孔时。

（六）接近水文地质条件不清的区域时。

（七）接近有积水的灌浆区时。

（八）接近其他可能突（透）水的区域时。

条文解读

本条是关于矿井采掘工作面遇有哪种情况必须实施超前探放水的规定。

（1）接近水淹或可能积水的井巷、老空区或相邻煤矿时必须进行超前探放水。年代久远的采空区和废巷等积水，既可形成大片积水区，也可以各种不规则的形状零星分布。这种老空水体的水量集中，一旦意外接近或揭露，就能在短时间内以“有压管道流”的形式突然溃出，来势迅猛，水压传递十分迅速，水大时可达几万至十几万立方米，水小时只有几十立方米，但也具有很大的冲击力和破坏力，可能造成重大人身伤亡事故。如，河北邢台某矿在只有14 m^3 积水溃出的情况下，导致了14人死亡的重大事故，教训极其深刻。

（2）接近含水层、导水断层、溶洞和导水陷落柱时必须进行超前探放水。我国不少矿区，煤系基岩上覆盖有冲积层，由于后者分布面积较大，冲积层底部的松散砂砾石含水层能广泛接收和储存大气降水，并与下伏基岩含水层呈角度不整合接触而使两者的水力联系较好，因而它不仅成为压在矿坑上方的一个巨大的含水体，而且也是矿井涌水的补给来源，我国煤矿开采史上，曾发生多次穿透冲积层水的恶性事故。必须超前探查查明冲积层岩性的结构、含水层分布及富水程度，按含水层下开采留设足够尺寸的煤柱。

由于基岩裂隙水、岩溶水的埋藏、分布和水动力条件等都

具有明显的不均匀性，煤层顶、底板砂岩水、岩溶水等在某些（或某一）地段对采掘工作面没有任何影响，而在另一些地段却带来不同程度的危害。为确保矿井安全生产，必须超前探清含水层的水量、水压和水源等，才能予以治理。

巷道过导水断层不采取超前措施往往会造成突水事故，断层突水是矿井开采中一种常见多发的灾害事故。巷道施工将要揭露或接近导水断层时必须超前进行探测，搞清断层的位置、方向、落差、倾向、倾角及断层带厚度等情况，另外通过探水要判断出断层本身的含水性和含水层的位置、水量、水压。

（3）接近有出水可能的钻孔时必须超前探水。各类勘探钻孔使用完毕后要及时封孔止水，未曾封孔或虽经封孔但质量不好的，往往会成为贯穿若干含水层的人工通道，从而使煤层开采的充水条件复杂化，不仅可能增大矿井涌水量，而且也可能给生产带来突水、突泥沙等不安全隐患。为此，必须将其作为矿井防治水中的一个重要问题。

（4）接近有积水的灌浆地区时要超前探水。工作面回采结束后，为了预防采空区煤层自燃，往往需要向采空区进行灌浆注水，成为重大水害隐患。如果对采空区、老巷的充填情况、流出的水量、积水情况等不清楚，冒险生产，就有可能造成泥水溃出伤人事故。

☞现场贯彻

在地面无法查明水文地质条件时，应在采掘前采用物探、钻探和化探等方法查清采掘工作面及其周围的水文地质条件。

矿井应依据本条规定的八种情况进行全面排查，并绘制在采掘工程平面图和矿井充水性图上。所有这类探水，应以钻探

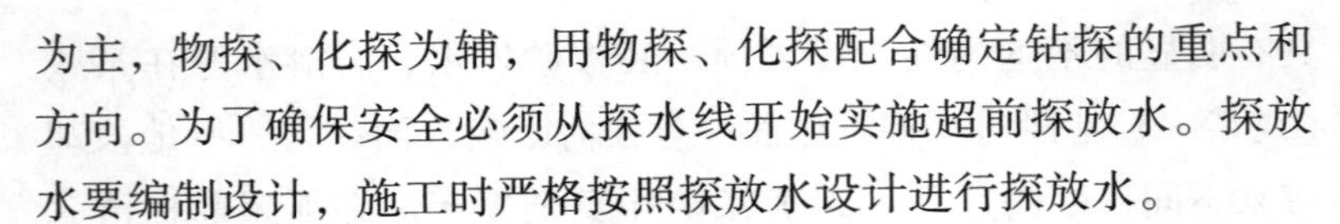

为主，物探、化探为辅，用物探、化探配合确定钻探的重点和方向。为了确保安全必须从探水线开始实施超前探放水。探放水要编制设计，施工时严格按照探放水设计进行探放水。

矿井底板突水事故中有 80% 以上是由于断层导致的。通过断层的探查工作，探明断层的产状要素和断层的水文地质条件。然后根据具体情况留设合理的防水煤柱或注浆封堵加固导水断裂构造，利用管棚超前支护等技术加固过断层构造段的巷道，超前对含水层进行疏水降压，达到安全水压后，方可通过断层。

防治陷落柱突水的措施主要包括：通过物探手段，探查可能存在的陷落柱位置和边界；对于查出的异常点要用物探、钻探进一步查明；对于查找出来的导水陷落柱比较彻底的防治方法是采取打钻注浆、注骨料或留设防水煤柱等措施。

预防钻孔突水的措施主要有：对历史上已有的钻孔认真核实其封孔情况，对未封或封闭不良的钻孔要建立专门台账，并标绘在有关工程图上。凡能够在地面找到其原孔位的，要透孔到底并重新封孔处理；无法在地面施工处理的，要在工程图上画出警戒线和探水线，进行超前探水或留设防水煤柱。

接近其他可能突（透）水的区段时要超前探水。矿井生产建设中，水文地质条件非常复杂，当出现挂红、挂汗等透水征兆或怀疑有其他水害危险时，一定要提高警惕，超前分析和开展超前探水工作，切不可盲目生产和冒险蛮干。

第三百一十九条　井下安装钻机进行探放水前，应当遵守下列规定：

（一）加强钻孔附近的巷道支护，并在工作面迎头打好坚固的立柱和拦板，严禁空顶、空帮作业。

（二）清理巷道，挖好排水沟。探放水钻孔位于巷道低洼处

时，应当配备与探放水量相适应的排水设备。

（三）在打钻地点或者其附近安设专用电话，保证人员撤离通道畅通。

（四）由测量人员依据设计现场标定探放水孔位置，与负责探放水工作的人员共同确定钻孔的方位、倾角、深度和钻孔数量等。

探放水钻孔的布置和超前距离，应当根据水压大小、煤（岩）层厚度和硬度以及安全措施等，在探放水设计中做出具体规定。探放老空积水最小超前水平钻距不得小于30 m，止水套管长度不得小于10 m。

条文解读

本条主要是关于探水前钻探现场的规定以及探放老空水时超前距离和止水套管长度的规定。

为确保探水作业的安全，探水前的准备工作如下：

（1）为了保证探水地点巷道顶板稳固、支架完好，避免水压大时发生冒顶和片帮事故，必须加强钻孔附近的巷道支护，并在工作面迎头打好坚固的立柱和拦板。

（2）为了保证钻透积水区后水能够沿着水沟畅通排出和探水人员安全撤离，必须清理巷道，挖好排水沟。探放水钻孔位于巷道低洼处时，在适当位置配备与探放水量相适应的完好的排水设备。

（3）为了在水情危急时能够直接与矿调度室和中央泵房取得联系，以便及时采取有效措施，必须在打钻地点或附近安设专用电话。

（4）为了使探放水施工更好地达到设计要求，顺利地把水

探放出来，测量以及负责探放水的工作人员必须亲临现场，根据已批准的设计共同确定钻孔方位、倾角、钻进的深度和钻孔布置数量。

采掘工作面探水前要收集资料，认真编制探放水设计。探水要有一定的超前距，超前距的确定对安全生产非常重要，不能置实际水害情况于不顾，一味蛮干。探放水钻孔的布置和超前距离与水头压力、煤岩层厚度和硬度以及安全措施等因素有关，在探放水设计中必须做出具体规定，以保证矿井安全生产。

☞ 现场贯彻

巷道支护必须牢固，顶、帮背实，无高吊棚脚，倾斜巷有撑杆，使巷道有较强的抗水流冲击能力。严禁空顶、空帮作业。按设计钻孔的预计流量挖排水沟，并将探放水施工过程中所设计的避灾路线内木料、煤炭、矿车等障碍物清理干净，随时保证畅通无阻；巷道通风必须良好，在打钻地点或附近必须安设专用电话。

探水时一次打到含水体的情况较少，往往探水与掘进相结合，即探水—掘进—探水循环进行，当探水钻孔为巷道探明了一段安全距离后，巷道即向前推进一段，然后再掘进。探水孔的终孔位置应该始终保持超前掘进工作面一段距离，这段距离称为超前距。经探水证实无任何水害威胁，可安全掘进的长度称允许掘进距离。每次探水后掘进前，应在起点处设置标志，必须在探水钻孔有效控制范围内掘进，杜绝超掘现象的发生。掘进班长必须在现场交接班，交接允许掘进剩余长度和巷道中线与允许前进方位关系等问题。掘进距探水作业地点 0.5 m 时改用手镐落煤，以利于下次探水时安全套管的安设。

第三百二十条　在预计水压大于0.1 MPa的地点探放水时，应当预先固结套管，在套管口安装控制闸阀，进行耐压试验。套管长度应当在探放水设计中规定。预先开掘安全躲避硐室，制定避灾路线等安全措施，并使每个作业人员了解和掌握。

条文解读

本条是关于探放水钻孔安装孔口套管和预先开掘安全躲避硐的规定。

探放水钻孔安装孔口套管主要是为了施工探放水钻孔的安全和放水期间的安全，套管长度在探放水设计中确定，主要视水压、岩石坚硬程度而定。不安装孔口套管或不按规定安装孔口套管，有可能导致在放水过程中，由于水对钻孔的不断冲刷，致使钻孔孔径增大，积水突然溃出，导致事故发生。

孔口套管下好后还要在套管口安装控制闸阀，这样才能在钻孔一旦出水后有效控制水量，防止因排水能力不足且放水孔又不能有效控制而影响矿井安全。在放水前还要制定安全措施，预先开掘安全躲避硐，安装电话，一旦发生异常情况，及时报告矿调度室。

现场贯彻

为确保承压套管的牢固可靠，开孔位置应选择在岩层比较完整、坚硬的地方，孔径应比孔口套管直径大1~2级，钻至预定深度后，将孔内冲洗干净。承压套管要用高压注浆泵进行水泥固结，使套管和岩体成为一体。孔口套管的密封质量很关键，尤其在煤层和松软岩层，封孔不被破坏，方能达到安全探放水目的。

承压套管安装和固定的两种方法：

(1) 下斜孔孔口承压套管的固定方法。向孔内注入水泥浆，将预先准备好的孔口套管（末端用木塞堵住）压入孔内到底，把孔内的水泥砂浆挤到孔壁与套管之间的空隙，使水泥砂浆挤出孔口，待水泥砂浆凝固至规定的时间后，进行扫孔，扫孔至孔底，并向下钻进 0.3 ~0.5 m，然后进行注水耐压试验，试验的压力不得小于实际水压的 1.5 倍。稳压时间必须至少保持半小时，孔口周围不漏水，套管牢固不活动，即为合格，否则必须重新注浆加固，这样才能保证套管在钻孔出水时不被冲出。

(2) 水平或上斜孔孔口承压套管的固定方法。首先将固定架焊在孔口套管底端，再将套管插入孔内，临时固定，不使其滑落。在孔口用水玻璃和水泥将套管固定并封死，在管的上方另留一个小管作为放气眼，然后用高压注浆泵从孔口管内向四周压入水泥浆，开始从小管跑出空气和水，待跑出水泥浆时即将小管封死，继续向孔口管内压入水泥浆，至一定压力后停止注浆，关闭管上的闸阀待水泥浆凝固至规定的时间后，立即进行扫孔。然后进行注水耐压试验，方法与下斜孔的方法相同。

第三百二十一条　预计钻孔内水压大于 1.5 MPa 时，应当采用反压和有防喷装置的方法钻进，并制定防止孔口管和煤（岩）壁突然鼓出的措施。

条文解读

本条是关于探放高压水的规定。

在高压水地区施工探水钻孔时，当钻孔揭露含水层后，水压和水量会突然增加，钻孔容易出现喷孔严重，损毁施工设备

或造成人身伤害事故发生。

为确保施工人员的安全，本条明确了水压大于1.5 MPa时，必须采用反压和有防喷装置的方法钻进和控制钻杆，预防打钻时钻孔突然出水造成事故。反压就是给一个与水压反向的作用力，使用反压装置是为防止上、下钻时，高压水将钻杆射出，造成设备损坏甚至打伤人员，同时可提高钻进效率。但是目前煤矿探放水钻孔孔口控制技术远不及石油钻孔孔口装置技术的发展程度，因此也制约了深部资源的开采。

☞现场贯彻

防喷装置有多种，孔口防喷逆止阀、孔口防喷帽、盘根密封防喷器等，钻具可使用防喷接头，上下钻可使用孔口反压装置。用于垂直钻孔的有孔口防喷帽和防喷接头，用于水平或倾斜钻孔的有盘根密封防喷器等。反压、防压装置有垂直钻孔用反压装置及水平或倾斜钻孔用防压控制器。各种装置必须灵活可靠，采用法兰盘与孔口管进行连接，用螺栓固定，安装不牢，易滑落伤人。

孔口防喷逆止阀的安设：

（1）防喷立柱必须切实打牢固，它与防喷挡水板用螺钉固定；挡水板上留有钻杆通过的圆孔。

（2）逆止阀固足盘与挡板用固定螺钉连接。

（3）逆止阀固定盘与挡板在打倾斜孔时，两者间有不同的夹角可用木楔夹紧；打水平孔时二者重叠（夹角为零）固定。打垂直孔时可直接与孔口水门法兰盘连接。

（4）孔内遇高压水强烈外喷并顶钻时，用逆止闸制动手把控制钻杆徐徐退出拆卸。当岩芯管离开孔口水门后，立即关孔

口水门，让高压水沿三通泄水阀喷向安全地点。

事故案例

某矿井下打钻探放奥灰高压水，由于施工时没采取孔口安全防控装置，钻孔发生突然出水后钻杆无法控制，瞬间被高压水顶出，近百米钻杆被顶到巷道里，像面条一样被扭曲成麻花状，所幸的是这次钻杆外射事故没有酿成人身伤害。

第三百二十二条　在探放水钻进时，发现煤岩松软、片帮、来压或者钻孔中水压、水量突然增大和顶钻等突（透）水征兆时，应当立即停止钻进，但不得拔出钻杆；现场负责人员应当立即向矿井调度室汇报，撤出所有受水威胁区域的人员，采取安全措施，派专业技术人员监测水情并进行分析，妥善处理。

条文解读

本条是关于在探放水过程中出现透水征兆时的规定。

在探放水钻进过程中，要时刻注意观察钻孔情况。煤岩出现松软、片帮、来压或者钻孔中水压、水量突然增大和顶钻等异常现象时，意味着已经接近或揭露了强含水体。此时如果将钻杆拔出，积水由钻孔溃出，极有可能造成难以控制的更大出水，而且在拔出钻杆的过程中容易被高压水顶出发生伤人事故。因此在探水钻孔出现以上透水征兆时，应立即停止钻进（但不得松动卡瓦），将钻杆固定，切勿移动或拔出钻杆，不得直对或任意跨越钻杆。现场负责人员要及时向矿调度室汇报，如果情况危急时，必须立即撤出所有受水害威胁地区的人员到安全地点，现场采取安全措施后，派专业技术人员监测水情，并进行分析，防止误判。

☞现场贯彻

在探水钻进过程中发现孔内显著变软，钻杆推进突然轻松或沿钻杆流水量突然增大，都是钻孔接近或进入积水区的象征，必须立即停钻检查，如孔内水压很大，应将钻杆固定并记录其深度，不得移动和拔出。钻机后面严禁站人，以免高压水顶出钻杆伤人。矿调度室接到现场的汇报后可以根据具体情况进行全矿统一调度指挥，包括排水系统的准备、撤人路线的确定，以及现场应采取的安全技术措施等。专业技术人员到现场监测水情后，经分析判断钻孔确已接近或进入积水区，方可拔出钻杆放水。在拔出钻杆前，必须重新检查和加固有关设备和支护，并打开三通泄水阀，边钻进边推入钻具。使钻头超过原孔深 1 m 以上，先把附近积存的淤泥碎石冲出孔外，而后再拔出钻杆，以利于安全放水。遇高压水顶钻杆时，可用立轴卡瓦和逆止阀交替控制钻杆，使其慢慢地顶出孔口，操作时禁止人员直对钻杆站立。

第三百二十三条　探放老空水前，应当首先分析查明老空水体的空间位置、积水范围、积水量和水压等。探放水时，应当撤出探放水点标高以下受水害威胁区域所有人员。放水时，应当监视放水全过程，核对放水量和水压等，直到老空水放完为止，并进行检测验证。

钻探接近老空时，应当安排专职瓦斯检查工或者矿山救护队员在现场值班，随时检查空气成分。如果甲烷或者其他有害气体浓度超过有关规定，应当立即停止钻进，切断电源，撤出人员，并报告矿调度室，及时采取措施进行处理。

条文解读

本条是关于矿井探放老空水过程中的规定。

老空水是中国四大水害区共有的致灾因素。据统计，2009—2013 年老空突水事故占煤矿水害事故的 90% 以上，是防治水工作的重点。其主要原因是：矿井及周边老空水分布情况不明，探放水措施不落实，在有透水征兆的情况下仍违规组织生产，导致水害频发，社会影响很大。

老空积水区几何形状极不规则，隐蔽性又强，目前防治老空水最好的方法就是“探放”。探放老空水前首先分析查明老空水体的空间位置、积水量和水压，做到心中有数。由于探放水过程中极易发生透水事故，透水点以下的所有巷道都将被突出的水封住出口，其内的人员根本没有撤出的可能，所有工作人员均处于一种高度危险的状态。所以在探放老空水时应当撤出探放水点标高以下部位受水害威胁区域内的所有人员。在放水全过程中，也要加强观测，防止在放水过程中出现次生灾害。特别要注意在放水过程中，由于杂物堵塞钻孔、造成水量变小而认为水量已放完的假象。

现场贯彻

矿井要高度重视老空水的探放工作。即使水量小也不能大意，哪怕只有一吨老空水，也要严格按设计施工，确实把水探放出来才能生产。

（1）查明老空区积水情况。广泛收集资料，走访调查，分析查明老空水体的空间位置、积水量和水压。经过分析后，分别划定积水线、探水线和警戒线三条线来确定探放水起点。

（2）探放老空积水。探放水钻孔的布置应以不漏掉老空、保证安全生产、探水工作量最小为原则。探放水钻孔要打中老空水体，至少有一个孔要打中老空水体底板，才有可能放完老空水，排除隐患。

如果井下老空区水与地表水存在密切水力联系，在雨季可接受大量雨水或地表水补给，且老空区的积水量较大，水质不好（如酸性水），为避免矿井承受长期排水的经济负担，矿井可首先对这种老空积水区实行注浆封堵，切断或减少地表水等对其的补给，然后再实施探放水；如果切断或减少老空区的补给水源有困难而无法进行有效的探放水，生产矿井必须对老空积水区留设足够尺寸的防隔水煤（岩）柱，使其与生产区隔开，待矿井生产后期条件成熟后再进行水体下采煤；如老空区积水量大且水压高，应先从煤层顶、底板岩层打穿层放水孔，把水压降下来，然后再沿煤层打探放水钻孔。

（3）为了确保矿井的安全生产，杜绝因采取探放水的安全措施而造成事故，探放老空积水时，还应当撤出探放水点标高以下部位受水害威胁区域内的所有人员。

（4）制定应急预案。当钻孔接近老空时，专职瓦斯检查工或矿山救护队员要在现场值班，随时检查空气成分，如果瓦斯或者其他有害气体浓度超过有关规定，应当立即停止钻进，切断电源，撤出人员，并报告矿井调度室，及时处理；在探放水场地应备用一定数量的坑木、麻袋、木塞、木板、黄泥、棉线、锯和斧等，以便在探放水过程中意外出水或钻孔水压突然增大时及时处理；探放水施工巷道现场发现有松动或破损的支架要及时修整或更换，并仔细检查帮顶是否背好；探放水施工现场及后路的巷道水沟中的浮煤、碎石等杂物，应随时清理干净，若水沟被冒顶或片帮堵塞时，应立即疏通；探放水施工过程中所设计的避灾路线内不许有煤炭、木料或煤车等阻塞，保证畅通无阻。

第三百二十四条　钻孔放水前，应当估计积水量，并根据矿井排水能力和水仓容量，控制放水流量，防止淹井；放水时，应当有专人监测钻孔出水情况，测定水量和水压，做好记录。如果水量突然变化，应当立即报告矿调度室，分析原因，及时处理。

条文解读

本条是关于钻孔放水的规定。

为了确保矿井安全和生产衔接正常进行，必须根据矿井排水系统能力以及生产衔接允许的放水期限，控制好放水流量，防止淹井。钻孔在放水前，应安排专人测定孔内初始水压；在放水过程中，也应安排专人监测放水孔出水情况，观测水量和残存水压，做好记录，及时分析，直至把水放净；如放水量突然变化，应立即报告调度室。若水量突然变大，可能串通了新的水源；若水量突然变小，有可能是放水孔被堵塞或者水基本放净。经技术人员分析原因后，及时做出针对性处理。

现场贯彻

钻探到积水区以后，在水量不大时，一般可利用探水钻孔排除积水；水量很大时，需另打放水钻孔。放水钻孔直径一般为 50 ~ 75 mm，孔深不大于 70 m，主要是从探放水现场的围岩稳定性方面考虑的。

1. 疏放水的安全注意事项

（1）放水前应进行放水量、水压及煤层透水性试验，并根据排水设备能力及水仓容量，拟定放水顺序和控制水量，避免盲目性。

（2）放水过程中随时注意水量、水压变化、出水的清浊和杂质、有无有害气体涌出、有无特殊声响等，发现异状应及时采取措施并报告调度室。

（3）事先定出人员撤退路线，沿途要有良好的照明，保证路线畅通。

2. 如何判断疏放水完毕

（1）当看到排水口已完全不淌水，并且由排水口向里进风或向外出风。

（2）虽然水流始终不断，但没有压力。

（3）捅捣时有小水流，不捅捣时无水等。

如果放水孔被堵塞，为确保正常放水，可采用钻杆透孔及时处理，但是未安装孔口套管的不得透孔。疏通钻孔时，操作人员不准正对钻杆站立进行操作。

3. 放水效果检验

放水结束后，放出的总水量要与预计的积水范围、积水高度和积水量等进行检查验算，避免各种可能发生的假象。通过钻孔放水量、后续钻孔探查见水情况、物探方法对比放水前后积水区域变化情况等，确定放水效果。

第八章　爆炸物品和井下爆破

第一节　爆炸物品贮存与运输

第三百二十六条　爆炸物品的贮存，永久性地面爆炸物品库建筑结构（包括永久性埋入式库房）及各种防护措施，总库区的内、外部安全距离等，必须遵守国家有关规定。

井上、下接触爆炸物品的人员，必须穿棉布或者抗静电衣服。

条文解读

本条是关于爆炸物品贮存和对接触爆炸物品的人员穿衣服的规定。

永久性地面爆炸物品库应远离煤矿生活区和重要生产区，其建筑结构、各种防护措施以及总库区的内、外部安全距离等须符合国家的相关规定。

化纤衣物由于摩擦作用易产生10～30 V静电，且不易流失，会引爆雷管或引发爆炸物品意外爆炸。同时化纤衣服容易着火，着火后收缩很快，会粘在皮肤上脱不下来，很容易烧伤身体。因此，井上、下接触爆炸物品的人员严禁穿化纤衣服，必须穿棉布或抗静电衣服。

☞现场贯彻

（1）不应让无关人员和车辆通过地面爆炸物品库，库内爆炸物品应摆放整齐，周围严禁乱堆放杂物。

（2）爆破工、药库管理员等涉爆人员下井必须穿棉布或抗静电衣服，并经过专业培训，考试合格后持证上岗。

（3）建立井口检身制度，入井人员自觉接受井口检身。

事故案例

1987年9月25日，某县化工厂一名工人身穿化纤衣服，在铝镁合金粉生产车间拌药时不停地操作摩擦产生静电，先引起散落在化纤衣服上的铝镁合金粉着火，又燃起化纤衣服，很快收缩并粘着皮肤燃烧，工人全身被严重烧伤，经抢救无效于3日后死亡。

第三百三十九条　在井筒内运送爆炸物品时，应当遵守下列规定：

（一）电雷管和炸药必须分开运送；但在开凿或者延深井筒时，符合本规程第三百四十五条规定的，不受此限。

（二）必须事先通知绞车司机和井上、下把钩工。

（三）运送电雷管时，罐笼内只准放置1层爆炸物品箱，不得滑动。运送炸药时，爆炸物品箱堆放的高度不得超过罐笼高度的2/3。采用将装有炸药或者电雷管的车辆直接推入罐笼内的方式运送时，车辆必须符合本规程第三百四十条（二）的规定。使用吊桶运送爆炸物品时，必须使用专用箱。

（四）在装有爆炸物品的罐笼或者吊桶内，除爆破工或者护送人员外，不得有其他人员。

（五）罐笼升降速度，运送电雷管时，不得超过2 m/s；运送其他类爆炸物品时，不得超过4 m/s。吊桶升降速度，不论运送何种爆炸物品，都不得超过1 m/s。司机在启动和停绞车时，应当保证罐笼或者吊桶不震动。

（六）在交接班、人员上下井的时间内，严禁运送爆炸物品。

（七）禁止将爆炸物品存放在井口房、井底车场或者其他巷道内。

条文解读

本条是关于在井筒内运送爆炸物品的规定。

井筒运输是爆炸物品从井口运送到井下爆炸物品库过程中最关键的一个环节，必须使用“专用车”，并由经过专门培训的押运员持证押送。

井筒是用于提升人员、矸石、器材、设备和进风的重要通道，提升任务繁忙，人员上下频繁。虽然罐笼的运行比较平稳，如果在罐笼里爆炸物品箱捆绑不牢、堆箱超高、炸药与雷管在一个容器里混装、提升速度过快等原因，都可能导致爆炸物品的意外爆炸。

用罐笼或矿车运送爆炸物品时，必须事先通知绞车司机和井上下把钩工，不准超速运行，违反规定运送，做到平稳启动和停车，防止发生碰撞和坠罐事故。

现场贯彻

运输爆炸物品由药库班组负责，并遵守下列规定：

（1）运输电雷管和炸药，必须做到分装、分运，严禁炸药

与雷管在一个容器里混装、严禁同一罐笼（列车）入井。

（2）运送爆炸物品时，爆破物品押运工必须于起始点看管，终点接迎。必须事先通知绞车司机和井上下把钩工，告知绞车司机、井上下把钩工本批次运输爆炸物品类型，绞车司机和井上下把钩工要重视爆炸物品运输，分外注意信号和操作，做到平稳启动和停车，不准超速运行，防止罐笼或吊桶发生震动、碰撞。

（3）爆炸物品在井上时，应直接下井，不能存放在井口房；运到井底后，要直接运往井下爆炸物品库，不准存放在井底车场或其他巷道内。

第三百四十二条　由爆炸物品库直接向工作地点用人力运送爆炸物品时，应遵守下列规定：

（一）电雷管必须由爆破工亲自运送，炸药应由爆破工或在爆破工监护下运送。

（二）爆炸物品必须装在耐压和抗撞冲、防震、防静电的非金属容器内，不得将电雷管和炸药混装。严禁将爆炸物品装在衣袋内。领到爆炸物品后，应直接送到工作地点，严禁中途逗留。

（三）携带爆炸物品上、下井时，在每层罐笼内搭乘的携带爆炸物品的人员不得超过4人，其他人员不得同罐上下。

（四）在交接班、人员上下井的时间内，严禁携带爆炸物品人员沿井筒上下。

条文解读

本条是用人力运送爆炸材料的有关规定。

爆炸材料是危险物品，而一般人员未经过专业培训，不具备应有的预防知识，难以有效防止意外事故，故规定电雷管必须由爆破工亲自运送，炸药应由爆破工或在爆破工监护下运送。

电雷管在冲撞作用和静电及杂散电流的干扰下，极易发生意外爆炸，进而引发炸药爆炸，因此，爆炸材料必须装在耐压和抗撞、防震、防静电的非金属容器中，且电雷管与炸药应分开装在不同容器中。

规定携带爆炸材料人员上下井时罐笼中人员数量，一方面是为了防止人多拥挤，造成意外爆炸；另一方面是为了减少万一发生爆炸时的损失。

规定在交接班和人员上下井的时间内严禁携带爆炸材料沿井筒上下，是因为此时井筒上、下口附近的人员较多，一旦此时发生意外爆炸会造成人员的大量伤亡。

现场贯彻

用人工搬运爆炸材料时，除必须遵守本条上述规定外，还必须遵守如下规定：

（1）运送人员在井下应随身携带完好的带绝缘套的矿灯；炸药、雷管运送时必须分装在药包和雷管盒内。

（2）领到爆炸材料后，应直接送到爆破地点，禁止乱丢乱放。

（3）不得提前班次领取爆炸材料，不得携带爆炸材料在人群聚集的地方停留。

（4）到达工作地点后必须对当天领取的爆破材料及硐室存放的炸药再次清点核对，必须把炸药、雷管分别放在合格的炸药箱、雷管盒内，并上锁。

第二节　爆 破 作 业

第三百四十五条　开凿或者延深立井井筒中的装配起爆药卷工作，必须在地面专用的房间内进行。

专用房间距井筒、厂房、建筑物和主要通路的安全距离必须符合国家有关规定，且距离井筒不得小于50 m。

严禁将起爆药卷与炸药装在同一爆炸物品容器内运往井底工作面。

条文解读

本条是关于开凿或延深立井的起爆药装配与运送的有关规定。

为了确保装配起爆药卷工作的安全，开凿或延深立井井筒的装配起爆药卷工作可在地面专用的房间内进行，以便将意外爆炸破坏的影响控制在最小的范围内。

装配起爆药卷的地面专用房间存放着爆炸材料，当发生意外爆炸时，会对人员及井筒、厂房、建筑物和主要通道造成伤害和损坏，因此，规程规定装配起爆药卷的地面专用房间与井筒、厂房、建筑物和主要通道之间应保证足够的安全距离。

为了防止起爆药卷意外爆炸时，引起其他炸药爆炸，应将起爆药卷与炸药装分装在不同爆炸材料容器内，分别运往井底工作面。

现场贯彻

装配起爆药卷的地面专用房间存放着爆炸材料，在专用的房间内进行装配起爆药卷工作必须由爆破工独自进行，严禁其他作业人员进入该作业空间。

往井底工作面运送爆炸材料时，必须通知绞车司机及把钩工，并将引药和炸药单独装在爆炸材料容器内分次运送，严禁混装运送。用吊桶运送时，除爆破工，信号工，水泵司机外，其他人员不得停留在井筒内，应撤至地面或水平巷道内。

第三百四十六条　在开凿或者延深立井井筒时，必须在地面或者在生产水平巷道内进行起爆。

在爆破母线与电力起爆接线盒引线接通之前，井筒内所有电气设备必须断电。

只有在爆破工完成装药和连线工作，将所有井盖门打开，井筒、井口房内的人员全部撤出，设备、工具提升到安全高度以后，方可起爆。

爆破通风后，必须仔细检查井筒，清除崩落在井圈上、吊盘上或者其他设备上的矸石。

爆破后乘吊桶检查井底工作面时，吊桶不得蹾撞工作面。

条文解读

本条是关于开凿或延深立井时起爆工作和爆破后检查的有关规定。

为防止井底爆破所产生的冲击波和爆破产生的飞石、高浓度炮烟等导致作业人员的伤害。在开凿和延深立井井筒爆破作业时，严禁爆破工在立井井筒内、吊盘上进行起爆工作。即使吊桶提升到安全高度，爆破时仍有很大威胁。因此，开凿井筒和延深立井井筒爆破作业时，爆破工必须在地面或在生产水平巷道内进行爆破。

开凿和延深立井井筒爆破时，在爆破母线与电力起爆接线盒引线接通之前，井筒内所有电气设备必须断电。由于机电设备动力、照明交流电流的漏电会造成杂散电流，该杂散电流如与潮湿的煤、岩壁接触，可造成煤、岩壁导电。若两漏电电源之间经爆破母线或雷管脚线与之接触，就可能发生意外爆破事故。

为了防止爆破产生的冲击波、爆生气体和飞石对井筒井口人员、井筒内固定或悬吊物、设备、工具造成伤害和损坏。所以，爆破人员在完成装药和连线工作之后，必须将井盖门打开，井筒和井口房内的人员全部撤出，设备、工具提升到安全高度之后，方可进行爆破。

爆破后，在井底工作面炸落堆积的煤、矸中可能存在拒爆、残爆的电雷管和残药。如果乘吊桶检查井底工作面时，吊桶蹾撞工作面，在吊桶的冲击或重压下，容易发生爆炸，造成人员伤亡事故。因此，爆破后乘吊桶检查井底工作面时，吊桶不得蹾撞工作面。

☞ 现场贯彻

爆破作业时，爆破人员、信号工、水泵司机等其他作业人员都必须撤到地面或生产水平巷道内躲炮，严禁爆破工在立井井筒内、吊盘上进行起爆工作。

在爆破母线与电力起爆接线盒引线接通之前，不但要切断井筒内所有电气设备供电，还要防止：爆破母线与压风、供水等管路、井圈、钢丝绳等导电体和动力、照明线路相接触；电雷管脚线和联结线、脚线和脚线之间的接头，接触任何导电体和潮湿的煤、岩壁。要加强机电设备和电缆、电线的检查与维

修，使之不损坏漏电。

爆破前，必须提起吊桶，打开井盖门，并将工具、设备移出或提升到安全高度，井筒内和井口房内全部人员撤到安全地点后，方可进行爆破。

爆破后，及时进行通风，采用压入式通风时，井盖门一直要打开到炮烟从井筒完全吹出为止；采用混合式通风时，爆破后可关闭井盖门。通风结束后，必须仔细检查井筒的围岩、井圈支护、管路、工具、设备等的状况，及时清除崩落在井圈上、吊盘上或其他设备上的矸石。

爆破通风后，乘吊桶检查井底工作面有无拒爆、残爆情况。乘吊桶检查井底工作面时，绞车要慢速运行，吊桶不得蹾撞到工作面炸落堆积的煤、矸，以免砸响残留炸药。

第三百四十七条　井下爆破工作必须由专职爆破工担任。突出煤层采掘工作面爆破工作必须由固定的专职爆破工担任。爆破作业必须执行“一炮三检”和“三人连锁爆破”制度，并在起爆前检查起爆地点的甲烷浓度。

条文解读

本条是关于井下专职爆破工和执行“一炮三检制”的规定。

爆破工作的专业性很强，必须由经专业培训的人员担任此项工作。井下爆破作业条件复杂多变，尤其是突出煤层对爆破工艺有较高的要求，必须固定专职爆破工在同一工作面工作。

“一炮三检制”是：采掘工作面装药前、爆破前、爆破后由瓦斯检查员检查爆破地点附近 20 m 以内风流中的瓦斯，瓦斯浓度达到 1% 时不准装药、爆破；爆破后瓦斯浓度达到 1% 时，必须立即处理，并不准打眼作业。

☞ 现场贯彻

(1) 爆破工必须由经过专门训练，且有2年以上采掘工龄的人员担任。爆破工必须经过安全培训，经考试合格，并取得安全工作资格证书，持证上岗。

(2) 井下所有爆破作业地点，由班组长负责认真执行“一炮三检”、“三人连锁爆破”制度，爆破前向调度室汇报瓦斯、煤尘、支护等情况，否则严禁爆破。爆破完毕后向调度室汇报有无残爆、哑炮等情况。

第三百四十八条　爆破作业必须编制爆破作业说明书，并符合下列要求：

（一）炮眼布置图必须标明采煤工作面的高度和打眼范围或者掘进工作面的巷道断面尺寸，炮眼的位置、个数、深度、角度及炮眼编号，并用正面图、平面图和剖面图表示。

（二）炮眼说明表必须说明炮眼的名称、深度、角度，使用炸药、雷管的品种，装药量，封泥长度，连线方法和起爆顺序。

（三）必须编入采掘作业规程，并及时修改补充。

钻眼、爆破人员必须依照说明书进行作业。

条文解读

本条是关于编制与执行爆破说明书的规定。

爆破说明书是根据采掘工作面的围岩性质、构造情况及瓦斯涌出量等情况编制的，是作业规程的主要内容之一，是为实现采掘工作面预期循环进度（尺）而编制的，是爆破作业贯彻《规程》的具体措施，是爆破工进行爆破作业的依据。

由于煤矿井下的地质条件复杂多变，各个作业点的岩石性

质和构造情况不尽相同，赋存及涌出瓦斯、含水涌水情况各异，爆破形成的巷道、硐室的用途或质量要求也不相同。为了提高爆破效果，减少爆破材料的消耗，同时也为了避免因爆破参数和工艺选择的不当而造成安全事故，必须编制爆破说明书。

爆破说明书编制的内容：

（1）炮眼布置图，必须表明采煤工作面高度和打眼范围，或掘进巷道的断面尺寸、炮眼位置、个数、深度、角度及炮眼编号，并用正视图、平面图和剖面图表示。

（2）炮眼说明表，必须说明炮眼的名称、深度、角度、装药量、封泥长度、连线方法和起爆顺序。

（3）预期爆破效果表，要说明炮眼利用率、循环进度，炮眼总长度，炸药和雷管总消耗量及单位消耗量。

☞现场贯彻

（1）采掘作业规程必须编制爆破作业说明书，由区队技术人员组织职工进行学习，由班组长负责实施，严格按照爆破说明书要求进行爆破作业。

（2）爆破说明书悬挂在工作面火药硐室内，以便爆破参照执行。

（3）当爆破地点地质条件发生变化时，应及时修改爆破说明书，确保图表与现场相符。

第三百四十九条　不得使用过期或者变质的爆炸物品。不能使用的爆炸物品必须交回爆炸物品库。

条文解读

本条是对过期或严重变质爆炸物品不能使用而必须交库的

有关规定。

炸药变质硬化后，一是雷管不易插进；二是爆轰性能显著降低，极易产生残爆、爆燃甚至拒爆；三是爆炸不充分，会产生较多的有毒有害气体，还会产生大量的烟尘。电雷管过期或变质后，爆炸能力明显降低，不宜引爆炸药，容易产生拒爆。

☞现场贯彻

（1）药库不得发放过期或变质的爆炸物品，建立报废爆炸物品登记台账。

（2）爆破工使用过程中出现炸药破损或雷管脚线破皮，应由班组长、安监员和爆破工清点核实数量后全部交回药库，不得乱丢乱放或私自处理。

（3）报废雷管达到500枚、炸药达到100 kg后，通防管理部门将报废爆破材料送往当地公安部门集中销毁，不准私自处理报废爆破材料。

第三百五十条　井下爆破作业，必须使用煤矿许用炸药和煤矿许用电雷管。一次爆破必须使用同一厂家、同一品种的煤矿许用炸药和电雷管。煤矿许用炸药的选用必须遵守下列规定：

（一）低瓦斯矿井的岩石掘进工作面，使用安全等级不低于一级的煤矿许用炸药。

（二）低瓦斯矿井的煤层采掘工作面、半煤岩掘进工作面，使用安全等级不低于二级的煤矿许用炸药。

（三）高瓦斯矿井，使用安全等级不低于三级的煤矿许用炸药。

（四）突出矿井，使用安全等级不低于三级的煤矿许用含水炸药。

在采掘工作面，必须使用煤矿许用瞬发电雷管、煤矿许用毫秒延期电雷管或者煤矿许用数码电雷管。使用煤矿许用毫秒延期电雷管时，最后一段的延期时间不得超过130 ms。使用煤矿许用数码电雷管时，一次起爆总时间差不得超过130 ms，并应当与专用起爆器配套使用。

条文解读

本条是对井下爆破作业使用爆炸物品的有关规定。

井下爆破作业，必须使用煤矿许用炸药和煤矿许用电雷管，不得在瓦斯矿井中使用非煤矿许用炸药和非煤矿许用电雷管，也不得将用于低瓦斯矿井的炸药用于高瓦斯矿井中，必须按矿井瓦斯等级选用对应安全等级的煤矿许用炸药。

由于不同厂家、不同品种的电雷管，其引爆装置的材质与形式不同，其电引火特性（对电的敏感程度）亦各异，若将两种雷管掺混使用，电感度高的雷管先爆炸，随即切断串联网路，则会造成电感度低的雷管不能获得足够的电能而瞎火。所以，不同厂家生产的或不同品种的电雷管，不得掺混使用。

经测定，爆破后从新的自由面和崩落块中涌出的瓦斯浓度，360 ms 时为 0. 35% ~1. 6%，而 130 ms 只有 360 ms 的 1/3 多一点，安全系数是足够的，瓦斯浓度远没有达到爆炸限度，各段毫秒雷管已经爆炸完毕了。所以，只要最末一段雷管的延期时间不超过 130 ms，就不会引起瓦斯爆炸。

现场贯彻

（1）井下所有爆破作业地点，使用煤矿许用炸药和煤矿许用电雷管。

（2）严格按规定要求等级使用炸药。

（3）爆炸物品库发放雷管、炸药时，不得掺混发放。

事故案例

1959年3月31日，某矿二号斜井－480 m水平车场岩石掘进工作面，在接近瓦斯煤层时仍使用非煤矿许用的2号岩石硝铵炸药和秒延期电雷管，加之通风不良，瓦斯大量积聚，爆破时引起瓦斯爆炸，车场102架棚子被推倒78架，通风机、小水泵、装岩机等全部移位，风筒全部粉碎，死亡24人。

第三百五十一条　在有瓦斯或者煤尘爆炸危险的采掘工作面，应当采用毫秒爆破。在掘进工作面应当全断面一次起爆，不能全断面一次起爆的，必须采取安全措施。在采煤工作面可分组装药，但一组装药必须一次起爆。

严禁在1个采煤工作面使用2台发爆器同时进行爆破。

条文解读

本条是关于采掘工作面起爆方式和爆破方式的规定。

采掘工作面的起爆方式按延期时间不同，有秒（半秒）延期爆破、瞬发爆破和毫秒爆破3种。

瞬发爆破的优点是能防止瓦斯、煤尘爆炸，实现瞬时起爆（＜13 ms），缺点是只能分次爆破，不能全断面一次爆破。秒（半秒）延期爆破的优点是能实现全断面一次爆破，缺点是延期时间长，不能防止瓦斯、煤尘爆炸。毫秒爆破，可实现全断面一次爆破，而且毫秒爆破还有补充破碎作用和地震波相互干扰作用，都是前两种起爆方式不具备的，只要最末一段延期时间不超过130 ms，就能防止瓦斯、煤尘爆炸。因此，毫秒爆破在

有或无瓦斯煤尘爆炸危险的采掘工作面都可以采用。

爆破方式按爆破次数分，有全断面一次爆破和分次爆破两种。全断面一次爆破的优点是能缩短爆破时间，减轻往复爆破的体力劳动，少吃炮烟，有利于作业人员的健康；但也有药量多，冲击、震动大，不利于围岩和支架维护的缺点，不宜在围岩松软、破碎地区使用。分次爆破的优缺点与其相反。所以，在掘进工作面应全断面一次爆破。

掘进工作面全断面一次起爆是指在巷道整个断面上，一个循环的炮眼全部装药，一次起爆。它的好处是:

(1) 在有瓦斯或煤尘爆炸危险的掘进工作面，可以避免因分次爆破引起瓦斯或煤尘爆炸的危险。

(2) 可以避免分次爆破时容易使相邻炮眼的炸药被挤压、电雷管的脚线和桥丝被崩断或震断、电雷管被带出，从而产生拒爆或瞎炮的现象。

(3) 爆破工可以避免少吃炮烟，减少分次联炮、爆破的劳动强度。

(4) 可避免底眼联线时查找的困难和危险性。

(5) 缩短爆破时间和吹散炮烟时间，提高工时利用率，缩短循环作业时间，提高掘进速度。

在一个采煤工作面使用 2 台发爆器同时进行爆破，很容易误操作，造成爆破伤人事故。同时会造成工作面风流中浮游煤尘及瓦斯超限，在连续爆破时易引发瓦斯或煤尘爆炸事故。

☞ 现场贯彻

(1) 井下所有爆破地点，使用毫秒延期电雷管起爆，最末一段延期时间不超过 130 ms。

（2）掘进工作面应全断面一次起爆，大断面全岩工作面可分层（台阶）掘进，但必须制定安全措施，分层（台阶）长度不得超过6 m，严禁一次定炮分次拉炮。

（3）采煤工作面应采用一次装药一次起爆，若采用分组装药分组起爆时，分组装药的间隔距离不得小于5 m，间隔炮眼中必须插上炮棍，并且做到联一组放一组，严禁提前联炮、爆破。

（4）严禁在一个采煤工作面使用2台发爆器同时进行爆破。有冲击地压煤层采掘工作面必须采用一次定炮一次起爆。

事故案例

1978年10月17日10时，某矿北翼采区920掘进工作面，因未采用毫秒全断面一次爆破，而采用（掏槽眼、辅助眼、周边眼）分次爆破作业，由于每次爆破间隔时间短，爆破后涌出的瓦斯未能及时被风流冲淡稀释，连续爆破造成瓦斯递增，形成瓦斯积聚；同时在分次连续爆破联线时，又未能做到每次爆破前检查瓦斯浓度，结果起爆后由于爆破火焰引起瓦斯爆炸，造成8人死亡、3人受伤。

第三百五十二条　在高瓦斯矿井采掘工作面采用毫秒爆破时，若采用反向起爆，必须制定安全技术措施。

条文解读

本条是关于在高瓦斯矿井采掘工作面采用毫秒反向起爆时必须制定安全技术措施的规定。

正向起爆指的是，起爆药包位于柱状药的外端，靠近炮眼口，雷管底部朝向炮眼底的起爆方法。

反向起爆指的是，起爆药包位于柱状装药的里端，位于炮

眼底，雷管底部朝向炮眼口的起爆方法。

由于反向起爆时，炸药的爆轰波和固体颗粒的传递与飞射方向是向着炮眼口的，当这些爆轰波和微粒通过预先被气态爆炸产物所加热的瓦斯时，很容易引起瓦斯爆炸。而正向起爆时正相反，炸药的爆轰波和固体颗粒的传递与飞射方向是向着炮眼底的，不容易引爆瓦斯。所以，从对瓦斯煤尘的安全性来看，一般都认为正向爆破比反向爆破安全。

☞现场贯彻

采掘工作面应采用毫秒爆破，尽可能采用正向爆破，若采用反向爆破时必须制定安全措施，报矿（井）总工程师批准，由班组长负责实施。

第三百五十四条　爆破工必须把炸药、电雷管分开存放在专用的爆炸物品箱内，并加锁，严禁乱扔、乱放。爆炸物品箱必须放在顶板完好、支护完整，避开有机械、电气设备的地点。爆破时必须把爆炸物品箱放置在警戒线以外的安全地点。

条文解读

本条是关于在爆炸地点以外存放爆炸材料的规定。

电雷管内的起爆药是二硝基重氮酚，是一种非常敏感的易爆危险品。与电雷管摩擦产生静电，其静电压值超过雷管的耐静电压（1 ~ 3 V）时，会引起爆炸，此外对其挤压、冲击、摩擦时，也能引起爆炸。

如果把雷管和炸药存放在一起，或把药箱放在顶板、支架不完好的地点，没避开机械、电气设备的地点，一旦雷管受到冲击、碰撞或接触漏电和杂散电流使雷管爆炸，将使炸药殉爆

而扩大事故，所以雷管和炸药必须分别存放在专用的爆炸材料箱内，并加锁，严禁乱扔乱放。

从起爆地点到警戒线的距离和从起爆地点到爆破地点的距离，是根据所用炸药威力、起爆数量、起爆方式和有无拐弯处等因素。为防止爆破崩人而具体规定的，这个距离简称为避炮安全距离。如果将爆炸材料箱放在警戒线以内，即小于避炮安全距离，就有可能受爆炸冲击波的冲击，被爆破飞出的碎石击中而发生爆炸。所以，必须将爆炸材料箱放到警戒线以外顶板完好、支架完整、避开机械、电气设备的安全地点。

☞现场贯彻

（1）所有爆破地点应建立标准化火药硐室，且宽不小于2 m、深不小于1.5 m、高不小于1.8 m，门锁齐全，牢固可靠，通风良好；底板铺设木板或其他绝缘、防静电材料。

（2）硐室内应放置炸药箱、雷管盒、炮头箱、发爆器、放炮母线、炮棍、竹签、绝缘胶带；放炮制度、放炮员正规操作流程、岗位作业标准、炮眼布置图。

（3）爆破完毕将爆破物品箱放置火药硐室。

（4）火药硐室距工作面安全距离必须符合下列规定：距采煤工作面安全出口不得小于50 m，不得大于300 m；距掘进工作面迎头拐弯巷道不得小于75 m，直线巷道不得小于150 m，不大于300 m；具有冲击地压危险的采掘工作面距离不得小于300 m。

第三百五十五条　从成束的电雷管中抽取单个电雷管时，不得手拉脚线硬拽管体，也不得手拉管体硬拽脚线，应当将成束的电雷管顺好，拉住前端脚线将电雷管抽出。抽出单个电雷管后，必须将其脚线扭结成短路。

条文解读

本条是关于从成束的电雷管中抽取单个电雷管的操作规定。

手拉雷管管体硬拽脚线或是手拉脚线硬拽管体，都容易造成雷管封口塞松动，两根脚线错动，致使桥丝崩断或引火药头脱落，造成雷管拒爆。更为严重的是一旦拉动引火元件，容易造成敏感药剂与管壁的强烈摩擦而着火，导致雷管爆炸。

现场贯彻

严格按上述规定进行操作，抽出单个电雷管后，将其脚线扭结成短路，每十枚一捆放置发放硐室内，经编号后发放。

事故案例

1966 年 4 月，某矿井巷区煤掘队，在 -430 m 406 号平下掘进，爆破工在装配起爆药卷时，抓住雷管管体硬拽脚线，引起雷管爆炸，将其右手四指崩掉。

1972 年 12 月 31 日，某矿采煤队在 408 号 6 平下东工作面，当时有 3 个人在场，其中 1 人用右脚踩住成束雷管，硬拽脚线，结果引起雷管爆炸，3 人均受伤。

第三百五十六条　装配起爆药卷时，必须遵守下列规定：

（一）必须在顶板完好、支护完整，避开电气设备和导电体的爆破工作地点附近进行。严禁坐在爆炸物品箱上装配起爆药卷。装配起爆药卷数量，以当时爆破作业需要的数量为限。

（二）装配起爆药卷必须防止电雷管受震动、冲击，折断电雷管脚线和损坏脚线绝缘层。

（三）电雷管必须由药卷的顶部装入，严禁用电雷管代替

竹、木棍扎眼。电雷管必须全部插入药卷内。严禁将电雷管斜插在药卷的中部或者捆在药卷上。

（四）电雷管插入药卷后，必须用脚线将药卷缠住，并将电雷管脚线扭结成短路。

条文解读

本条是关于装配起爆药卷时应遵守的规定。

装配起爆药卷的地点必须在顶板完好、支架完整处，以防止局部冒顶或落石击爆起爆药卷。同时也要避开电气设备和导电体，以防止电气设备失爆、漏电以及杂散电源通过导电体与起爆药卷接触时，引发爆炸事故。装配时，严禁坐在爆炸材料箱上，如果爆炸材料箱不结实，或装配操作不当，因摩擦、挤压、触动摩擦感度高的雷管，就可能发生雷管爆炸，并引起爆炸材料箱内炸药爆炸，造成更大的爆炸事故。装配起爆药卷数量，用多少就装配多少，以当时当地需要的数量为限，不可多装。

电雷管必须从药卷的顶部（平头）装入，不准从炸药窝心（聚能穴）一端装入。否则会使雷管的聚能穴方向与药卷的聚能穴方向相反，失去聚能作用，影响殉爆效果，使雷管和起爆药卷的爆炸能量不能全部向被动药卷传递，导致下一个药卷拒爆或爆燃。

装入雷管前，必须用一个直径稍大于雷管直径的竹、木棍在药卷平头扎一圆孔，然后把雷管装入药卷内，严禁将电雷管代替竹、木棍直接扎眼硬插入药卷内，一旦操作不当用力过猛，容易导致雷管爆炸；另外还容易造成雷管封口塞松动、两根脚线错动，致使桥丝崩断，或引火药头脱落，造成雷管拒爆。

电雷管必须按药卷中心轴线方向全部插入药卷内，严禁斜插在药卷的中部或捆在药卷上。这些不正确的装配方法不仅不利于正常引爆药卷，还会使炸药的爆速和传爆能力降低，甚至产生爆燃和拒爆。

电雷管插入药卷后，必须用脚线将药卷缠住，以免雷管从药卷中松脱出来，并将电雷管脚线扭结成短路，不与潮湿的煤岩壁或导电体接触，以防漏电或杂散电流引爆电雷管。

第三百五十七条　装药前，必须首先清除炮眼内的煤粉或者岩粉，再用木质或者竹质炮棍将药卷轻轻推入，不得冲撞或者捣实。炮眼内的各药卷必须彼此密接。

有水的炮眼，应当使用抗水型炸药。

装药后，必须把电雷管脚线悬空，严禁电雷管脚线、爆破母线与机械电气设备等导电体相接触。

条文解读

本条是对装药的有关规定。

炮眼内有煤岩粉，使药卷装不到底，或者药卷不能紧贴在一起，从而影响炸药能量的传递，以致产生残爆、拒爆，或爆燃或留下残眼，影响爆破效果，因为煤粉是可燃物，极易被爆炸火焰燃烧，喷出孔外，所以爆破时有点燃瓦斯、煤尘的危险；若煤粉参与炸药的爆炸反应，而炸药中的氧含量不足以将可燃元素充分氧化时，会生成一氧化碳和固体碳，不仅对人体有害，而且在高温下与外界氧反应，能再次燃烧形成二次火焰，也容易引起瓦斯、煤尘爆炸；炮眼中存在煤岩粉时，会导致药卷间不能紧密接触，使引药与炸药的聚能穴不能保持一个方向，使爆速和传爆能力降低，有可能产生爆燃和拒爆。

由于用炮棍冲撞或捣实药卷会使炸药密度增大而发生拒爆，且容易捣破药卷外皮、捣断雷管脚线和刮去脚线绝缘层，使炸药受潮、雷管断路或短路，甚至捣响雷管，发生爆炸事故。因此装药时，不能用炮棍冲撞或捣实药卷。

☞ 现场贯彻

（1）装药前，班组长安排专人使用压风方式清除炮眼内的煤粉或岩粉，爆破工定炮时用木质炮棍将药卷轻轻推入炮眼，不准冲撞或捣实。

（2）爆破母线和连接线、脚线和脚线之间的接头必须互相扭紧并悬挂，不得与轨道、金属网、钢丝绳、刮板输送机等导电体相互接触。

（3）爆破母线应随用随挂，不得使用固定爆破母线。

（4）爆破母线与电缆、电线、信号线应分别挂在巷道的两侧。如果必须挂在同一侧，爆破母线必须挂在电缆的下方，并应保持0.3 m以上的距离。

（5）只准采用绝缘母线单回路爆破，严禁用轨道、金属管、金属网、水或大地等当作回路。

（6）爆破前，爆破母线必须扭结成短路。

① 装药前，首先清除炮眼内的煤岩粉，以免装药和充填炮泥时，煤岩颗粒磨破雷管脚线的绝缘层。

② 装药前用炮棍探测一下炮眼的完整程度。炮眼内如有裂缝或明塌，不准装药，以免雷管脚线绝缘层被破碎的煤岩割破。

③ 装炮泥时，要拉直雷管脚线，使脚线紧靠炮眼内壁，以免雷管脚线被炮棍捣破。

④ 联线完毕后，要详细检查一遍各个接头，保证它们各自

独立悬空，以免雷管脚线接头接地短路。

第三百五十八条　炮眼封泥必须使用水炮泥，水炮泥外剩余的炮眼部分应当用黏土炮泥或者用不燃性、可塑性松散材料制成的炮泥封实。严禁用煤粉、块状材料或者其他可燃性材料作炮眼封泥。

无封泥、封泥不足或者不实的炮眼，严禁爆破。

严禁裸露爆破。

条文解读

本条是对炮泥和装填炮泥的有关规定。

水炮泥是用塑料薄膜圆筒充水的一种炮眼充填材料，炸药爆炸后，在灼热爆炸产物的作用下形成一层水幕，并进行蒸发而吸收大量的热，这样爆炸产物在即将进入矿井大气时受到冷却，使爆炸火焰快速熄灭，从而减小了引爆瓦斯、煤尘的可能性，有利于安全。此外，水炮泥所形成的水幕还具有灭尘和吸收炮烟中有毒气体的作用，有利于改善劳动条件。

由于炮泥是可塑性的物质，爆炸后使炮眼中的炸药从开始爆炸到岩石、煤破碎以前，炮泥能够阻止爆生气体自炮眼逸出，使其在原有体积内积聚压缩能，增加爆炸冲击波的作用时间及其冲量。同时也有利于炸药在爆炸反应中充分氧化，使之放出更多的热量，减小有毒气体的生成量，并可提高炸药的热效应，使更多的热量转化为机械功。同时，由于炮泥能够阻止爆炸火焰和灼热固体颗粒从炮眼内喷出，故不易引起瓦斯和煤尘爆炸，有利于爆破安全。所以，无封泥、封泥不足或不实的炮眼，严禁爆破。

因煤粉、块状材料等这些物质不是可塑性材料，起不到炮

泥堵塞炮眼的作用，容易造成“放空炮”，且这些材料具有可燃性，能参与炸药爆炸反应，增加一氧化碳的含量，生成二次火焰，易引燃瓦斯和煤尘。炸药爆炸时还会将燃烧的煤粉、颗粒等可燃材料抛出，易引起瓦斯煤尘爆炸。

裸露爆破就是不打炮眼而将炸药卷放在被爆煤岩表面进行爆破俗称糊炮。在井下工作面常有工人把炸药用软炮泥糊在大块岩石和大块煤上，爆破崩碎，这样做很危险。从安全方面讲，炸药爆炸时要产生火焰。用糊炮在煤与岩石表面进行爆破，爆炸火焰就直接暴露在井下空气之中，因此，放糊炮就等于在井下放火，最容易引起瓦斯、煤尘爆炸。从爆破效果看，炸药爆炸时迅速释放大量高温、高压气体，如果在炮眼里爆炸，产生的能量全部都作用到岩体或煤体上。如采用糊炮，炸药的膨胀功没得到利用，大量能量消耗在空间，只能使炸药发生局部的破碎作用，不仅爆破效果差，而且浪费了炸药。

此外，糊炮的爆破方向和爆炸能量得不到控制，很容易崩倒、崩坏工作面支架，造成冒顶事故；也很容易崩坏工作面的机械和电气设备，引起其他事故。糊炮在空气中的震动大，容易把巷道支架上和煤帮上的落尘震起来，增加了矿井空气中的煤尘和岩尘的含量，不利于工业卫生。所以，糊炮是一种既不安全、又不经济的爆破方法，应坚决禁止使用。

☞ 现场贯彻

所有爆破地点炮眼封泥使用水炮泥，水炮泥外剩余的炮眼部分用黏土炮泥填满封实。无封泥、封泥不足或不实的炮眼，不准爆破，严禁裸露爆破。

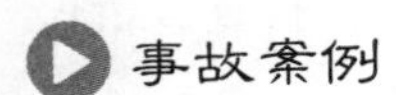

事故案例

1988年5月20日，某煤矿掘进工作面，瓦斯超限，爆破前没检查瓦斯，炮眼内煤粉末清除干净，黏土炮泥装填不足，没装水炮泥，爆破时引起瓦斯爆炸，死亡3人，摧毁巷道100多米。

第三百五十九条　炮眼深度和炮眼的封泥长度应当符合下列要求：

（一）炮眼深度小于0.6 m时，不得装药、爆破；在特殊条件下，如挖底、刷帮、挑顶确需进行炮眼深度小于0.6 m的浅孔爆破时，必须制定安全措施并封满炮泥。

（二）炮眼深度为0.6～1 m时，封泥长度不得小于炮眼深度的1/2。

（三）炮眼深度超过1 m时，封泥长度不得小于0.5 m。

（四）炮眼深度超过2.5 m时，封泥长度不得小于1 m。

（五）深孔爆破时，封泥长度不得小于孔深的1/3。

（六）光面爆破时，周边光爆炮眼应当用炮泥封实，且封泥长度不得小于0.3 m。

（七）工作面有2个及以上自由面时，在煤层中最小抵抗线不得小于0.5 m，在岩层中最小抵抗线不得小于0.3 m。浅孔装药爆破大块岩石时，最小抵抗线和封泥长度都不得小于0.3 m。

条文解读

本条是关于对炮眼深度、炮眼的封泥长度和最小抵抗线的规定。

为了达到较好的爆破效果和保证爆破安全，炮眼深度必须

与封泥长度和封孔质量相适应。炮眼越深，装药长度也越大，则封泥长度也要相应增大，使封泥真正起到封堵作用，炸药的膨胀功得到充分利用。所以，对不同深度的炮眼规定了相应不同的封泥长度。

炮眼的深度越大，则最小抵抗线也越大，反之，炮眼的深度越小，则最小抵抗线也越小。炮眼内药卷爆炸时，炸药的爆炸能量是从最小抵抗线的自由面释放。当炮眼深度小于0.6 m时，扣除所装药卷长度后，由于封泥长度不足，不能阻止高温、高压的爆生气体和灼热的固体颗粒冲破抵抗线最小的自由面，容易引燃、引爆瓦斯或煤尘。因此，炮眼深度小于0.6 m时，属浅眼爆破，不得装药、爆破。但在特殊条件下，如挖底、刷帮、挑顶确需进行炮眼深度小于0.6 m的浅孔爆破时，必须制定安全措施，并封满炮泥。

光面爆破时，若掘进工作面有瓦斯、煤尘爆炸危险，由于光爆周边眼是在其他炮眼爆破后最后一次起爆，爆破前工作面可能已形成瓦斯积聚，炮眼封泥不实，就会引爆瓦斯。因此，光面爆破时，周边光爆炮眼应用炮泥封实，且封泥长度不得小于0.3 m。

当工作面有2个或2个以上自由面时，就有2个或2个以上的抵抗线，要以其中最短的作为最小抵抗线。在炮眼长度相同的情况下，炮眼与自由面的夹角越小，其抵抗线也越小，炮眼与自由面之间所夹的介质越薄。在这种情况下，爆炸冲击波、爆生气体、火焰就会冲破抵抗线最小的自由面喷出，从而引起瓦斯、煤尘爆炸事故。所以，当工作面有2个或2个以上自由面爆破作业时，应严格遵守炮眼规定的封泥长度。

☞现场贯彻

爆破作业时，炮眼深度与封泥长度应严格执行本条款的规定。对于浅眼爆破，则应满足：每孔装药量不得超过150 g；炮眼必须填满封实炮泥；爆破前，应检查并加固爆破地点附近10 m内的支架，在爆破作业地点附近20 m内洒水降尘并检查瓦斯，瓦斯浓度达到1%时严禁装药、爆破；爆破时，必须布置好警戒，并有班组长在现场指挥；保护好爆破地点风筒、风、水管路、电气设备、机械设备等。

第三百六十条　处理卡在溜煤（矸）眼中的煤、矸时，如果确无爆破以外的其他方法，可爆破处理，但必须遵守下列规定：

（一）爆破前检查溜煤（矸）眼内堵塞部位的上部和下部空间的瓦斯浓度。

（二）爆破前必须洒水。

（三）使用用于溜煤（矸）眼的煤矿许用刚性被筒炸药，或者不低于该安全等级的煤矿许用炸药。

（四）每次爆破只准使用1个煤矿许用电雷管，最大装药量不得超过450 g。

条文解读

本条是关于爆破处理溜煤（矸）眼卡眼的有关规定。

溜煤（矸）眼由于落入大块煤（矸）造成堵塞事故比较常见，若采用裸露爆破处理溜煤（矸）眼中煤、矸极不安全，容易产生瓦斯、煤尘爆炸事故，因此，必须采用煤矿许用刚性被筒炸药或不低于该安全等级的煤矿许用炸药。刚性被筒炸药是

以 2 号煤矿铵锑炸药做药心，装入直径 42 ~ 75 mm 的刚性被筒壳内，然后装入 1 个煤矿许用电雷管，并在药卷和被筒壳的间隙之间及药卷与被筒盖之间填满食盐和黏土炮泥，封口成一个单个药卷。被筒炸药爆炸时，被筒内的食盐能吸热降温，熄灭爆破火焰，使爆炸火焰与瓦斯、煤尘隔离，因此，具有较高的安全性和可靠性。

如果每次爆破同时使用 2 个或 2 个以上电雷管，即使是同一厂家同一批产品，其每段电雷管引爆时间存在误差值，如果眼底装雷管先爆，装在中间的雷管后爆，则外部的药包容易被抛在自由面外爆炸，就可能引起瓦斯煤尘爆炸。因此，每次爆破只准使用 1 个煤矿许用电雷管。

装药量过大，容易造成溜煤眼支护破坏，并造成飞石伤人事故。因此，每次爆破的最大装药量不得超过 450 g。

溜煤（矸）眼被堵后，往往通风不好，其上、下部空间形成盲巷，极易积聚瓦斯，而且煤尘也多。所以爆破前必须检查堵塞部位的上、下部空间的瓦斯，爆破前必须洒水降尘。

☞ 现场贯彻

溜煤（矸）眼发生堵塞时，应立即停止作业，查明堵塞情况，采取人工方法进行疏通。若采用人工方法无法疏通时，可采用爆破方法进行处理。

采用爆破法处理卡在溜煤（矸）眼中的煤、矸时，严格落实爆破制度，按照措施要求进行。采用煤矿许用刚性被筒炸药时，必须正确组装，严禁采用裸露爆破。

爆破前，必须洒水灭尘，并利用压风管溜煤（矸）眼堵塞部位上、下空间进行供风，检查上、下部空间及周围 20 m 范围内的瓦斯，只有当瓦斯浓度在1%以下时，方可进行爆破作业。爆破时，必须打开溜煤（矸）嘴，输送机停止运转或移开运输矿车等运输设备。

第三百六十一条　装药前和爆破前有下列情况之一的，严禁装药、爆破：

（一）采掘工作面控顶距离不符合作业规程的规定，或者有支架损坏，或者伞檐超过规定。

（二）爆破地点附近20 m以内风流中甲烷浓度达到或者超过1.0%。

（三）在爆破地点20 m以内，矿车、未清除的煤（矸）或者其他物体堵塞巷道断面1/3以上。

（四）炮眼内发现异状、温度骤高骤低、有显著瓦斯涌出、煤岩松散、透老空区等情况。

（五）采掘工作面风量不足。

条文解读

本条是关于在什么情况下严禁装药、爆破的规定。

（1）当采掘工作面的控顶距离不符合作业规程的规定，或者支架有损坏、伞檐超过规定时，在装药前或爆破前，容易发生落石伤人事故，爆破后容易发生冒顶、片帮事故。

（2）瓦斯浓度达到1.0%时，极易引起瓦斯爆炸，所以严禁装药、爆破。

（3）当爆破地点20 m以内，有矿车、未清除的煤矸或其他物体堵塞巷道断面1/3以上时，由于工作面空间较小，既增加了巷道通风阻力，又妨碍爆破操作，炮烟不能很快被吹散，可能会造成有毒有害气体熏人事故，工作面发生冒顶、片帮时，

还不利于作业人员安全撤离。

（4）当炮眼内发现异状，如炮眼内有水流出、煤壁发潮、挂水珠、工作面发冷、煤帮出现滴水、淋水现象，且淋水由小变大，有时煤帮出现铁锈色水迹，可能是透水的征兆；若炮眼内温度忽高忽低或向外冒热气、流热水等，前方可能是火区；工作面顶板压力增大，煤壁被挤压，片帮掉渣，顶板下沿或底板鼓起，煤层层理紊乱、煤暗淡无光泽、煤质变软，瓦斯忽大忽小，煤壁发凉，打钻时有顶钻、卡钻、喷瓦斯等现象，响煤炮、地压突然增大、炮眼内瓦斯忽大忽小等，则是煤与瓦斯突出的预兆。当遇到上述情况以及透老空区时，都严禁装药、爆破。

（5）当采掘工作面风量不足时，既不能保证作业人员正常呼吸，还不能排出和稀释各种有害气体与矿尘，在这种情况下，严禁装药、爆破。

☞现场贯彻

（1）严格按《规程》规定执行。

（2）安全检查员应在装药前和爆破前测定爆破地点附近风流中的瓦斯浓度。

（3）发现炮眼内有异状，应立即停止爆破作业，向调度室汇报并及时采取措施进行处理，情况严重时应立即撤人。

事故案例

1953 年 6 月 25 日，某局建井公司一队在某矿运煤平巷掘进时，出现异常情况仍坚持装药爆破，引发一起采空区透水事故，死亡 5 人，停产 3 天。事故当天早班打掏槽眼时，发现炮眼出水，已出现透水预兆，组长怕打通采空区，便使用 3 m 长钻杆打探眼，没打出水来。正值班长来到工作面，组长汇报了情况，班长不向有关部门汇报，反而自作主张、违章指挥。组长接受任务后，组织人员装药爆破，放掏槽炮时未出水，放扩大掏槽炮时，13 万余立方米的采空区积水突然涌出，5 名工人当场被淹死，其余 8 名工人被堵进爆破安全硐内，颈部以下全部被水淹没，经过 3 个昼夜的抢救，被堵工人才被救出。

第三百六十二条　在有煤尘爆炸危险的煤层中，掘进工作面爆破前后，附近 20 m 的巷道内必须洒水降尘。

条文解读

本条是关于有煤尘爆炸危险的掘进工作面必须洒水降尘的规定。

从安全角度考虑：一是为了降低空气中煤尘浓度；二是增加煤尘含水量，惰化煤尘活性、提高煤尘的引爆温度。

从工业卫生角度考虑：由于爆破时产生爆破冲击波，会出现爆破扬尘，使爆破地点及其下风流中的粉尘浓度加大，会加大对作业人员健康的危害。必须在爆破前洒水，以起到防尘的作用，保证从业人员不受粉尘危害。

现场贯彻

所有爆破地点爆破前后，由班组长安排专人对附近 20 m 的巷道内进行洒水降尘，并建立洒水记录。

第三百六十三条　爆破前，必须加强对机电设备、液压支架和电缆等的保护。

爆破前，班组长必须亲自布置专人将工作面所有人员撤离

警戒区域，并在警戒线和可能进入爆破地点的所有通路上布置专人担任警戒工作。警戒人员必须在安全地点警戒。警戒线处应当设置警戒牌、栏杆或者拉绳。

条文解读

本条是关于在爆破前保护设备及警戒工作的规定。

爆破时，爆落的飞石有可能崩坏设备、液压支架和电缆等，产生的冲击波和产生的飞石会致人死亡，爆破后产生的大量氮氧化物，对人体会造成危害。因此爆破前必须在所有通入爆炸地点的通道上设置专人警戒和标志，如警戒牌、栏杆或拉绳。

现场贯彻

（1）爆破前，由班组长安排专人加强对机电设备、液压支架和电缆的保护，以防损坏电气设备。

（2）爆破前，班组长亲自布置专人在警戒线和可能进入爆破地点的所有通路上担任警戒工作。严格执行“三人连锁爆破”、“三保险”制度。

（3）爆破后由班组长安排专人进行撤岗，撤岗后其他人员方可进入警戒区。

事故案例

1988 年 1 月 14 日 11 时 4 分，某煤矿掘进二区在 -330 m 水平东翼 20514 运输巷道施工时，发生爆破崩人事故，死亡 1 人，重伤 1 人。事故过程：在掘进工作面打完眼后，爆破工 1 人留在工作面装药、联线做爆破准备工作。贯通 2514 回风道的通道

口距起爆地点仅有10 m，却没有设警戒。爆破前，爆破工曾经在此通道口向里面看了一眼，见无人向外走，便到距起爆点48 m处开始起爆。恰在此时，该区2名干零活的工人从通道出来，炮响后将工人崩伤，其中1人死亡，另1名伤势稍轻幸免于难。

第三百六十四条　爆破母线和连接线必须符合下列要求：

（一）爆破母线符合标准。

（二）爆破母线和连接线、电雷管脚线和连接线、脚线和脚线之间的接头相互扭紧并悬空，不得与轨道、金属管、金属网、钢丝绳、刮板输送机等导电体相接触。

（三）巷道掘进时，爆破母线应当随用随挂。不得使用固定爆破母线，特殊情况下，在采取安全措施后，可不受此限。

（四）爆破母线与电缆应当分别挂在巷道的两侧。如果必须挂在同一侧，爆破母线必须挂在电缆的下方，并保持0.3 m以上的距离。

（五）只准采用绝缘母线单回路爆破，严禁用轨道、金属管、金属网、水或者大地等当作回路。

（六）爆破前，爆破母线必须扭结成短路。

条文解读

本条是对爆破母线和连接线的有关规定。

（1）母线应采用铜心绝缘线，严禁使用裸线和铝线。铜心绝缘线作母线，电阻小，又绝缘。裸线不绝缘，铝线的电阻大，都严禁用作爆破母线。

（2）爆破工必须在安全地点进行起爆，所以爆破母线长度必须大于规定的安全避炮距离。

（3）母线接头不应过多，每个接头要刮净锈垢用干净手接牢，并用绝缘胶布包紧。母线接头过多、接头有锈垢未刮净，会增加电阻；接头处不用绝缘胶布包紧，容易发生漏电、接触放电或短路；都可能导致放不响炮或突然爆炸。

（4）母线外皮破损时，必须及时包扎。母线的外皮亦即绝缘层，破损后，若不及时包扎，就容易发生漏电或短路。

（5）不得用两根材质、规格不同的导线作爆破母线。两种材质如一个是铜的，另一个是铝的，则铜的电阻小，铝的电阻大；两种规格，则规格大的电阻小，规格小的电阻大。用两种材质、规格不同的导线作爆破母线，就改变了原设计网路的全电阻和起爆能力，当网路发生拒爆时，爆破工不容易找出拒爆的原因而采取有效解决办法。

（6）严禁用四心、多心或多根导线作爆破母线。爆破时只需用二根导线作爆破母线，若用四心、多心或多根导线作爆破母线，则多余的导线就可能是接触漏电或杂散电流而发生意外爆炸事故的途径。

（7）爆破母线和连接线、电雷管脚线和连接线、脚线和脚线之间的接头必须互相扭紧并悬挂，不得与轨道、金属管、金属网、钢丝绳、刮板输送机等导电体相接触。这是防止漏电及杂散电流引爆电雷管的一项具体措施。

第三百六十五条　井下爆破必须使用发爆器。开凿或者延深通达地面的井筒时，无瓦斯的井底工作面中可使用其他电源起爆，但电压不得超过380 V，并必须有电力起爆接线盒。

发爆器或者电力起爆接线盒必须采用矿用防爆型（矿用增安型除外）。

发爆器必须统一管理、发放。必须定期校验发爆器的各项

性能参数，并进行防爆性能检查，不符合要求的严禁使用。

条文解读

本条是对井下爆破使用发爆器及动力电源起爆的有关规定。

目前煤矿井下大多采用防爆型数显电容式发爆器，这种发爆器的优点是体积小、重量轻容易携带，而且外壳防爆、防潮，自动控制输出电能的时间小于6 ms，便将足够的电能输送到爆破网路，6 ms之后自动断电，即使网路炸断或裸露线路相碰也不会产生放电火花，避免引发瓦斯煤尘爆炸事故。

立井开凿时一次爆破的电雷管较多，网路复杂，需要的总电流较大，用发爆器发爆能力可能不足，但用动力源时则必须在地面安全地点设置电力起爆接线盒。其目的是避免直接用动力电源直接起爆，也可防止非爆破工误操作导致提前起爆。

现场贯彻

（1）井下爆破应使用防爆型数显电容式发爆器。

（2）发爆器发放前必须进行参数性能测试，严禁发放不合格的发爆器。

（3）发爆器实行发放室统一管理、维修和发放，爆破工上井后及时交回，并经常更换电池，确保性能满足要求。

第三百六十七条　爆破工必须最后离开爆破地点，并在安全地点起爆。起爆地点到爆破地点的距离必须在作业规程中具体规定。

条文解读

本条是对爆破工和起爆地点的有关规定。

爆破工是完成装药、联线、起爆工作的主要责任人，在确认爆破地点无其他人员在场后，最后撤离爆破地点，并撤离到警戒线以外进行起爆，防止发生爆破崩人事故。

从爆破地点到起爆地点或到警戒地点的距离，即避炮安全距离，必须在作业规程中具体规定，这个距离应综合考虑使用的炸药威力、起爆装药量以及爆破地点的外部环境，如有无拐弯巷道或掩护物等情况后确定。

现场贯彻

爆破安全距离：掘进工作面拐弯巷道大于 75 m，直线巷道大于 150 m；采煤工作面必须使用小电缆，其躲炮距离（从定好炮的拉线距离最近的炮眼算起）不小于 50 m；冲击地压煤层的爆破母线长度及躲炮半径必须大于 150 m。

第三百六十八条　发爆器的把手、钥匙或者电力起爆接线盒的钥匙，必须由爆破工随身携带，严禁转交他人。只有在爆破通电时，方可将把手或者钥匙插入发爆器或者电力起爆接线盒内。爆破后，必须立即将把手或者钥匙拔出，摘掉母线并扭结成短路。

条文解读

本条是对发爆器的把手、钥匙如何保管使用的有关规定。

发爆器的钥匙、把手或电力起爆接线盒的钥匙，必须由爆破工专人负责管理，可以防止非爆破工误操作发爆器，造成爆破伤人事故。

使用发爆器爆破时，必须按下列程序和要求操作：

（1）爆破母线与发爆器连接时，应先检查氖气灯泡是否在规定时间发亮。

（2）爆破工在接到班组长发出爆破命令，并收到瓦斯检查员交来的爆破牌后，并发出可以爆破信号后，方可解开母线接头接到发爆器的接线柱上，再把开关钥匙插入毫秒开关内。

（3）将开关钥匙插入毫秒开关内，逆时针转动至充电位置，待氖气灯亮后，立即顺时针转动至放电位置起爆。起爆后，开关仍停在放电位置上，拔出钥匙由自己保管好，并解下爆破母线，扭成短路挂好。每次爆破后，应及时将防尘小盖盖好，防止煤尘或潮气侵入。

爆破后，如不立即将手把或钥匙拔出，不但会使主电容端电压继续上升，而且浪费电力，还可能损坏发爆器内部元件，极易引发意外事故。

☞现场贯彻

（1）采掘工作面爆破应使用防爆型数显电容式发爆器，爆破工管理爆破钥匙，随身携带，不准转交他人，安监员保管闭锁钥匙。

（2）操作过程：爆破工领取发爆器钥匙到达工作面以后，将发爆器闭锁钥匙交给安监员，爆破前由安监员检查爆破制度落实情况并在爆破工携带的检查记录上签字，将发爆器闭锁钥匙交给爆破工后，方可按规定进行爆破。

（3）爆破后，爆破工必须立即将把手或钥匙拔出，摘掉爆破母线并扭结成短路。

第三百六十九条　爆破前，脚线的连接工作可由经过专门训练的班组长协助爆破工进行。爆破母线连接脚线、检查线路和通电工作，只准爆破工一人操作。

爆破前，班组长必须清点人数，确认无误后，方准下达起爆命令。

爆破工接到起爆命令后，必须先发出爆破警号，至少再等5 s后方可起爆。

装药的炮眼应当当班爆破完毕。特殊情况下，当班留有尚未爆破的已装药的炮眼时，当班爆破工必须在现场向下一班爆破工交接清楚。

条文解读

本条是对联线、通电起爆工作的有关规定。

井下爆破作业的连线工作非常重要，应严格按照爆破说明书规定的接线方式进行操作。连线时要认真仔细，不能漏连、误连，要将线尾的氧化层和污垢清除干净后方可进行连线。

连线工作完毕，爆破工最后离开爆破地点。撤到起爆地点后，进行电爆网路全电阻检查。此时，班组长必须清点人数，确认无误后，方准下达起爆命令。爆破工接到班组长下达的起爆命令后，必须发出爆破警号（吹哨），至少再等5 s，方可起爆。

装药的炮眼应当当班爆破完毕，药卷在炮眼内时间过长，容易受潮产生拒爆或爆燃，或炸药被“压死”（装药密度过大）而拒爆。如果未在现场向下一班爆破工交接清楚，则下一班作业人员很可能误触尚未爆破的装药炮眼而发生意外爆炸事故。

事故案例

1977年1月15日，某矿二号井采煤四区一炮采工作面发生了一起爆破崩人事故。该工作面为长壁炮采工作面，采取由上

往下分次爆破。当爆破到距下部 25 m 处，爆破工因分次爆破连线太频繁，工作面较矮爬动较劳累，就叫另一名工人连线，他本人爆破。当连线人连好线后，顺便叫了一声“连好了”，转身刚向工作面上部爬时，爆破工就充电起爆，结果连线人被当场崩死。

第三百七十条　爆破后，待工作面的炮烟被吹散，爆破工、瓦斯检查工和班组长必须首先巡视爆破地点，检查通风、瓦斯、煤尘、顶板、支架、拒爆、残爆等情况。发现危险情况，必须立即处理。

条文解读

本条是关于爆破后要对爆破地点巡视检查的规定。

井下采掘工作面爆破作业后，炮烟中的氧气减少，并含有大量的有毒有害气体，如一氧化碳、氧化氮及矿尘等。若不等炮烟吹散就进入工作面检查爆破情况，极易造成炮烟熏人事故。

现场贯彻

爆破后必须巡视爆破地点，辨识和消除事故隐患：

（1）爆破后，爆破工、班组长和瓦斯检查工必须巡视爆破地点，检查通风、瓦斯、煤尘、顶板、支架、瞎炮、残爆等情况。如有危险情况必须立即处理，并向调度室汇报拒爆、残爆等情况，调度室做好记录。

（2）警戒人员由布置警戒的班（组）长亲自撤回。

（3）只有确认工作面的炮烟吹散，警戒人员按规定撤回后，检查瓦斯不超限，被崩倒的支架已经修复，瞎炮（残爆）处理

完毕，班（组）长才能发布人员进入工作面正式作业的命令。

（4）为消除矿尘对人体健康及对设备的危害，防止有爆炸危险的煤尘爆炸，爆破后必须按规定洒水降尘。

第三百七十一条　通电以后拒爆时，爆破工必须先取下把手或者钥匙，并将爆破母线从电源上摘下，扭结成短路；再等待一定时间（使用瞬发电雷管，至少等待5 min；使用延期电雷管，至少等待15 min），才可沿线路检查，找出拒爆的原因。

条文解读

本条是对检查拒爆的有关规定。

正常情况下，炸药的爆炸反应过程是瞬间完成的，但由于某种原因可能使炸药不能立即起爆，而是以较慢的速度分解燃烧直至最后转为爆炸，这个时间一般在几分钟到十几分钟。因此，为防止发生意外，通电拒爆后，不要立即进入爆炸地点查找原因，也不要误认为爆破网路有问题而往返查找线路故障，因为缓爆可延缓爆炸时间长达几分钟到十几分钟。如果超过规定时间还不爆炸，才能按拒爆处理。

第三百七十二条　处理拒爆、残爆时，应当在班组长指导下进行，并在当班处理完毕。如果当班未能完成处理工作，当班爆破工必须在现场向下一班爆破工交接清楚。

处理拒爆时，必须遵守下列规定：

（一）由于连线不良造成的拒爆，可重新连线起爆。

（二）在距拒爆炮眼0.3 m以外另打与拒爆炮眼平行的新炮眼，重新装药起爆。

（三）严禁用镐刨或者从炮眼中取出原放置的起爆药卷，或者从起爆药卷中拉出电雷管。不论有无残余炸药，严禁将炮眼

残底继续加深；严禁使用打孔的方法往外掏药；严禁使用压风吹拒爆、残爆炮眼。

（四）处理拒爆的炮眼爆炸后，爆破工必须详细检查炸落的煤、矸，收集未爆的电雷管。

（五）在拒爆处理完毕以前，严禁在该地点进行与处理拒爆无关的工作。

条文解读

本条是对处理拒爆的有关规定。

通电以后出现拒爆时，爆破工应用欧姆表检查爆破网路或用导通表检查爆破网路。若表针读数小于零，说明网路有短路处，应重新联线起爆；若表针走动小，读数大，说明爆破母线接头过多或有连接不良的接头，或是网络电阻过大。此时应依次检查连线接头，排除故障后重新爆破。若表针不走动，则说明网路导线或雷管桥丝断线，此时需要改变连线方式，采用并联或串并联。

处理拒爆、残爆时，必须在班组长指导下进行，并应在当班处理完毕，不给下一班留下后患。如果当班未能处理完毕，当班爆破工必须在现场向下一班爆破工交接清楚。

处理拒爆（包括残爆）时，确认不是连线问题后，要在距拒爆炮眼 0.3 m 以外另打与拒爆眼平行的新炮眼，重新装药爆破。为防止新炮眼打偏打斜，或因钻机打眼的强烈震动、撞击，引起拒爆炮眼药卷内摩擦感度高的电雷管、炸药爆炸，要先将拒爆炮眼眼口的炮泥掏出约 100 mm 长，插上炮棍，展示拒爆炮眼方向。

爆破后，爆破工要仔细检查炸落的煤矸，收集未爆的电雷

管并交回爆炸物品库。因这些未爆的电雷管和残药，仍有爆炸力。如未进行清理收集，将这些雷管和残药混入煤炭中，在燃烧时会发生爆炸造成事故。在拒爆处理完毕以前，严禁在该地点进行与处理拒爆无关的工作。这一规定是为了防止干扰，防止发生意外爆炸事故时，造成更大的伤亡。

☞现场贯彻

（1）处理拒爆必须在班组长指导下，由班组长、爆破工、安监员 3 人在现场按上述规定进行处理，并在记录本上签字。

（2）如果当班未能完成处理工作，必须由 3 人与下一班次班组长、爆破工、安监员交接清楚，并填写交接记录，内容有拒爆炮眼数量、位置、深度、装药量等。

事故案例

1987 年 7 月 28 日，某矿在 -100 m 水平南翼 2109 工作面处理拒爆时，在距拒爆炮眼 0.1 m 处打新炮眼，新炮眼与拒爆炮眼相透，引起雷管炸药爆炸，打眼工当场死亡。处理拒爆时，用镐刨、硬拽电雷管、加深残眼（不论有无残药）或掏药、用压风吹等办法，都是错误、危险的，严禁采用。因为这些做法都极易使爆药卷中的电雷管受到强烈冲击、震动或因高压气体压力作用引发爆炸事故。

1986 年 3 月 29 日，某矿掘进一区在 2139 运输机道有 6 人作业，9 时 50 分打好 14 个眼，在放完 4 个掏槽眼后，组长带 4 人进入工作面，检查发现左方 2 个掏槽眼的炮未放响，并露出脚线。组长拿起铲子在瞎炮眼周围定好位，叫打眼工打眼掏挖

药卷（采用的是正向装药，起爆药卷在炮眼外口）。开钻不久，忽听一声巨响，在未响的掏槽眼喷出一股强烈的气流，并喷出煤块崩死1人，重伤3人。

第九章　电气与运输

第一节　电　　气

第四百三十五条　煤矿地面、井下各种电气设备和电力系统的设计、选型、安装、验收、运行、检修、试验等必须按本规程执行。

条文解读

本条是关于煤矿地面、井下各种电气设备和电力系统的设计、选型、安装、验收、运行、检修、试验等方面的规定。

规程对煤矿地面、井下电气设备和电力系统的设计、选型、安装、验收、运行、检修、试验等方面做了详细的规定，这些规定是在生产实践中经验和教训的总结，是确保煤矿安全生产的重要保障，因此各煤矿生产企业应认真贯彻和执行。

第四百四十二条　井下不得带电检修电气设备。严禁带电搬迁非本安型电气设备、电缆，采用电缆供电的移动式用电设备不受此限。

检修或者搬迁前，必须切断上级电源，检查瓦斯，在其巷道风流中甲烷浓度低于1.0%时，再用与电源电压相适应的验电笔检验；检验无电后，方可进行导体对地放电。开关把手在切断电源时必须闭锁，并悬挂“有人工作，不准送电”字样的警

示牌，只有执行这项工作的人员才有权取下此牌送电。

条文解读

本条是关于井下检修、搬迁电气设备和停送电的规定。

井下带电检修电气设备时，工具与设备内部某一带电部分相互接触碰撞，发生人身触电事故的概率很高，还会产生具有高温、高热的弧光短路，伤害作业人员，损坏电气设备。带电搬迁非本安型电气设备、电缆时，可能因电气设备绝缘破坏造成作业人员的触电，也可能因带电电缆突然受力而使芯线折断、绝缘层破坏，造成电气设备损坏和大面积停电，在瓦斯积聚地点还可能引发瓦斯、煤尘爆炸。

检修或搬迁电气设备、电缆前，必须切断需检修或搬迁电气设备的上级电源，因为如果只切断本级电源，电气设备的电源侧仍然带电，检修或搬迁电气设备时，仍可能发生人身触电事故。对于存贮电容电量较多的设备经过导体对地放电时，将会产生能量很大的电火花，其能量远远超过引起瓦斯爆炸的能量（0.28 mJ），足以引起瓦斯、煤尘爆炸事故，因此，必须确认其巷道风流中瓦斯浓度低于1.0%情况下，方可进行验电、放电。电气设备停电后，用与电源电压相适应的验电笔检验，确保电气设备不带电。检验无电后，方可进行导体对地放电，一方面将存贮在电气设备中电容电量释放掉，避免发生人身触电事故；另一方面可再次确认电气设备不带电。开关闭锁装置是防止误操作和违章操作的有效措施之一，也是保证防爆设备的防爆性能之一，所以检修或搬迁电气设备、电缆前，所有开关把手在切断电源时必须闭锁。

现场贯彻

1. 停送电安全操作

电气设备的检查、维护和调整，必须由电气维修工进行。高压电气设备的修理和调整工作，应有工作票和施工措施。工作票的签发人、工作负责人、操作人须有不同的安全责任制。检修、搬迁电气设备前，必须切断需检修或搬迁电气设备的上级电源；先检查瓦斯，确认其巷道风流中瓦斯浓度低于 1.0%；用与电源电压相适应的验电笔检验；检验无电后，方可进行导体对地放电；停电的所有开关把手在切断电源后，断开的隔离开关的操作机构必须锁住；在停电开关操作手把上悬挂“有人工作，不准送电”字样的警示牌，只有执行这项工作的人员才有权取下此牌送电。

2. 验电笔（器）使用方法

（1）检查验电器的绝缘杆应无弯曲变形，表面光滑、无裂缝，各部件连接牢固，护手环明显醒目，固定牢固。验电器工作正常，电池电力充足，按下试验按钮时能发出正常的闪光和报警音响信号。

（2）使用前要检查验电笔的电压等级是否与被试设备电压等级相符。

（3）使用前要检查高压验电器的各项性能，先在有电设备上或在高压发生器上试验验电笔是否工作正常。

（4）使用验电器时，应戴绝缘手套，穿绝缘靴（鞋），手握在护环下侧握柄部分，人体与带电部分距离应符合规定的安全距离。验电时需要专人监护。

（5）使用抽拉式验电器时，绝缘杆应完全拉开。

（6）验电时验电器的接触电极与被试设备的导电部分接触时间不能小于1 s，并要在应挂接地线点反复检测，如果验电器无指示则可认为设备无电。

3. 接地线使用方法

（1）悬挂接地线前，应先验电确认已停电，在设备上确认无电压后进行。

（2）核实接地棒的电压等级与操作设备的电压等级是否一致。

（3）挂接地线时，先连接接地夹，后接接电夹。拆除接地线时，必须按程序先拆接电夹，后拆接地夹。

（4）电气设备送电前，必须先核实挂接地线是否拆除。

第四百四十三条　操作井下电气设备应当遵守下列规定：

（一）非专职人员或者非值班电气人员不得操作电气设备。

（二）操作高压电气设备主回路时，操作人员必须戴绝缘手套，并穿电工绝缘靴或者站在绝缘台上。

（三）手持式电气设备的操作手柄和工作中必须接触的部分必须有良好绝缘。

条文解读

本条是关于操作井下电气设备的规定。

非专职人员或非值班电气人员对电气设备结构、性能及操作程序不熟悉，擅自操作电气设备极易出现误操作，造成误送电、错送电或错停电，造成人身触电伤亡或瓦斯超限区域送电等事故。

操作高压电气设备的主回路时，由于设备通电瞬间短路弧

光引起的接地和设备在漏电或接地状态下接通电源等方面原因，可能出现接触电压的危险，导致操作人员触电。为了防止操作高压电气设备主回路时出现上述异常状态危及操作人员，操作人员在操作时必须戴绝缘手套；如果操作人员仅戴绝缘手套，在操作过程中身体的某一部位触及已带有危险接触电压的设备时，仍会造成触电事故，因此还必须穿电工绝缘靴或站在绝缘台上。

工作人员在使用手持式电气设备时，手持式电气设备的操作手柄和工作中必须接触的部分经常接触，是极易发生触电的部位，所以，手持式电气设备的操作手柄和工作中必须接触的部分要有良好的绝缘，并和电缆的接地心线相连。

☞ 现场贯彻

操作井下电气设备必须由专职人员或值班电气人员执行，要严格执行停送电安全技术措施，保证安全操作。

（1）操作井下电气设备，应持证上岗并带齐必备工具。非专职人员或非值班电气人员不得操作电气设备。

（2）操作高压电气设备主回路时，操作人员必须戴绝缘手套（而且必须双手都戴），并穿电工绝缘靴或站在绝缘台上。

（3）高压线路倒闸操作时，必须实行操作票制度和监护制度，操作人员填写操作票必须写明被操作设备的编号和设备名称。高压线路倒闸操作时，有两人执行，一人操作，一人监护，操作中严格执行监护复诵制度。严禁带负荷拉开隔离开关。

（4）停电拉闸操作顺序依次为：分断路器、拉开负荷侧刀闸、拉开母线侧刀闸，严禁带负荷拉隔离开关；送电合闸操作顺序依次为：合母线侧刀闸（上隔离开关）、合负荷侧刀闸（下

隔离开关)、合断路器开关。

(5) 手持式电气设备的操作手柄和工作中必须接触的部分必须有良好绝缘。使用前，要对手持式电气设备认真检查，确保绝缘不破损，安全可靠。同时，手持式电气设备要和电缆的接地芯线相连，保证接地保护良好。

第四百四十四条　容易碰到的、裸露的带电体及机械外露的转动和传动部分必须加装护罩或者遮栏等防护设施。

条文解读

本条是关于容易碰到的、裸露的带电体及机械外露的转动和传动部分安全防护的规定。

容易碰到的、裸露的带电体加装护罩或遮栏目的是为了防止人身意外触电和短路弧光烧伤事故；机械外露的转动和传动部分极易发生绞伤人员、连接装置松脱甩出伤人事故，以及外物进入机械内部引发其他事故，所以必须加装护罩或护栏加以防护。

现场贯彻

(1) 防护装置的结构和布局应设计合理，确保人体不能直接进入危险区域。

(2) 防护装置要有足够的强度、刚度，还要有足够的稳定性、耐腐蚀性和抗疲劳性，一般应用金属材料制作。

(3) 防护装置优先采用封闭结构。

(4) 容易碰到的、裸露的带电体的护罩应采用封闭结构；防护栏可以采用网状结构，要设置方便检修进出的活动门，活动门必须上锁。带电体加装防护栏处，还应设置醒目的“高压

危险”警示牌。

（5）机械外露的转动和传动部分加装的护罩应采用封闭结构，要设置方便察看设备运转的观察窗；防护栏可以采用网状结构，要设置方便检修进出的活动门，活动门必须上锁。设备转动部位加装防护栏处，还应设置醒目的“转动部位，请勿靠近”警示牌。

（6）重要安全防护装置与设备运转联锁，安全防护装置未起作用前，设备不能运转。

第四百五十七条　采掘工作面配电点的位置和空间必须满足设备安装、拆除、检修和运输等要求，并采用不燃性材料支护。

条文解读

本条是关于配电点位置和空间的规定。

采掘工作面配电点的电气设备负载变动频繁，故障率较高，经常需要维修和排除故障，所以必须留有满足设备安装、拆除、检修和运输的空间。另外采掘配电点环境都较为恶劣，巷道容易来压变形，底板容易膨胀，如果不留有空间，设备容易被挤压，造成电气设备故障。有的采掘工作面配电点设置在运输轨道的一侧，必须留有矿车通过的空间及满足安装和检修的要求，以免被矿车碰撞和挤压，造成电缆短路和设备失爆。

如果配电点采用可燃性材料支护，一旦发生电气火灾，则会引起支护材料甚至是煤层着火，并沿硐室巷道向外蔓延，形成大面积火灾，甚至引发矿井瓦斯、煤尘爆炸等重大恶性事故。因此，配电点应用不燃性材料支护。

☞ 现场贯彻

（1）配电点一般应设置在专用硐室内，硐室的高度不低于2 m，硐室内各种设备与墙壁之间留出0.5 m以上的通道，各种设备相互之间留出0.8 m以上的通道，便于安装、拆除、检修作业。

（2）受条件所限，配电点也可设置在巷道一侧。但配电点不能占用人行道，影响行人。配电点电气设备最突出部分距轨道安全间隙不能小于500 mm。

（3）配电点硐室应采用锚喷支护方式，也可采用工字钢棚支护方式。

第四百六十二条　在总回风巷、专用回风巷及机械提升的进风倾斜井巷（不包括输送机上、下山）中不应敷设电力电缆。确需在机械提升的进风倾斜井巷（不包括输送机上、下山）中敷设电力电缆时，应当有可靠的保护措施，并经矿总工程师批准。

溜放煤、矸、材料的溜道中严禁敷设电缆。

条文解读

本条是关于敷设电缆的规定。

在溜放煤、矸、材料的溜道中敷设电缆，容易被溜道中溜放的煤、矸、材料碰撞、挤压和掩埋，容易发生短路、接地、断线等故障。因此，溜放煤、矸、材料的溜道中严禁敷设电缆。

☞ 现场贯彻

（1）电力电缆应敷设在机械提升的进风的倾斜井巷中人行

道一侧的专用电缆勾上，电缆悬挂点间距不得超过3 m，电缆吊挂高度不得小于1.8 m。电力电缆还可敷设电缆沟槽内以及在发生断绳跑车或掉道事故时不易砸坏的场所。

（2）电力电缆在机械提升的进风的倾斜井巷中不应设接头，需设接头时，必须用金属的接线盒保护好，并可靠接地。

（3）短路、过负荷和检漏等保护应设置齐全，保护装置整定准确、动作灵敏可靠。

（4）保证电力电缆的敷设质量，并指定专人对其接头、绝缘电阻、局部温升和电缆的吊挂等事项进行定期检查。

（5）巷道支护必须安全可靠。

（6）纸绝缘电缆的接线盒应使用非可燃性充填物，如使用沥青绝缘充填物的电缆接线盒时，在其接线盒前后10 m以内的井巷中不得有易燃物。

（7）要定期清扫机械提升的进风的倾斜井巷及电力电缆上的煤尘。

第四百六十三条　井下电缆的选用应当遵守下列规定：

（一）电缆主线芯的截面应当满足供电线路负荷的要求。电缆应当带有供保护接地用的足够截面的导体。

（二）对固定敷设的高压电缆：

1. 在立井井筒或者倾角为45°及其以上的井巷内，应当采用煤矿用粗钢丝铠装电力电缆。

2. 在水平巷道或者倾角在45°以下的井巷内，应当采用煤矿用钢带或者细钢丝铠装电力电缆。

3. 在进风斜井、井底车场及其附近、中央变电所至采区变电所之间，可以采用铝芯电缆；其他地点必须采用铜芯电缆。

（三）固定敷设的低压电缆，应当采用煤矿用铠装或者非铠

装电力电缆或者对应电压等级的煤矿用橡套软电缆。

(四) 非固定敷设的高低压电缆，必须采用煤矿用橡套软电缆。移动式和手持式电气设备应当使用专用橡套电缆。

条文解读

本条是关于井下电缆选用的规定。

如果选择的电缆主线芯的截面不能满足供电线路负荷的要求时，通过电缆主线芯的电流将超过其长时允许电流，会使电缆芯线的温升过高，使电缆绝缘损坏影响其使用寿命。还会使线路电压损失较大，影响用电设备正常运转。电缆必须带有供保护接地用的足够截面的导体，否则，当供电网路出现接地、漏电故障时，保护接地装置有可能会不动作或发生误动作。

对固定敷设的高压电缆：立井井筒敷设的电缆成悬垂状态，在重力作用下将会被拉伸，选用粗钢丝铠装能承受较大的拉力，起抗压、抗砸或抗张保护作用；钢带或细钢丝铠装电力电缆能承受一般的拉力，适合在水平巷道或者倾角在45°以下的井巷内使用，起抗压或抗张保护作用；在进风斜井、井底车场及其附近、中央变电所至采区变电所之间，可以采用铝芯电缆，是因为这些部位电缆基本固定，不需经常移动，铝芯电缆的机械强度及柔韧性满足使用要求。其他地点必须采用铜芯电缆，不能采用铝芯电缆的原因是：铝的氧化热远远大于铜的氧化热，对于同样尺寸的试验材料，铝的氧化热比铜大5.5倍。特别是采区巷道等部位多存在一定瓦斯和煤尘，因而当铝芯电缆短路放炮时比铜芯电缆引发瓦斯、煤尘爆炸事故的概率高。

煤矿用电缆强度高，能够长时间承受负荷，具有良好的回弹性，能够弯曲而不变形，同时能保持韧性，抵抗反复冲击，

而且煤矿用电缆都具有阻燃性。因此，固定敷设的低压电缆，应采用煤矿用铠装或非铠装电力电缆或对应电压等级的煤矿用橡套软电缆。

橡套电缆柔软、轻便，且橡皮护套的强度、弹性、柔软性较高，适合频繁移动使用，而非固定敷设的高低压电缆需要经常移动，因此，非固定敷设的高低压电缆要采用煤矿用橡套软电缆。移动式和手持式电气设备使用的电缆移动更频繁，电缆还要经常承受大的弯曲，因此，移动式和手持式电气设备应使用专用橡套电缆。

第四百六十四条　电缆的敷设应当符合下列要求：

（一）在水平巷道或者倾角在30°以下的井巷中，电缆应当用吊钩悬挂。

（二）在立井井筒或者倾角在30°及以上的井巷中，电缆应当用夹子、卡箍或者其他夹持装置进行敷设。夹持装置应当能承受电缆重量，并不得损伤电缆。

（三）水平巷道或者倾斜井巷中悬挂的电缆应当有适当的弛度，并能在意外受力时自由坠落。其悬挂高度应当保证电缆在矿车掉道时不受撞击，在电缆坠落时不落在轨道或者输送机上。

（四）电缆悬挂点间距，在水平巷道或者倾斜井巷内不得超过3 m，在立井井筒内不得超过6 m。

（五）沿钻孔敷设的电缆必须绑紧在钢丝绳上，钻孔必须加装套管。

条文解读

本条是关于电缆敷设悬挂的规定。

井下电缆落地敷设，一方面，容易被积水浸泡和受到挤压，

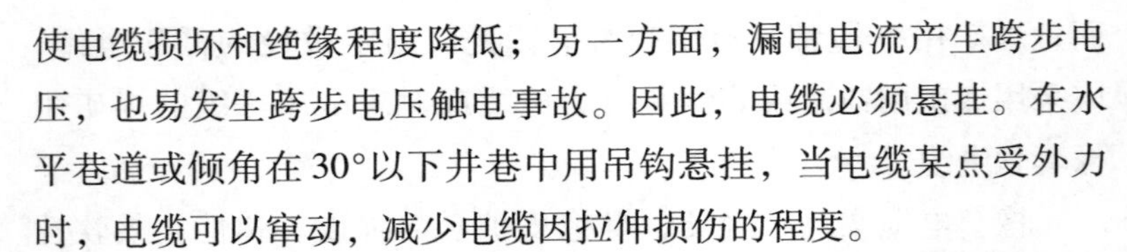

使电缆损坏和绝缘程度降低；另一方面，漏电电流产生跨步电压，也易发生跨步电压触电事故。因此，电缆必须悬挂。在水平巷道或倾角在30°以下井巷中用吊钩悬挂，当电缆某点受外力时，电缆可以窜动，减少电缆因拉伸损伤的程度。

在立井井筒或倾角在30°及其以上的井巷中敷设电缆，因为电缆自身重力加大，当电缆较长时，敷设在上部的电缆会因电缆自身重力损坏电缆。为防止损坏电缆，电缆应用夹子、卡箍或其他夹持装置将电缆固定，夹持装置应能承受电缆重量，并不得损伤电缆。

在水平巷道或倾斜井巷中悬挂的电缆留有适当的弧度有以下作用：

（1）巷道及其支护在来压时减少电缆的受力。

（2）电缆受力时能够自由坠落，可以避免损坏电缆。

（3）维修巷道时，电缆能够落地进行保护。

电缆沿巷道一侧敷设，水平巷道或倾斜井巷多用于辅助运输，矿车在运输过程中有可能发生掉道事故。因此，电缆悬挂高度应保证在矿车掉道时电缆不受撞击，还必须保证在电缆坠落时不落在轨道或输送机上。

为防止因电缆自身重力损坏电缆，保证吊挂的电缆不坠落，在水平巷道或倾斜井巷内电缆悬挂点的间距不超过3 m，立井井筒内电缆悬挂点的间距不得超过6 m。

为了减少钻孔内敷设的电缆因电缆自身重力损坏电缆，沿钻孔敷设的电缆必须绑紧在钢丝绳上。为防止钻孔壁来压或塌落时对电缆挤压，沿钻孔敷设的电缆时，钻孔必须加装套管。

第四百六十五条　电缆不应悬挂在管道上，不得遭受淋水。电缆上严禁悬挂任何物件。电缆与压风管、供水管在巷道同一

侧敷设时，必须敷设在管子上方，并保持0.3 m以上的距离。在有瓦斯抽采管路的巷道内，电缆（包括通信电缆）必须与瓦斯抽采管路分挂在巷道两侧。盘圈或者盘“8”字形的电缆不得带电，但给采、掘等移动设备供电电缆及通信、信号电缆不受此限。

井筒和巷道内的通信和信号电缆应当与电力电缆分挂在井巷的两侧，如果受条件所限：在井筒内，应当敷设在距电力电缆0.3 m以外的地方；在巷道内，应当敷设在电力电缆上方0.1 m以上的地方。

高、低压电力电缆敷设在巷道同一侧时，高、低压电缆之间的距离应当大于0.1 m。高压电缆之间、低压电缆之间的距离不得小于50 mm。

井下巷道内的电缆，沿线每隔一定距离、拐弯或者分支点以及连接不同直径电缆的接线盒两端、穿墙电缆的墙的两边都应当设置注有编号、用途、电压和截面的标志牌。

条文解读

本条是关于电缆吊挂的规定。

电缆不应悬挂在管道上的原因：一是当管路漏风或漏水时，电缆直接受到压风的吹袭或水淋，沿电缆的渗水也容易进入电缆接线盒，使电缆和接线盒绝缘受到破坏，发生短路或接地的故障。二是在电缆漏电保护失灵时，风管或水管带有高电位，容易发生人身触电事故。

电缆上悬挂的重物会对电缆造成破坏，严重影响电缆的绝缘程度，可能引起短路或接地的故障。

电缆与压风管、供水管在巷道同一侧敷设时，必须敷设在管子上方，并保持0.3 m以上的距离，目的是避免管子下落砸坏电缆和管路检修时不影响电缆的供电。

在有瓦斯抽放管路的巷道内，电缆与瓦斯抽放管路分挂在巷道两侧是为了避免因电缆漏电电流产生的火花引爆或引燃瓦斯。

当电缆盘圈或盘“8”字时，电缆散热不好，电缆温度容易增高，使电缆过负载能力下降，寿命减低，所以规定盘圈或盘“8”字形的电缆不得带电。

如果电力电缆与通信、信号电缆悬挂在井筒和巷道的同一侧，一旦电力电缆发生放炮、短路、着火事故或发生巷道冒顶事故，电力电缆与通信电缆同时受到影响，使矿井供电和通信、信号同时中断，不但影响矿井的生产，也影响故障的及时处理。电力电缆电流大，磁场干扰大，为了不影响矿井的通信，规定电力电缆与通信、信号电缆的距离：在井筒内应敷设在距电力电缆0.3 m以外的地方；在巷道内应敷设在电力电缆上方0.1 m以上的地方。

多根电力电缆沿巷道同一侧敷设时，为方便敷设、撤除、移动或调整电缆，高、低压之间，高压电缆之间以及低压电缆之间都必须留有一定距离。其中，由于高、低压电力电缆的电压等级不一样，为确保矿井供电安全，高、低压电力电缆之间留有的距离应适当增大。

井下巷道内的电缆，沿线每隔一定距离、拐弯或分支点以及连接不同直径电缆的接线盒两端、穿墙电缆的墙的两边都应设置标志牌，目的是加强矿井供电安全管理，使电气作业人员方便查清电缆敷设的方向及用途，做到停送电操作准确，防止误操作，同时有利于电气维修安全作业。为达到以上目的，标

志牌要注有编号、用途、电压和截面等内容。

第四百六十六条　立井井筒中敷设的电缆中间不得有接头；因井筒太深需设接头时，应当将接头设在中间水平巷道内。

运行中因故需要增设接头而又无中间水平巷道可以利用时，可以在井筒中设置接线盒。接线盒应当放置在托架上，不应使接头承力。

条文解读

本条是关于立井井筒中电缆接头的规定。

电缆接头在长期运行过程中，因热胀冷缩或者长期受到震动等因素影响，极易导致电缆接头松动，产生供电故障。特别是立井井筒中的接头需承受悬挂电缆的重力以及随时都会受到淋水、落物撞击的伤害，立井井筒中的接头更容易发生故障。而一旦发生故障后，因受井筒环境的影响难以修复，因此，立井井筒中敷设的电缆中间不得有接头。当立井井筒太深需设电缆接头时，应将电缆接头设在中间水平巷道内，电缆接头的位置要选择在离井口较近，又方便安全检修的位置。无中间水平巷道可利用时，可在井筒中设置接线盒，接线盒应固定在托架上。

第四百六十七条　电缆穿过墙壁部分应当用套管保护，并严密封堵管口。

条文解读

本条是关于电缆穿墙敷设的规定。

井下巷道和硐室的墙壁因受矿井地压的作用，非常容易变形，因而，穿过墙壁的电缆容易被挤压，造成接地、短路和放

炮等故障。为了防止套管漏风，不利于硐室内防灭火，还要求电缆套管的两端进行严密的封堵。

☞现场贯彻

井下变电所等硐室电缆需穿过墙壁时，电缆穿过墙壁部分应用材质坚硬、耐挤压的套管加以保护，并用黄泥或水泥严密堵两端管口，以不漏风为准。

第四百六十八条　电缆的连接应当符合下列要求：

（一）电缆与电气设备连接时，电缆线芯必须使用齿形压线板（卡爪）、线鼻子或者快速连接器与电气设备进行连接。

（二）不同型电缆之间严禁直接连接，必须经过符合要求的接线盒、连接器或者母线盒进行连接。

（三）同型电缆之间直接连接时必须遵守下列规定：

1. 橡套电缆的修补连接（包括绝缘、护套已损坏的橡套电缆的修补）必须采用阻燃材料进行硫化热补或者与热补有同等效能的冷补。在地面热补或者冷补后的橡套电缆，必须经浸水耐压试验，合格后方可下井使用。

2. 塑料电缆连接处的机械强度以及电气、防潮密封、老化等性能，应当符合该型矿用电缆的技术标准。

条文解读

本条是关于电缆连接的要求。

电缆与电气设备连接时，如果电缆芯线与电气设备的接线柱连接不合格，则会出现电缆与电气设备的接线柱接触面积小，压力不够，电缆连接处松动等故障，导致接线柱和电缆头发热，烧毁接线柱，造成断相、接地和短路等故障。因此，电缆与电

气设备连接时，电缆线芯必须使用齿形压线板（卡爪）、线鼻子或快速连接器与电气设备进行连接。

不同类型的电缆接头封端方式不同，如果不同类型的电缆直接连接则会使封端方式不妥，使电缆的绝缘强度下降，防护性能降低，还会造成相互影响。例如油浸纸绝缘电缆与橡套电缆直接连接，油浸纸绝缘电缆的绝缘油就会浸泡橡套电缆的绝缘和护套，从而使橡套电缆绝缘损坏，造成电缆漏电、短路和放炮等故障。

阻燃材料遇火点燃时燃烧速度非常缓慢，离开火源后即自行熄灭，煤矿用橡套电缆属于阻燃电缆，因此，橡套电缆的修补连接必须采用阻燃材料进行硫化热补或与热补有同等效能的冷补。在地面热补或冷补后的橡套电缆，必须经浸水耐压试验，以验证其是否合格。如果不合格的电缆下井使用，会出现电缆漏电、短路和放炮等故障，造成矿井供电中断。塑料电缆连接处的机械强度以及电气、防潮密封、老化等性能，应符合该型矿用电缆的技术标准。否则，会从电缆接头处出现绝缘损坏，造成电缆漏电、短路和放炮等故障。

☞现场贯彻

1. 电缆连接

（1）电缆与电气设备连接时，电缆线芯必须使用齿形压线板（卡爪）、线鼻子或快速连接器与电气设备进行连接。

（2）不同型电缆之间必须经过接线盒、连接器或母线盒进行连接。

（3）同型橡套电缆的修补连接（包括绝缘、护套已损坏的橡套电缆的修补）必须采用阻燃材料进行硫化热补或与热补有

同等效能的冷补。在地面热补或冷补后的橡套电缆，必须经浸水耐压试验，合格后方可下井使用。

（4）同型塑料电缆连接处的机械强度以及电气、防潮密封、老化等性能，应符合该型矿用电缆的技术标准。

2. 电缆接线

1）电气设备（接线盒）外部接线

（1）两台电气设备间距约 0.5 m（两台设备喇叭嘴间距），中间连接电缆应适度（以两喇叭嘴直线距离下垂 180 ± 30 mm 左右为准）。

（2）凡有电缆压线板的电器，引入引出电缆必须用压线板压紧，但不得把电缆压扁。

（3）紧固件应齐全、完整、可靠。同一部分的螺母、螺栓其规格应要求一致。螺杆露出螺母一般为 1 ~ 3 丝。

（4）喇叭嘴压紧要有余量，余量不小于 1 mm，否则为失爆。线嘴应平行压紧，两压紧螺丝入口之差应不大于 5 mm，否则为不完好。

（5）隔爆接合面紧固螺栓应加装弹簧垫，用弹簧垫圈时其规格应与螺栓保持一致，紧固程度应以将其压平为合格。

（6）密封圈的分层侧在接线时，应向里；密封圈内径与电缆外径的配合为 ± 1 mm；密封圈刀削后应整齐圆滑，不得出现锯齿状。

2）电气设备（接线盒）内部接线

（1）电缆护套伸入电气设备（接线盒）器壁的长度为 5 ~ 15 mm，小于 5 mm 是失爆，大于 15 mm 为不完好。

（2）接线应整齐、紧固、导电良好、无毛刺。卡爪（或平垫圈）、弹簧垫（或双帽）齐全，使用线鼻子时可不用平垫圈。

接线后，卡爪（或平垫圈）不压绝缘胶皮或其他绝缘物，芯线裸露距卡爪（或平垫圈）不大于 10 mm。

（3）接线腔地线长度应适宜，以松开线嘴卡兰拉动电缆后，三相火线拉紧或松脱，地线不掉为宜。接地螺栓、螺母、垫圈不允许涂绝缘物。

（4）接线柱螺丝、弹垫齐全和卡爪齐全，压线紧固。接线腔内清洁无杂物。

（5）防爆面清洁无杂物，无锈迹，光滑无伤痕，必须涂凡士林。

（6）当线嘴已全部压紧仍不能将密封圈压紧时，只能用一个厚度适当，不开口的金属圈来调整，不得填充其他杂物。

第四百七十三条　电气信号应当符合下列要求：

（一）矿井中的电气信号，除信号集中闭塞外应当能同时发声和发光。重要信号装置附近，应当标明信号的种类和用途。

（二）升降人员和主要井口绞车的信号装置的直接供电线路上，严禁分接其他负荷。

条文解读

本条是关于电气信号的规定。

矿井中的电气信号是控制设备运行的指令，如果电气信号发送错误，则会造成设备误操作，致使设备损坏或人员伤亡等重大事故。为确保电气信号清晰准确，电气信号应能同时发光和发声。对于发送错误可能造成重大事故的重要信号装置，应标明信号的种类和用途，给予信号工明确提示。

升降人员和主要井口的绞车信号装置的直接供电线路上，如果分接其他负荷，则可能造成其他负荷的干扰，误发信号或

干扰信号，使司机误操作，造成生产中断或掉道、挤人和跑车等重大事故。因此，为确保升降人员和主要井口绞车信号装置的正常、可靠的工作，信号装置的直接供电线路上严禁分接其他负荷。

☞现场贯彻

（1）正常提升运输信号规定为：1 声停车；2 声提升；3 声下降；4 声慢速提升；5 声慢速下降。

（2）信号发送要准确、清晰、响亮，应声光具备，严格按规定信号发送。

（3）开车信号发出后，非特殊情况，不准废除。如必须改变信号时，应先发送停车信号，先联系好后，才准许改发信号。

（4）开车信号发出后，信号工应手不离停车信号按钮，时刻观察提升系统运行情况，注意监听声响，发现异常情况应立即发出停车信号，待查明原因处理后，方可重新发出信号。

（5）信号装置可能出现异常现象，及时汇报处理，严禁带病运行。

（6）当提升机连续停止运行 6 h 以上或事故检修后，信号工必须对所有的信号装置和通讯装置进行全面检查、试验。在确认一切正常后，方准发送开车信号。

（7）非紧急情况不准使用紧急停车信号。

第四百七十五条　电压在 36 V 以上和由于绝缘损坏可能带有危险电压的电气设备的金属外壳、构架，铠装电缆的钢带（钢丝）、铅皮（屏蔽护套）等必须有保护接地。

条文解读

本条是关于电气设备设置保护接地的规定。

将因绝缘破坏而带电的金属外壳或构架同接地体之间做良好的电气连接，称为保护接地。保护接地是漏电保护的后备保护，它可以将设备上的故障电压限制在安全范围内。实践表明：人体触及36 V以上带电导体时会引起人身伤害，甚至引发触电事故。因此，规程规定电压在36 V以上和由于绝缘损坏可能带有危险电压的电气设备的金属外壳、构架，铠装电缆的钢带（或钢丝）、铅皮或屏蔽护套等必须有保护接地。

现场贯彻

（1）变压器的接地。应将高、低压侧的铠装电缆的钢带、铅皮用连接导线分别接到变压器外壳上的专供接地的螺钉上；如用橡套电缆时，将电缆的接地芯线接到进出线装置的内接地端子上，然后将变压器外壳的接地螺钉用连接导线接到接地母线（或辅助接地母线）上。

（2）电动机的接地。可直接将其外壳的接地螺钉接到接地母线（或辅助接地母线）上。橡套电缆应将专用接地芯线与接线箱（盒）内接地螺钉连接。如用铠装电缆时，应将端头的铠装钢带（钢丝）、铅皮同外壳的接地螺钉连接。禁止把电动机的底脚螺栓当作外壳的接地螺钉使用。

（3）高压配电装置的接地。应将各进、出口的电缆头接地部分（铠装层、铅皮层或接地芯线头）分别用独立的连接导线连接到配电装置的接地螺钉上，然后用连接导线将进口电缆头接地螺钉与底架接地螺钉相连接，最后连接到接地母线（或辅

助接地母线）上。

（4）井下各机电硐室、各采区变电所（包括移动变电站和移动变压器）及各配电点的电气设备的接地。除通过电缆的铠装层、屏蔽套或接地芯线与总接地网相连外，还必须设置辅助接地母线。其所有设备的外壳都要用独立的连接导线接到辅助接地母线上。辅助接地母线还必须用接地导线与局部接地极连接。

（5）电缆接线盒的接地。应将接线盒上的接地螺钉直接用接地导线与局部接地极相连接。接线盘两端的铠装电缆的接地，要用绑扎方法或用特备的镀锌卡环通过与接地导线相连接的连接导线把两端电缆的铅皮层和钢带（钢丝）层连接起来。在接线盒处能采用铅封的尽量铅封，其接线盒仍按照上述方法接地。接线盒两端电缆头的钢带层和铅皮层用连接导线绑扎或用铁卡环卡紧时，应沿电缆轴向把铅皮二等或三等分割开并倒翻180°，把铅皮紧贴在钢带上，铅皮与钢带接触处应打磨光洁。铁卡环的宽度不得小于30 mm。如用裸铜线绑扎时，沿电缆轴向绑扎长度不得小于50 mm。

（6）移动电气设备的接地，是利用橡套电缆的接地芯线实现的。接地芯线的一端和移动电气设备进线装置内的接地端子相连，另一端和起动器出线装置中的接地端子相连。接地芯线和接地端子相连时，应使接地芯线比主芯线长一些，以免使接地芯线承受机械拉力。起动器外壳应与总接地网或局部接地极相连。

（7）移动变电站的接地。应先将高、低压侧橡套电缆的接地芯线分别接到进线装置的内接地端子上，用连接导线将高压侧电缆引入装置上的外接地端子与高压开关箱的外接地端子连

接牢固；再将高、低压侧开关箱和干式变压器上的外接地螺钉分别用独立的连接导线接到接地母线（或辅助接地母线）上。

第四百七十八条　下列地点应当装设局部接地极：

（一）采区变电所（包括移动变电站和移动变压器）。

（二）装有电气设备的硐室和单独装设的高压电气设备。

（三）低压配电点或者装有3台以上电气设备的地点。

（四）无低压配电点的采煤工作面的运输巷、回风巷、带式输送机巷以及由变电所单独供电的掘进工作面（至少分别设置1个局部接地极）。

（五）连接高压动力电缆的金属连接装置。

局部接地极可以设置于巷道水沟内或者其他就近的潮湿处。

设置在水沟中的局部接地极应当用面积不小于0.6 m^2、厚度不小于3 mm的钢板或者具有同等有效面积的钢管制成，并平放于水沟深处。

设置在其他地点的局部接地极，可以用直径不小于35 mm、长度不小于1.5 m的钢管制成，管上至少钻20个直径不小于5 mm的透孔，并全部垂直埋入底板；也可用直径不小于22 mm、长度为1 m的2根钢管制成，每根管上钻10个直径不小于5 mm的透孔，2根钢管相距不得小于5 m，并联后垂直埋入底板，垂直埋深不得小于0.75 m。

条文解读

本条是关于煤矿井下局部接地极设置的规定。

采区变电所是采区变、配电中心，电气设备比较集中，局部接地极和采区变电所全部设备连接，对全部设备都起到了保护接地作用。采区变电所电气设备操作频繁、负荷大、故障率高，经常需要排除故障和检修，故电气设备外壳带电的概率较大，必须设置局部接地极，以防止触电事故。

矿用隔爆型移动变电站、矿用隔爆型干式变压器、矿用防爆型动力负荷控制中心和高压电缆的金属连接装置都是高压电气设备。高压电网的单相接地电流远大于低压电网，人身触及高压电气设备带电的金属外壳时，则可能产生危险接触电压。为降低高压电气设备带电的接触电压值，矿用隔爆型移动变电站、矿用隔爆型干式变压器、装有电气设备的硐室和单独装设的高压电气设备、连接高压动力电缆的连接装置，都必须设置局部接地极，同时，便于对漏电保护装置进行漏电保护试验。

采煤工作面、掘进工作面中的电气设备一般都不设局部接地极，其接地保护作用是通过电缆接地芯线将漏电流分流入其他局部接地极来实现的。为保证电缆芯线和接地连接导线的电阻值不超过 1 Ω，在采区变电所与工作面之间的低压配电点、采煤工作面的运输巷、回风巷、胶带运输巷以及由变电所单独供电的掘进工作面，至少应分别设置 1 个局部接地极。采煤工作面的运输巷或回风巷的局部接地极应尽量靠近工作面，其作用是运输巷或回风巷电气设备电缆线路接地芯线断裂时，仍能起到防止人身触电的作用。

局部接地极的主要作用是减小接地网的总接地电阻，局部接地极越多，总接地网的电阻就越小。当人身触及带电设备的金属外壳时，通过人身的触电电流与保护接地电阻成正比，保护接地电阻越小，分流作用越大，通过人身的触电电流越小，保护接地的保护作用越好。因此，局部接地极应设置于巷道水沟内或者其他就近的潮湿处。

☞现场贯彻

（1）定期向钢管里加灌盐水，以降低接地电阻值。

（2）每年至少要对局部接地极详细检查一次，并测其接地电阻值。其中浸在水沟中的局部接地极应提出水面检查，如发现接触不良或严重锈蚀等缺陷，应立即处理或更换，矿井水含酸性较大时，应适当增加检查的次数。

第四百七十九条　连接主接地极母线，应当采用截面不小于 50 mm^2 的铜线，或者截面不小于 100 mm^2 的耐腐蚀铁线，或者厚度不小于 4 mm、截面不小于 100 mm^2 的耐腐蚀扁钢。

电气设备的外壳与接地母线、辅助接地母线或者局部接地极的连接，电缆连接装置两头的铠装、铅皮的连接，应当采用截面不小于 25 mm^2 的铜线，或者截面不小于 50 mm^2 的耐腐蚀铁线，或者厚度不小于 4 mm、截面不小于 50 mm^2 的耐腐蚀扁钢。

条文解读

本条是关于接地母线、接地导线、接地引线等材料、规格尺寸的规定。

本条款对接地母线、接地导线、接地引线的材质、截面积做了规定，目的是使接地母线、接地导线、接地引线具有足够的机械强度和接地电阻控制在 2 Ω 以内，确保连接设备能够可靠接地。

☞现场贯彻

（1）连接导线如果采用铜线，铜线两端必须压铜线鼻子，微留余量，连接点应垂直。

(2) 连接导线如果采用镀锌扁钢，镀锌扁钢应垂直连接，折弯部分应90°弯曲，必须保证镀锌扁钢平直，压接牢固。镀锌扁钢之间的连接，必须采用两条M12 mm的镀锌螺栓连接。

(3) 接地芯线和接地端子相连时，接地芯线比主芯线长一些，以免使接地芯线受到机械力。

(4) 严禁采用铝导体作为接地极、接地母线、辅助接地母线、连接导线和接地导线。

第四百八十一条　电气设备的检查、维护和调整，必须由电气维修工进行。高压电气设备和线路的修理和调整工作，应当有工作票和施工措施。

高压停、送电的操作，可以根据书面申请或者其他联系方式，得到批准后，由专责电工执行。

采区电工，在特殊情况下，可对采区变电所内高压电气设备进行停、送电的操作，但不得打开电气设备进行修理。

条文解读

本条是关于井下电气设备检查、维护、调整的规定。

电气设备通常比较复杂，其检查、维护和调整工作有其专业要求，所以必须由经过专门训练的人员负责担任。电气维修工都经过安全技术培训，且经培训合格后持证上岗，熟知《煤矿安全规程》《煤矿机电设备完好标准》《煤矿机电设备检修质量标准》和电气设备防爆的有关标准和规定，能够通过检查，发现问题并进行处理，以保证作业安全，保障设备正常运行。高压电气设备和线路供电范围大，停、送电影响的设备多，人身触电造成的伤害比低压电气设备更严重，为保证人身安全和避免事故发生，高压电气设备和线路的修理和调整工作，应有工

作票和施工措施。

高压电气设备和线路供电范围大，停、送电影响的设备多，停送电必须统一安排和指挥。许多误停电、误送电多系由于不熟悉具体情况且无基本训练的人员擅自操作引起的。为了保证作业安全，保障设备正常运行，防止高压停、送电作业中误停、误送引起的事故，以及高压电气设备的修理和调整出现误操作，保证人身安全，高压停、送电的操作，可根据书面申请或其他可靠的联系方式，得到批准后，由专责电工执行。

第四百八十二条　井下防爆电气设备的运行、维护和修理，必须符合防爆性能的各项技术要求。防爆性能遭受破坏的电气设备，必须立即处理或者更换，严禁继续使用。

条文解读

本条是关于井下防爆电气设备的有关规定。

当煤矿井下瓦斯和煤尘含量达到一定浓度时，遇到足够能量的火源，则会发生瓦斯和煤尘爆炸事故。电气设备在正常运行或发生故障时都可能会产生电弧，是煤矿井下引燃瓦斯和煤尘的主要火源之一，因此，煤矿井下必须使用矿用防爆型电气设备。矿用防爆型电气设备的设计和制造必须符合防爆设备国家标准的要求。

防爆性能受到破坏的电气设备，在电气设备运行过程中易产生电气火源；另外，当外壳烧伤时，由于设备失去了防爆性能，所产生的电弧经烧伤孔有可能灼伤人体，同时易引起瓦斯煤尘爆炸。因此，井下运行的防爆电气设备必须保证台台完好，防爆性能遭受破坏的电气设备，必须立即处理或更换，严禁继续使用。

☞现场贯彻

1. 电气设备的隔爆性能

（1）隔爆接合面的缺陷或机械伤痕，将其伤痕两侧高于无伤表面的凸起部分磨平后，不得超过下列规定：隔爆面上对局部出现的直径不大于 1 mm，深度不大于 2 mm 的砂眼，在 40、25、15 mm 宽的隔爆面上，每 1 cm^2 不得超过 5 个；10 mm 宽的隔爆面上，不得超过 2 个。产生的机械伤痕，宽度与深度不大于 0.5 mm，其长度应保证剩余无伤隔爆面的有效长度不小于规定长度的 2/3。

（2）隔爆接合面不得有锈蚀及油漆，应涂防锈油或磷化处理。

（3）用螺栓固定的隔爆接合面，其紧固程度应以压平弹簧垫圈不松动为合格。

（4）观察窗孔胶封及透明良好，无破损、无裂纹。

2. 进线嘴的连接紧固与密封

（1）接线后紧固件的紧固程度以抽拉电缆不窜动为合格。线嘴压紧应有余量，线嘴与密封圈之间应加金属垫圈。压叠式线嘴压紧电缆后的压扁量不超过电缆直径的 10%。

（2）密封圈内径与电缆外径差应不小于 1 mm。密封圈外径与进线装置内径差：密封圈外径大于 60 mm 时，误差小于等于 2 mm；密封圈外径为 20 ~ 60 mm 时，误差小于等于 1.5 mm；密封圈外径小于等于 20 mm 时；误差小于等于 1 mm。密封圈宽度应大于电缆外径的 0.7 倍，但必须大于 10 mm；厚度应大于电缆外径的 0.3 倍，但必须大于 4 mm。密封圈无破损，不得割开使用。电缆与密封圈之间不得包扎其他物体。

（3）电缆护套穿入进线嘴长度一般为5～15 mm。当电缆粗穿不进时，可将穿入部分锉细。

（4）低压隔爆开关空闲的接线嘴应用密封圈及厚度不小于2 mm的钢垫圈压紧。其紧固程度：螺旋线嘴用手拧紧为合格；压叠式线嘴用手抓不动为合格；钢垫板应置于密封圈的外面。

3. 接线装置

（1）绝缘座完整无裂纹。

（2）接线螺栓和螺母的螺纹无损伤，无放电痕迹，接线零件齐全，有卡爪、弹簧垫、背帽等。

（3）接线整齐、无毛刺，卡爪不压绝缘胶皮或其他绝缘物，也不得压或接触屏蔽层。

（4）隔爆开关的电源、负荷引入装置不得颠倒使用。

第二节 运输、提升

第三百九十三条 立井提升容器和载荷，必须符合下列要求：

（一）立井中升降人员应当使用罐笼。在井筒内作业或者因其他原因，需要使用普通箕斗或者救急罐升降人员时，必须制定安全措施。

（二）升降人员或者升降人员和物料的单绳提升罐笼必须装设可靠的防坠器。

（三）罐笼和箕斗的最大提升载荷和最大提升载荷差应当在井口公布，严禁超载和超最大载荷差运行。

（四）箕斗提升必须采用定重装载。

条文解读

本条是关于立井提升容器与载荷的规定。

罐笼乘人层顶部设置可以打开的铁盖或铁门，两侧装设扶手，有效防止井筒掉物伤人；罐笼底部满铺钢板，两侧用钢板挡严，进出口装设罐门或罐帘，可防止井筒坠人；罐笼内两侧装设扶手，乘罐人员乘坐时应抓牢扶手，防止罐笼运行过程中因晃动摔倒，所以，立井正常升降人员应使用罐笼。由于其他提升容器不具备罐笼这种提升容器的特点，因此在井筒内作业或因其他原因，确需使用普通箕斗或救急罐升降人员时，必须制定安全措施，防止意外事故发生。

防坠器是当提升装置的钢丝绳或连接装置断裂时，防止提升容器坠落的保护装置，是立井提升中一项非常重要的安全保护装置。单绳提升装置只有一条提升钢丝绳和一套连接装置，其断绳和坠罐的可能性比多绳提升装置大，也存在制动系统出现问题和制动力矩不足的可能，当提升钢丝绳或连接装置万一断裂时，防坠器能使提升容器平稳地支撑在井筒罐道上而不坠落，救援人员可以通过井筒梯子间将乘坐人员安全救出。因此，为了保证升降人员的安全，升降人员或升降人和物料的单绳提升罐笼，必须装设可靠的防坠器。

提升装置的最大载荷和最大载荷差是由提升装置的提升能力所决定的，超载（单钩提升）或超载荷差（双钩提升）就是超提升能力运行，会造成提升装置电机过载，提升钢丝绳、连接装置安全系数降低，工作闸和安全闸的可靠性下降。为了避免超载荷和超载荷差运行，提升容器的最大载荷和最大载荷差应在井口公布，让井口所有工作人员和入井乘罐人员能方便看

到，防止罐笼和箕斗超载，以及不遵守秩序、超过规定人数乘罐，共同维护好安全生产秩序。

☞现场贯彻

1. 罐笼防坠器的维护管理

对罐笼防坠器每天由分工专职人员检查维修1次。要检查防坠器各零件有无损坏；各部分螺丝是否有松动现象；检查各关节部分是否灵活，对阻碍活动的油垢杂物要清除，并对各活动部位注油润滑；将钢丝绳放松和提起，观察防坠器抓捕机构动作是否灵活可靠。除每天检查外，有关负责人员应定期组织检查和维修，对损坏零件进行更换；测定卡爪、楔块与罐道之间的间隙和各部分磨损情况，并进行及时调节或更换。同时要对罐道磨损情况、制动绳磨损情况和缓冲装置进行检查和维修。特别要注意制动绳上部的固定连接情况，如发现锈蚀严重，要及时处理。

2. 提升容器的安全运行管理

罐笼和箕斗的最大提升载荷、最大载荷差以及规定的乘罐人数，应在井口醒目位置悬挂牌板公布，让井口所有工作人员和入井乘罐人员能方便看到。立井把钩工严格按规定的最大提升载荷和最大提升载荷差装罐，防止罐笼和箕斗超载荷装载。入井乘罐人员严格遵守乘罐秩序，立井把钩工严格管理，确保不超过规定人数乘罐，共同维护好安全生产秩序。

第三百九十四条　专为升降人员和升降人员与物料的罐笼，必须符合下列要求：

（一）乘人层顶部应当设置可以打开的铁盖或者铁门，两侧装设扶手。

（二）罐底必须满铺钢板，如果需要设孔时，必须设置牢固可靠的门；两侧用钢板挡严，并不得有孔。

（三）进出口必须装设罐门或者罐帘，高度不得小于1.2 m。罐门或者罐帘下部边缘至罐底的距离不得超过250 mm，罐帘横杆的间距不得大于200 mm。罐门不得向外开，门轴必须防脱。

（四）提升矿车的罐笼内必须装有阻车器。升降无轨胶轮车时，必须设置专用定车或者锁车装置。

（五）单层罐笼和多层罐笼的最上层净高（带弹簧的主拉杆除外）不得小于1.9 m，其他各层净高不得小于1.8 m。带弹簧的主拉杆必须设保护套筒。

（六）罐笼内每人占有的有效面积应当不小于0.18 m^2。罐笼每层内1次能容纳的人数应当明确规定。超过规定人数时，把钩工必须制止。

（七）严禁在罐笼同一层内人员和物料混合提升。升降无轨胶轮车时，仅限司机一人留在车内，且按提升人员要求运行。

条文解读

本条是关于专为升降人员和升降人员与物料用罐笼的安全技术规定。

罐笼乘人层顶部设置可以打开的铁盖或铁门，是为有效防止井筒掉物伤人。两侧装设扶手、顶盖设门是当提升系统出现故障，罐笼被长时间停在井筒中，需要从顶盖出去，方便逃生。顶盖设扶手是当人员在顶盖上活动时，防止人员坠入井筒。

罐笼底铺满钢板，为防止乘罐人员随身携带工具掉入罐底或掉进井筒，同时也防止乘罐人员的脚不慎陷入缝隙内。如果罐笼在罐底设有机构，底板必须开孔时，要用钢板将其包围封

严，并设可以打开的活门，便于打开观察和检修，但门要牢固可靠。罐笼两侧用钢板挡严，并不得有孔，为防止乘罐人员随身携带工具坠入井筒，乘罐人员的身体探出罐笼外，以及井筒坠物穿进罐笼伤人。

乘人层的进、出口必须装设罐门或罐帘，对其尺寸的技术要求，就是要把乘罐人员可靠地拦在罐笼里面，不会因罐门或罐帘高度不够，罐门或罐帘下部边缘至罐底的距离或罐帘横杆的中间间距太大把乘罐人员漏出罐外。罐门不得向外开，门轴必须防脱，是防止罐笼在运行的冲撞下，门被撞开或门轴脱开刮碰罐道或罐道梁，或掉进井筒。

罐笼在井筒中运行速度很快，受到罐道不直和接头的影响，有很大的横向晃动，矿车在罐笼内如无阻车器的可靠阻挡，会自滑溜出罐外，碰撞罐道或罐道梁，也有可能掉进井筒，造成严重事故，所以提升矿车的罐笼内必须装有阻车器。用罐笼升降无轨胶轮车时，必须设置专用定车或锁车装置，防止无轨胶轮车在罐笼内移动，碰撞罐道或罐道梁或掉进井筒，造成严重事故。

为了便于升降较高的设备、材料以及人员乘坐罐笼，要求单层罐笼和多层罐笼的最上层净高（带弹簧的主拉杆除外）不得小于1.9 m，其他各层净高不得小于1.8 m，规定的这个高度一般人的身高都可以适应。为防止防罐笼在落座时，由于主拉杆的沉落而碰伤人，或者乘罐人员不注意，将手指伸进弹簧间隙，开罐时弹簧收缩将手指挤伤，因此带弹簧的主拉杆必须设保护套筒。

罐内每人占有有效面积不小于0.18 m^2，如果罐内太挤，互相之间没有活动的余地，形成一个整体，在罐笼运行的冲撞下，同时向一侧挤压，有挤坏罐帘或罐门掉入井筒的危险。为了避免出现以上危险，罐笼每层内1次能容纳的人数应明确规定，让井口所有工作人员和入井乘罐人员能熟知。同时，井口把钩工要严守岗位职责，当乘罐人员超过规定人数时，把钩工必须制止。

罐笼在井筒中运行速度很快，受到罐道不直和接头的影响，有很大的横向晃动，如果在罐笼同一层内人员和物料混合提升，极易造成因罐笼晃动物料移动伤人事故。升降无轨胶轮车时，为方便司机操作无轨胶轮车进出罐笼，升降无轨胶轮车时，允许司机一人留在车内，且按提升人员要求运行。

☞现场贯彻

1．提升人员安全管理

（1）罐笼每层内1次能容纳的人数应明确规定，并在井口醒目位置悬挂牌板公布，让井口所有工作人员和入井乘罐人员能方便看到。

（2）井口把钩工要严守岗位职责，严格清点并限制乘罐人数，维持进出罐秩序，当乘罐人员超过规定人数时，把钩工必须制止。

（3）人员进入罐笼，放下罐帘，认真检查入井人员随身携带的物品是否符合规定，乘罐人员肢体或携带工具有无突出罐外，抬起摇台，关闭安全门，退至安全地点，向信号工发出提升信号。

（4）不得在罐笼同一层内人员和物料混合提升。升降无轨胶轮车时，仅限司机一人留在车内，且按提升人员要求运行。

2. 提升物料安全管理

(1) 罐笼到位停稳，打开安全门，落下摇台，打开后阻车器，向罐笼方向放车，关闭后阻车器，打开前阻车器，装罐到位，检查无误，抬起摇台，关闭安全门，关闭前阻车器，向信号工发出提升信号。

(2) 提升物料前，必须检查车辆的装载情况，装载物料封车不合格、超重、超长、超高、超宽或偏载严重有翻车危险时，严禁填罐。

(3) 用罐笼升降无轨胶轮车时，必须设置专用定车或锁车装置，防止无轨胶轮车在罐笼内移动，碰撞罐道、罐道梁或掉进井筒，造成严重事故。

第三百九十五条　立井罐笼提升井口、井底和各水平的安全门与罐笼位置、摇台或者锁罐装置、阻车器之间的联锁，必须符合下列要求：

（一）井口、井底和中间运输巷的安全门必须与罐位和提升信号联锁：罐笼到位并发出停车信号后安全门才能打开；安全门未关闭，只能发出调平和换层信号，但发不出开车信号；安全门关闭后才能发出开车信号；发出开车信号后，安全门不能打开。

（二）井口、井底和中间运输巷都应当设置摇台或者锁罐装置，并与罐笼停止位置、阻车器和提升信号系统联锁：罐笼未到位，放不下摇台或者锁罐装置，打不开阻车器；摇台或者锁罐装置未抬起，阻车器未关闭，发不出开车信号。

（三）立井井口和井底使用罐座时，必须设置闭锁装置，罐座未打开，发不出开车信号。升降人员时，严禁使用罐座。

条文解读

本条是关于立井罐笼提升安全门与罐笼位置、摇台或锁罐装置、阻车器之间联锁关系的规定。

井口、井底和中间运输巷的安全门与罐位和提升信号同时联锁。罐笼到达井口正常停罐位置后触碰到井筒内到位开关，解除罐位与安全门的闭锁；发出停车信号后，又解除信号与安全门的闭锁，安全门才能打开，避免因罐笼不到位或未发出停车信号罐笼未停稳就打开安全门，发生井筒坠人（物）事故。安全门打开时，罐笼必须处于封堵安全门的位置，可以调平罐笼对正井口正常停罐位置或罐笼换层，防止安全门打开直接通向井筒。所以在安全门打开时，只能发出调平和换层信号，但发不出开车信号。在安全门关闭时才能发出开车信号，而罐笼离开安全门的位置后，安全门又打不开，这样就保证了任何时候安全门都不会在井口没有罐笼情况下被打开。

为了便于矿车进出罐笼，井口、井底和中间运输巷都应设置摇台或锁罐装置，摇台是罐笼内轨道和罐笼外轨道连接的桥梁。在井筒内安装的检测罐笼到位行程开关能实现和摇台或锁罐装置联锁，即罐笼未到位，放不下摇台或锁罐装置，防止罐笼运行状态下摇台或锁罐装置动作，出现安全事故。罐笼未到位，也打不开阻车器，防止在井口没有罐笼情况下矿车坠入井筒。摇台或锁罐装置未抬起，阻车器未关闭，发不出开车信号，可避免在摇台或锁罐装置与罐笼搭接的情况下拉坏摇台或锁罐装置。

立井井口和井底使用罐座时要设置的闭锁装置，其作用是罐座未打开时发不出开车信号，可避免拉坏罐座或拉断提升钢

丝绳，出现重大安全事故。升降人员时，严禁使用罐座，是为了最大限度确保乘罐人员的人身安全。

☞现场贯彻

1. 井口安全门操作

（1）罐笼停止不到位，不准打开安全门，防止出现乘罐人员坠井事故。

（2）安全门未关闭，不准发出开车信号。

（3）打开、关闭安全门时，要密切注视安全门周围区域，防止发生安全门伤人事故。

2. 摇台操作

（1）罐笼停止不到位，不准放下摇台，否则会卡罐、存绳而导致坠罐事故。

（2）摇台未抬起，不准发开车信号。

（3）摇台未放下，不准打开阻车器，否则会使车辆滑入井口，发生坠车或卡罐事故。

（4）双钩罐笼提升，由于钢丝绳永久伸长量过大而造成的罐笼停止位置不当时，不准操车装罐，否则可能坠车或卡罐。

3. 井口阻车器操作

（1）罐笼停止不到位，摇台未放下，安全门未打开，不准打开阻车器，否则会使车辆滑入井口，发生坠车或卡罐事故。

（2）阻车器未关闭，不准发出开车信号。

第三百九十七条　立井提升容器间及提升容器与井壁、罐道梁、井梁之间的最小间隙，必须符合表7要求。

提升容器在安装或者检修后，第一次开车前必须检查各个间隙，不符合要求时不得开车。

采用钢丝绳罐道，当提升容器之间的间隙小于表7要求时，必须设防撞绳。

表7　立井提升容器间及提升容器与井壁、罐道梁、井梁间的最小间隙值　　mm

罐道和井梁布置		容器与容器之间	容器与井壁之间	容器与罐道梁之间	容器与井梁之间	备　注
罐道布置在容器一侧		200	150	40	150	罐耳与罐道卡子之间为20
罐道布置在容器两侧	木罐道 钢罐道		200 150	50 40	200 150	有卸载滑轮的容器，滑轮与罐道梁间隙增加25
罐道布置在容器正面	木罐道 钢罐道	200 200	200 150	50 40	200 150	
钢丝绳罐道		500	350		350	设防撞绳时，容器之间最小间隙为200

条文解读

本条是关于立井提升容器之间，容器与井壁、罐道梁、井梁之间最小间隙的规定。

提升容器在运行过程中的不断摆动，使其与井壁、罐道梁、井梁的间隙不断地发生变化，随着罐耳和罐道的不断磨损，罐道和罐耳之间的间隙不断增加，又加大了提升容器的摆动量，使提升容器之间，提升容器与罐道梁、井壁之间的间隙随之减小，过小的间隙增加了提升容器运行的危险性。为了保证提升容器的运行安全，提升容器之间及其与井壁、罐道梁和井梁之间的间隙必须留有充分的余地，否则在提升容器运行中的强烈

撞击下，会使提升容器、罐耳、罐道产生一定的变形，更增加了提升容器与井梁、罐道梁及提升容器之间相撞的危险。

现场贯彻

立井提升容器间及提升容器与井壁、罐道梁、井梁之间的间隙检查维护由专职井筒维修工负责，井筒维修工在作业过程中，必须佩带合格的安全带，所使用工具及材料必须具备可靠的防坠措施，严禁平行作业。

第三百九十九条　应当每年检查1次金属井架、井筒罐道梁和其他装备的固定和锈蚀情况，发现松动及时加固，发现防腐层剥落及时补刷防腐剂。检查和处理结果应当详细记录。

建井用金属井架，每次移设后都应当涂防腐剂。

条文解读

本条是关于井筒金属装备的固定和防锈蚀的规定。

井筒罐道梁等金属装备，受井筒环境潮湿的影响，或井筒淋水的侵蚀，锈蚀很快，其强度减弱。当强度降低到一定程度时，在提升容器高速频繁运行和强烈撞击下会产生变形和松动，严重威胁提升安全。而更换井筒金属装备，是一项比较困难、危险较大、所需费用高，且影响生产的工作，因此对井筒中的金属装备进行防锈蚀处理和及时加固，是非常重要的。

井架是固定天轮、支撑钢丝绳安全运行的关键设备，必须有足够的强度和坚固的稳定性。井架在长期风吹雨淋和机械震动的作用下，可能发生锈蚀和连接部位松动，如不及时加固处理会引起井架变形，影响提升系统的安全运行。所以规程规定对金属井架、井筒罐道梁和其他装备的固定和锈蚀情况，应每

年检查一次，发现松动，应采取加固措施，发现防腐层剥落，应补刷防腐剂。检查和处理结果应详细记录。

现场贯彻

对金属井架、井筒罐道梁和其他装备的固定和锈蚀情况检查维修由专职井筒维修工负责，井筒维修工在作业过程中，必须做到以下几方面：

(1) 在井架上或井筒中的作业，必须佩带合格的安全带。选择好工作位置后，应立即将安全带固定在工作位置上方的牢靠地点。

(2) 站在罐笼或箕斗顶上工作时，必须装设保险伞和栏杆，并佩带保险带。提升容器的速度一般为 0.3～0.5 m/s，最大不得超过 2 m/s。

(3) 在井架上及井筒中使用的各类工具应栓牢工具绳，防止工具坠落伤人。

(4) 严禁在井架上或井筒内平行作业。

(5) 井架上部施工时，靠近天轮要特别注意天轮运转请勿靠近，必要时申请停钩施工。

(6) 除锈刷漆必须严格按照标准除锈彻底，每一遍涂漆必须均匀光洁。

第四百零一条　检修人员站在罐笼或箕斗顶上工作时，必须遵守下列规定：

（一）在罐笼或箕斗顶上，必须装设保险伞和栏杆。

（二）必须系好保险带。

（三）提升容器的速度，一般为 0.3～0.5 m/s，最大不得超过 2 m/s。

（四）检修用信号必须安全可靠。

条文解读

本条是关于在罐笼或箕斗顶上检查、检修作业时应遵守的规定。

在罐笼或箕斗顶上检修，必须装设保险伞，是防止井筒掉物砸伤检修人员；必须装设栏杆，是防止检修人员不慎坠入井筒。

罐笼或箕斗顶上虽然有栏杆，但在工作中由于用力和多人作业，仍有坠入井筒的危险，必须佩带保险带，才能放心用力地工作。

在罐笼或箕斗顶上检查、检修作业时，受空间条件所限，检修人员安全风险较大，规定提升容器较低运行速度，一方面可确保检修人员的安全，另一方面也方便井筒内检查维修。因此，规定提升容器的运行速度一般为0.3～0.5 m/s，最大不得超过2 m/s。

井筒中的检修工作需要提升容器经常变更高度，遇有特殊情况或检修完升井，都必须用信号与绞车司机联系，如果信号失灵，便无法与外界联系，所以为了可靠，还要设移动电话。

现场贯彻

在罐笼或箕斗顶上检查、检修作业由专职井筒维修工负责。井筒维修工在作业过程中，应严格执行本条款的规定，对井筒内作业安全风险高度重视。同时，还应做到如下几个方面：

（1）作业人员必须佩带合格的保险带。选择好工作位置后，应立即将保险带固定在工作位置上方的牢靠地点。

（2）检修用信号应安全可靠。明确专人与井上下信号工、把钩工和提升机司机联系，明确联络信号。

（3）在罐笼或箕斗顶上工作时，使用的各类工具应拴牢工具绳，防止工具坠落伤人。

（4）严禁在井筒内平行作业。

（5）不适合高空作业的人，不准参加井筒作业。

（6）上下井口或井架周围10 m范围内设警戒线，不准无关人员进入。

第四百零二条　罐笼提升的井口和井底车场必须有把钩工。

人员上下井时，必须遵守乘罐制度，听从把钩工指挥。开车信号发出后严禁进出罐笼。

条文解读

本条是关于乘坐罐笼的有关规定。

罐笼提升的井口和井底车场配备把钩工，负责维持乘罐秩序，监督乘罐人员安全。人员上下井时，必须遵守乘罐制度，听从把钩工指挥，按秩序排队上下罐笼，不能拥挤混乱或超员乘罐，否则有可能发生乘罐人员坠井或挤伤事故。立井提升开车信号发出后，罐笼会随时运行，此时乘罐人员进出罐笼，就极有可能发生人员坠井或摔伤事故，所以开车信号发出后乘罐人员严禁进出罐笼。

现场贯彻

1. 井口把钩工岗位操作规范

（1）罐笼每层内1次能容纳的人数应明确规定，并在井口醒目位置悬挂牌板公布，让井口所有工作人员和入井乘罐人员

能方便看到。井口和井底车场把钩工必须严格按规定限制乘罐人数。

(2) 井口把钩工要严守岗位职责，严格清点并限制乘罐人数，维持进出罐秩序，当乘罐人员超过规定人数时，把钩工必须制止。

(3) 认真检查入井人员随身携带的物品是否符合规定，乘罐人员肢体或携带工具有无突出罐外。

(4) 不得在罐笼同一层内人员和物料混合提升。升降无轨胶轮车时，仅限司机一人留在车内，且按提升人员要求运行。

(5) 升降人员时操作程序：罐笼到位停稳，打开安全门，落下摇台，打开罐帘（门），清点并限制乘罐人数；人员进入罐笼，关闭罐帘（门），检查乘罐人员肢体或携带工具有无突出罐外；抬起摇台，关闭安全门，退至安全地点，向信号工发出提升信号。

2. 入井乘罐人员行为规范

(1) 人员上下井时，必须遵守乘罐制度，听从把钩工指挥，按秩序排队上下罐笼，不能拥挤混乱或超员乘罐。严禁在上下罐笼时或在罐笼内拥挤打闹。

(2) 乘罐人员只有在罐笼到位、停车信号发出、安全门打开和摇台落下后方可进出罐笼，开车信号发出后严禁进出罐笼。罐帘（门）由井口把勾工负责打开，乘罐人员严禁擅自打开。

(3) 入井人员进出罐笼严格按矿井乘罐制度规定的出入口行走，严禁随意出入。

(4) 需要带下井的大件物料应在下井前提前放到井口矿车内，严禁随乘罐人员入罐。小件工具、配件必须可靠放入专用包内并随身挎牢。

（5）严禁携带易燃性、易爆性、腐蚀性或超长物料上下罐笼。

（6）提升爆炸材料时，除护送人员外，其他人员严禁同时乘坐罐笼。

（7）严禁在同一层罐笼内人员和物料混合提升。

第四百零四条　井底车场的信号必须经由井口信号工转发，不得越过井口信号工直接向提升机司机发送开车信号；但有下列情况之一时，不受此限：

（一）发送紧急停车信号。

（二）箕斗提升。

（三）单容器提升。

（四）井上下信号联锁的自动化提升系统。

条文解读

本条是关于井底车场信号发送的规定。

提升机司机不能同时接受井底和井口的信号，因为提升机司机若同时接受井底和井口的信号，没法判断自己应如何开车。从井底信号工发给井口信号工，再从井口信号工发给提升机司机，可确保开车信号指令的唯一性，以免提升机司机作出错误判断开错车。因此，井底车场的信号必须经由井口信号工转发，不得越过井口信号工直接向提升机司机发送开车信号。但在下列情况之一时，可以由井底车场直接向提升机司机发信号，原因是：

不管在哪个提升水平，不管是井底还是井口，发生紧急情况需立即停车时，必须有直通绞车房的紧急停车信号，以尽快停车，防止事故扩大。

井上下信号联锁的自动化提升系统，信号按设计进行自动闭锁，有一处条件不具备，就不能自动向绞车房发出开车信号。

第四百零五条　用多层罐笼升降人员或者物料时，井上、下各层出车平台都必须设有信号工。各信号工发送信号时，必须遵守下列规定：

（一）井下各水平的总信号工收齐该水平各层信号工的信号后，方可向井口总信号工发出信号。

（二）井口总信号工收齐井口各层信号工信号并接到井下水平总信号工信号后，才可向提升机司机发出信号。

信号系统必须设有保证按上述顺序发出信号的闭锁装置。

条文解读

本条是对用多层罐笼升降人员或物料时发送信号的有关规定。

用多层罐笼升降人员或物料时，井上、下各层出车平台都必须设有信号工，如果各层平台都有向罐笼内进出车时，进车侧和出车侧都必须设有信号工。规定这样配备信号工便于观察乘罐人员以及矿车进出罐笼情况和井口安全门、摇台等动作情况，有利于安全提升。

升降人员和物料时，井下各水平的总信号工收齐该水平各层信号工的信号后，方可向井口总信号工发出信号，井口总信号工收齐井口各层信号工信号并接到井下水平总信号工信号后，才可向提升机司机发出信号，这样做确保井口和井下各水平同时具备安全提升条件，防止坠井事故发生。

上述信号的发出顺序，不但信号工必须遵守，信号系统本

身必须具备按上述信号发出顺序的自动闭锁功能，防止因信号工操作失误造成重大事故。

☞现场贯彻

1. 信号装置检查维护

每天由维修工负责对信号装置全面检查一次，发现问题及时处理。每班提升前信号工负责对信号装置全面检查一次，并对信号装置闭锁功能全面试验一次，发现问题立即汇报处理。

（1）井口信号装置发出的信号清晰准确，声光具备。

（2）信号系统按顺序发出信号的闭锁装置安全可靠。

2. 信号发送

（1）信号工必须严格按统一规定的信号种类标志发送信号，严禁用口令、敲管子等非标准信号。

（2）升降物料时，进车侧进车完毕，出车侧也出车完毕，关闭井口安全门，抬起摇台，关闭阻车器后，进车侧和出车侧信号工给井下总信号工发出信号。升降人员时，乘罐人员进出罐笼完毕，罐帘（门）关闭，井口安全门关闭，摇台抬起，进出两侧信号工给井下总信号工发出信号。

（3）下井口总信号工在收齐井下各岗位信号工发来的信号后，方可向上井口总信号工发送信号，不得越过井口信号工直接向提升机司机发送开车信号。

（4）井口总信号工收齐井口各层信号工信号并接到井下水平总信号工信号后，才可向提升机司机发出信号。

（5）信号发出后，应不离信号工房（室），并密切监视提升容器及信号显示系统的运行情况，如发现运行与发送信号不符

等异常现象，应立即发出停车信号，查明原因处理后方可重新发送信号。

（6）发出开车信号后，一般不得随意废除本信号，特殊情况需要改变时，须先发送停车信号后再发送其他种类信号。

第十章　监控与通信

煤矿安全监控系统集数据处理技术、信息传输技术、传感器技术等多学科于一体，可集中快速地对矿井中的甲烷、一氧化碳、风速、温度、负压等多种环境参数及各种设备的开停状态进行实时监控和连续监测，是现代化矿井生产调度、安全监测和科学管理不可缺少的技术设备。《规程》对安全监控系统联网、安装、维护、使用、设置、传输方式及路线等方面做了明确规定。本章将班组应掌握执行的内容，结合《煤矿安全监控系统及检测仪器使用管理规范》及现场落实制度进行重点介绍。

第四百九十条　安全监控设备必须具有故障闭锁功能。当与闭锁控制有关的设备未投入正常运行或者故障时，必须切断该监控设备所监控区域的全部非本质安全型电气设备的电源并闭锁；当与闭锁控制有关的设备工作正常并稳定运行后，自动解锁。

安全监控系统必须具备甲烷电闭锁和风电闭锁功能。当主机或者系统线缆发生故障时，必须保证实现甲烷电闭锁和风电闭锁的全部功能。系统必须具有断电、馈电状态监测和报警功能。

条文解读

当井下安全监控设备发生故障时，有可能对井下各类灾害气体的状态、浓度不能准确检测或状态误报，所以井下当与闭锁控制有关的设备未投入正常运行或发生传感器、分站断线等

故障时，必须切断该监控设备所控制区域的全部非本质安全型电气设备的电源并闭锁。安全监控设备的故障闭锁功能主要是由软件来实现的。当与闭锁控制有关的设备工作正常并稳定运行后，自动解锁。

为了保证井下甲烷浓度超标或局部供风地点风机故障时能将控制范围内全部非本质安全型电气设备断电，安全监控系统必须具备甲烷电闭锁和风电闭锁功能。《煤矿安全监控系统及检测仪器使用管理规范》中规定，每隔 10 天必须对甲烷超限断电闭锁和甲烷风电闭锁功能进行测试，确保甲烷电闭锁和风电闭锁功能正常运行。

☞现场贯彻

断电控制器入井前应按照使用说明书进行功能试验，功能正常、隔爆性能良好、零部件齐全、符合电气设备完好标准，方可入井使用。运行中的断电控制器每 7 天必须进行一次断电功能试验，确保瓦斯超限时断电功能可靠无误。

第四百九十八条　甲烷传感器（便携仪）的设置地点，报警、断电、复电浓度和断电范围必须符合表 18 的要求。

表 18　甲烷传感器（便携仪）的设置地点，报警、断电、复电浓度和断电范围

设置地点	报警浓度/%	断电浓度/%	复电浓度/%	断电范围
采煤工作面回风隅角	≥1.0	≥1.5	<1.0	工作面及其回风巷内全部非本质安全型电气设备
低瓦斯和高瓦斯矿井的采煤工作面	≥1.0	≥1.5	<1.0	工作面及其回风巷内全部非本质安全型电气设备

表18（续）

设置地点	报警浓度/%	断电浓度/%	复电浓度/%	断电范围
突出矿井的采煤工作面	≥1.0	≥1.5	<1.0	工作面及其进、回风巷内全部非本质安全型电气设备
采煤工作面回风巷	≥1.0	≥1.0	<1.0	工作面及其回风巷内全部非本质安全型电气设备
突出矿井采煤工作面进风巷	≥0.5	≥0.5	<0.5	工作面及其进、回风巷内全部非本质安全型电气设备
采用串联通风的被串采煤工作面进风巷	≥0.5	≥0.5	<0.5	被串采煤工作面及其进、回风巷内全部非本质安全型电气设备
高瓦斯、突出矿井采煤工作面回风巷中部	≥1.0	≥1.0	<1.0	工作面及其回风巷内全部非本质安全型电气设备
采煤机	≥1.0	≥1.5	<1.0	采煤机电源
煤巷、半煤岩巷和有瓦斯涌出岩巷的掘进工作面	≥1.0	≥1.5	<1.0	掘进巷道内全部非本质安全型电气设备
煤巷、半煤岩巷和有瓦斯涌出岩巷的掘进工作面回风流中	≥1.0	≥1.0	<1.0	掘进巷道内全部非本质安全型电气设备
突出矿井的煤巷、半煤岩巷和有瓦斯涌出岩巷的掘进工作面的进风分风口处	≥0.5	≥0.5	<0.5	掘进巷道内全部非本质安全型电气设备
采用串联通风的被串掘进工作面局部通风机前	≥0.5	≥0.5	<0.5	被串掘进巷道内全部非本质安全型电气设备
	≥0.5	≥1.5	<0.5	被串掘进工作面局部通风机

表18（续）

设置地点	报警浓度/%	断电浓度/%	复电浓度/%	断电范围
高瓦斯矿井双巷掘进工作面混合回风流处	≥1.0	≥1.0	<1.0	除全风压供风的进风巷外，双掘进巷道内全部非本质安全型电气设备
高瓦斯和突出矿井掘进巷道中部	≥1.0	≥1.0	<1.0	掘进巷道内全部非本质安全型电气设备
掘进机、连续采煤机、锚杆钻车、梭车	≥1.0	≥1.5	<1.0	掘进机、连续采煤机、锚杆钻车、梭车电源
采区回风巷	≥1.0	≥1.0	<1.0	采区回风巷内全部非本质安全型电气设备
一翼回风巷及总回风巷	≥0.75	—	—	
使用架线电机车的主要运输巷道内装煤点处	≥0.5	≥0.5	<0.5	装煤点处上风流100 m内及其下风流的架空线电源和全部非本质安全型电气设备
矿用防爆型蓄电池电机车	≥0.5	≥0.5	<0.5	机车电源
矿用防爆型柴油机车、无轨胶轮车	≥0.5	≥0.5	<0.5	车辆动力
井下煤仓	≥1.5	≥1.5	<1.5	煤仓附近的各类运输设备及其他非本质安全型电气设备
封闭的带式输送机地面走廊内，带式输送机滚筒上方	≥1.5	≥1.5	<1.5	带式输送机地面走廊内全部非本质安全型电气设备
地面瓦斯抽采泵房内	≥0.5			
井下临时瓦斯抽采泵站下风侧栅栏外	≥1.0	≥1.0	<1.0	瓦斯抽采泵站电源

条文解读

(1) 甲烷传感器由监测班组每7天使用标准气样和空气样对其进行标校、测试，确保甲烷传感器的报警浓度、断电浓度、复电浓度和断电范围必须符合规定。

(2) 甲烷传感器应垂直悬挂在巷道上方风流稳定的位置，距顶板(顶梁)不得大于300 mm，距巷道侧壁不得小于200 mm，安设地点必须支护良好、无滴水，并设有保护装置，安装维护方便，不影响行人和行车。

(3) 井下分站应设置在便于人员观察、调试、检验及支护良好、无滴水、无杂物的进风巷道或硐室中，安设时应垫支架或吊挂在巷道中，距巷道底板高度不小于300 mm。

第四百九十九条　井下下列地点必须设置甲烷传感器：

(一) 采煤工作面及其回风巷和回风隅角，高瓦斯和突出矿井采煤工作面回风巷长度大于1000 m时回风巷中部。

(二) 煤巷、半煤岩巷和有瓦斯涌出的岩巷掘进工作面及其回风流中，高瓦斯和突出矿井的掘进巷道长度大于1000 m时掘进巷道中部。

(三) 突出矿井采煤工作面进风巷。

(四) 采用串联通风时，被串采煤工作面的进风巷；被串掘进工作面的局部通风机前。

(五) 采区回风巷、一翼回风巷、总回风巷。

(六) 使用架线电机车的主要运输巷道内装煤点处。

(七) 煤仓上方、封闭的带式输送机地面走廊。

(八) 地面瓦斯抽采泵房内。

(九) 井下临时瓦斯抽采泵站下风侧栅栏外。

（十）瓦斯抽采泵输入、输出管路中。

条文解读

本条是关于甲烷传感器设置的规定。

（1）采煤工作面甲烷传感器应按图 10－1 设置。U 型通风方式在上隅角设置甲烷传感器 T0 或便携式瓦斯检测报警仪，工作面设置甲烷传感器 T1，工作面回风巷设置甲烷传感器 T2；若煤与瓦斯突出矿井的甲烷传感器 T1 不能控制采煤工作面进风巷内全部非本质安全型电气设备，则在进风巷设置甲烷传感器 T0；瓦斯和高瓦斯矿井采煤工作面采用串联通风时，被串工作面的进风巷设置甲烷传感器 T4，如图 10－1a 所示。

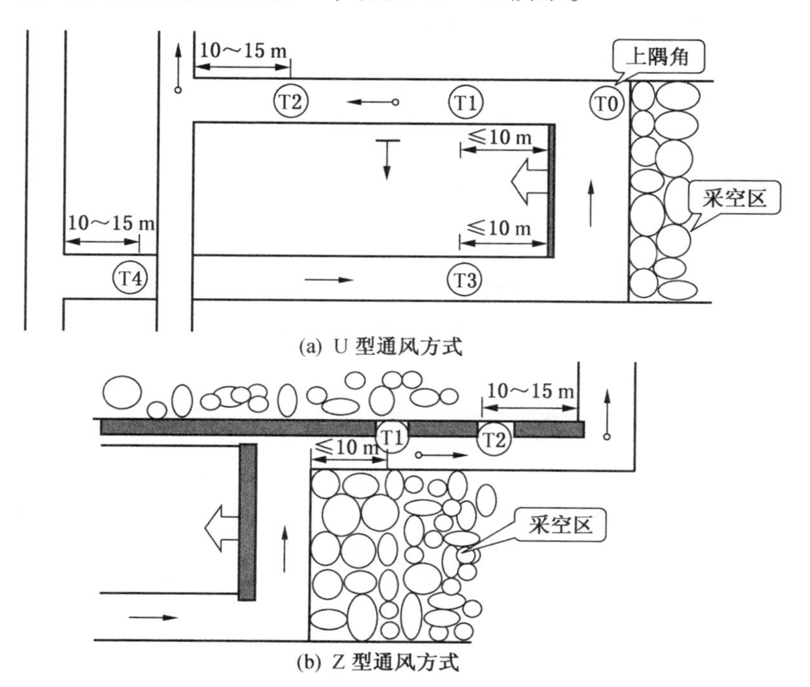

(a) U 型通风方式

(b) Z 型通风方式

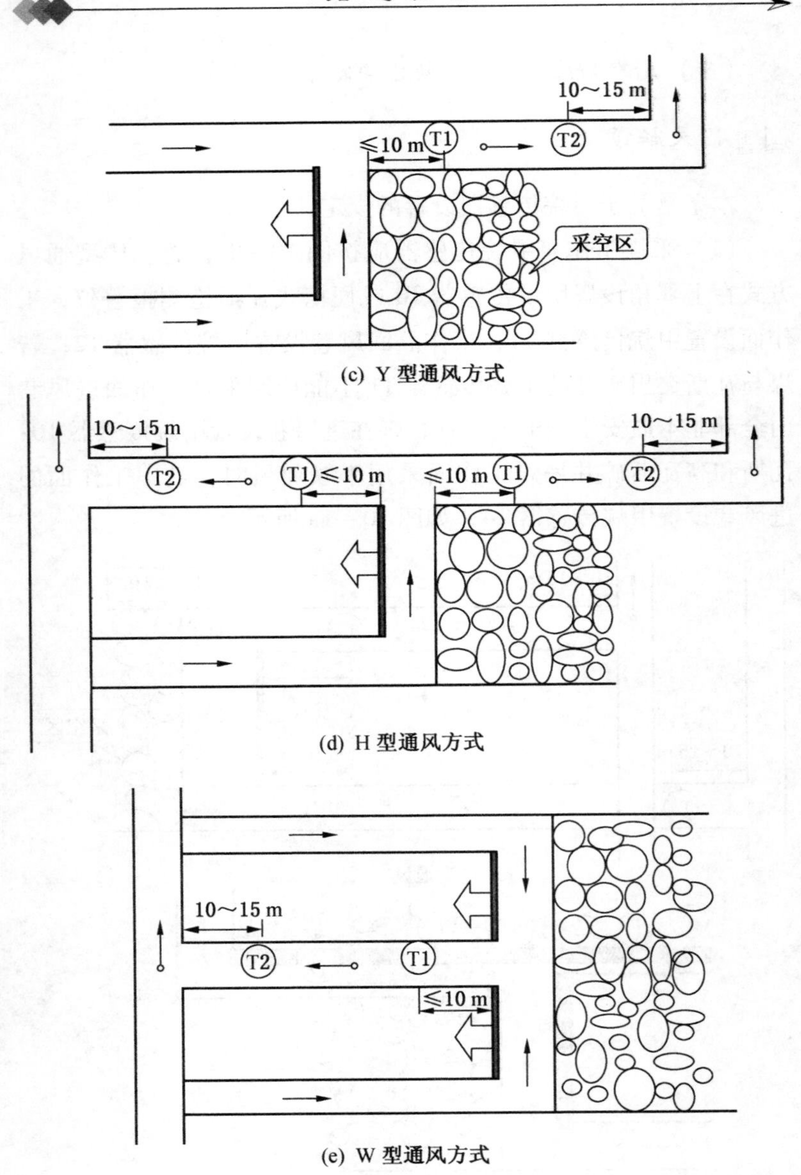

图 10－1　采煤工作面甲烷传感器的设置

（2）采用两条巷道回风的采煤工作面甲烷传感器应按图10－2设置：甲烷传感器T0、T1和T2的设置同图10－1a；在第二条回风巷设置甲烷传感器T5、T6。采用三条巷道回风的采煤工作面，第三条回风巷甲烷传感器的设置与第二条回风巷甲烷传感器T5、T6的设置相同。

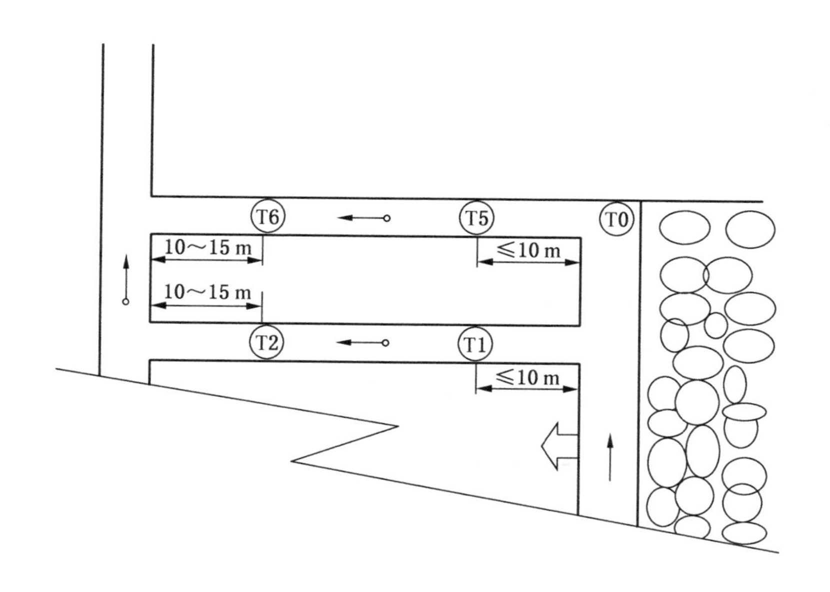

图10－2 采用两条巷道回风的采煤工作面甲烷传感器的设置

（3）瓦斯矿井的煤巷、半煤岩巷和有瓦斯涌出岩巷的掘进工作面甲烷传感器应按图10－3设置：在工作面混合风流处设置甲烷传感器T1，在工作面回风流中设置甲烷传感器T2；采用串联通风的掘进工作面，必须在被串工作面局部通风机前设置掘进工作面进风流甲烷传感器T3。

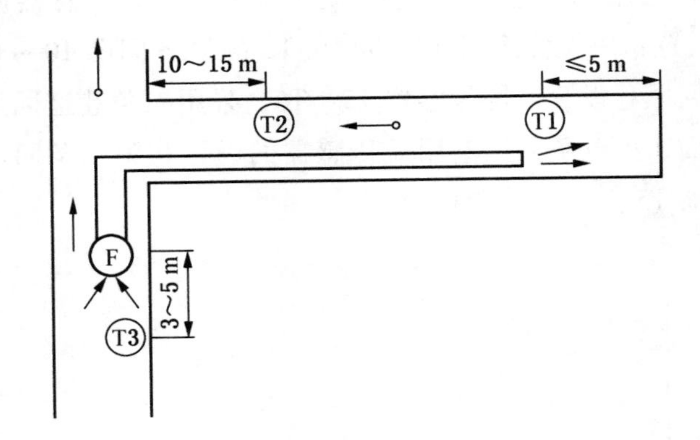

图 10－3　掘进工作面甲烷传感器的设置

（4）设在回风流中的机电硐室进风侧必须设置甲烷传感器，如图 10－4 所示。

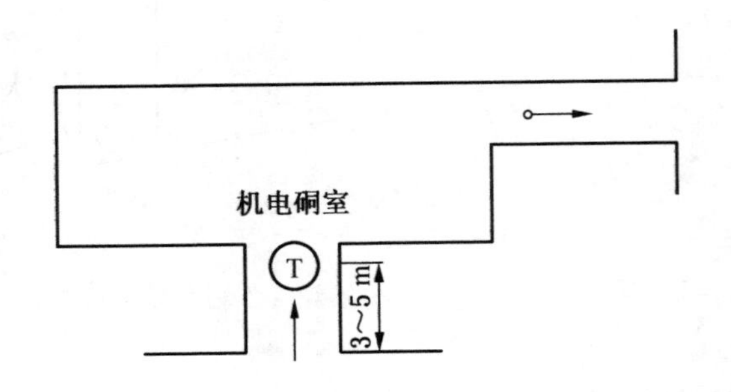

图 10－4　在回风流中的机电硐室甲烷传感器的设置

（5）使用架线电机车的主要运输巷道内，装煤点处必须设置甲烷传感器，如图 10－5 所示。

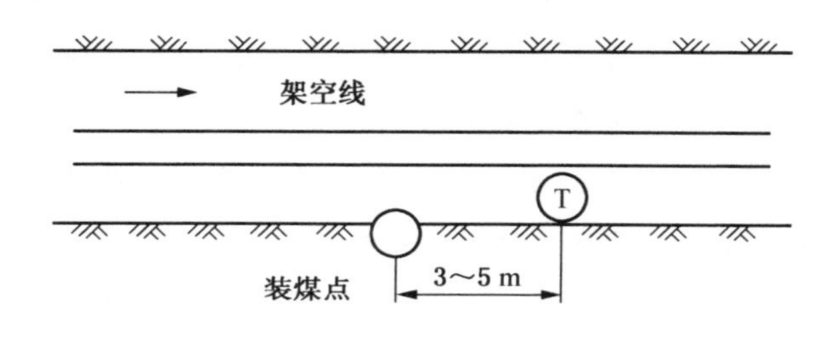

图 10－5　装煤点甲烷传感器的设置

第五百零一条　井下下列设备必须设置甲烷断电仪或者便携式甲烷检测报警仪：

（一）采煤机、掘进机、掘锚一体机、连续采煤机。

（二）梭车、锚杆钻车。

（三）采用防爆蓄电池或者防爆柴油机为动力装置的运输设备。

（四）其他需要安装的移动设备。

条文解读

本条是关于井下设备设置甲烷断电仪或便携式甲烷检测报警仪的规定。

采煤机、掘进机、掘锚一体机、连续采煤机、梭车、锚杆钻车、采用防爆蓄电池或防爆柴油机为动力装置的运输设备等，它们的共同特点为可移动，在特殊状况下有可能碰撞产生火花，在井下属于危险源，所以必须设置甲烷断电仪或便携式甲烷检测报警仪时刻对上述设备附近环境进行监控，确保设备运行时甲烷浓度不超标。

第五百零三条　每一个采区、一翼回风巷及总回风巷的测风站应当设置风速传感器，主要通风机的风硐应当设置压力传感器；瓦斯抽采泵站的抽采泵吸入管路中应当设置流量传感器、温度传感器和压力传感器，利用瓦斯时，还应当在输出管路中设置流量传感器、温度传感器和压力传感器。

使用防爆柴油动力装置的矿井及开采容易自燃、自燃煤层的矿井，应当设置一氧化碳传感器和温度传感器。

主要通风机、局部通风机应当设置设备开停传感器。

主要风门应当设置风门开关传感器，当两道风门同时打开时，发出声光报警信号。甲烷电闭锁和风电闭锁的被控开关的负荷侧必须设置馈电状态传感器。

条文解读

本条是关于装备矿井安全监控系统的规定。

1. 一氧化碳传感器

自然发火矿井应设置一氧化碳传感器。一氧化碳传感器能连续监测矿井中自然发火区及胶带输送机胶带等着火时产生的一氧化碳浓度。开采容易自燃、自燃煤层的采煤工作面必须至少设置一个一氧化碳传感器，地点可设置在上隅角、工作面或工作面回风巷，报警浓度为≥0.0024%。一氧化碳传感器除用作环境监测外，还用于自然发火预测。一氧化碳传感器布置在巷道上方，并应不影响行人和行车，安装维护方便。一氧化碳传感器应垂直悬挂，距顶板（顶梁）不得大于300 mm，距巷壁不得小于200 mm，一氧化碳传感器应设在风流稳定、一氧化碳等有害气体与新鲜风流混合均匀的位置。一氧化碳传感器用于自然发火预测时，应以每天一氧化碳平均浓度的增量变化为依

据。

2. 温度传感器

开采容易自燃、自燃煤层及地温高的矿井采煤工作面应设置温度传感器。温度传感器的报警值为 30 ℃。机电硐室内应设置温度传感器，报警值为 34 ℃。温度传感器除用作环境监测外，还用于自然发火预测。温度传感器的布置同一氧化碳传感器，其用于自然发火预测时，应以每天平均温度的增量变化为依据。温度传感器选用经过标定的温度计调校。

3. 开停传感器

主要通风机、局部通风机必须设置设备开停传感器。开停传感器主要用于监测煤矿井下机电设备的开停状态，并把检测到的设备开停信号转换成各种标准信号传输给矿井监测系统，实现对机电设备开停状态的实时监测。它主要是监测开关负荷侧是否有电流通过。

4. 风筒传感器

风筒传感器主要监测掘进工作面风筒是否有风，当风筒内风量不足或风筒在中间位置断开时，风筒传感器将显示无风，并自动切断工作面电气设备电源。

5. 馈电传感器

馈电传感器主要监测煤矿井下馈电开关或电磁起动器负荷侧有无电压，从而判断馈电开关是否断电。

6. 风门传感器

风门传感器是监测井下风门打开或关闭的装置，当井下两道风门同时打开时发出声光报警信号。

☞现场贯彻

各类传感器的安装和调试由监测班组负责，使用和管理由所在区队班组负责。

第十一章　职业病危害防治

第一节　职业病危害管理

第六百三十七条　煤矿企业必须建立健全职业卫生档案，定期报告职业病危害因素。

条文解读

本条是关于为保证煤矿企业作业场所职业卫生达到国家卫生标准应采取相关措施的规定。

职业卫生档案主要包括煤矿及班组的基本情况，职业病防治管理制度、计划、工作方案，职业有害因素分布，职业病危害因素日常监测和检测、评价结果，职业病防护设施的设置、运转和效果，职业健康检查的组织和检查结果及评价，职业病人处理、安置情况等内容。班组劳动者职业卫生档案也包括劳动者职业史、既往史和职业病危害接触史，相应作业场所职业病危害因素监测结果，职业健康检查结果及处理情况，职业病诊疗等相关班组个人健康资料。

煤矿井下班组人员接触的主要职业病危害有粉尘、毒物、噪声、振动、高温、高压、体力劳动强度过大、作业空间狭小、气流中含氧量低及暗视应等危害。归纳到职业性有害因素按其来源可分为3类。

（1）生产过程中产生的有害因素，它包括：化学因素，如粉尘、各种毒物；物理因素，如高温、低温、高气压、低气压、噪声、振动、高频、微波、红外线、紫外线、激光、放射线等；生物性致病因素。

（2）劳动过程中的有害因素，如劳动强度过大、长期不良的劳动体位、能量代谢率的增高、连续作业时间过长、劳动强度指数大于25以上、精神或视力的长时间过度紧张、甚至超出了生理机能临界值。

（3）作业环境不良或防护设施不到位，如厂房低矮、作业空间狭小、通风换气量不够，采光照明、采暖防寒、露天作业及生产作业局部不合理或达不到卫生标准要求。在煤矿生产中，这三类职业危害同时存在。

第六百三十九条　煤矿企业应当为接触职业病危害因素的从业人员提供符合要求的个体防护用品，并指导和督促其正确使用。

作业人员必须正确使用防尘或者防毒等个体防护用品。

条文解读

本条是关于煤矿企业为从业人员提供个体防护用品及作业人员正确使用个体防护用品的规定。

煤矿企业应为接触职业病危害因素的员工提供个体防护用品，这是保护班组劳动者在劳动过程中的健康所必需的一种预防性措施。职业病防护用品，是指为保障劳动者在职业活动中免受职业病危害因素对其健康的影响，对机体暴露在有职业病危害因素作业环境的部位进行相应保护的装置和设备。劳动者个人使用的防护用品，是指劳动者在劳动过程中使用的可以防

止职业病危害因素，有效地保护劳动者身体健康的个人用品，如隔热工作衣物、防尘、防毒口罩等。

煤矿为班组劳动者个人提供的职业病防护用品必须符合防治职业病的要求，即首先煤矿提供的职业病防护用品必须符合国家职业卫生标准和要求，能够真正起到防治职业病的作用；其次煤矿应当向班组劳动者配发足够数量的防护用品。

煤矿应当对班组进行防护用品使用方法、性能和使用要求等相关知识培训，指导班组正确使用职业病防护用品。实践当中，有些煤矿过分看重眼前的经济利益，出于节约成本的考虑，不给班组配备职业病防护用品，或者配备劣质防护用品，难以起到防护作用。如对接触粉尘作业的班组，只配发普通的纱布口罩，不起防护作用。还有些煤矿怕麻烦，把发放职业病防护用品改为直接发放钱物替代。

☞现场贯彻

（1）煤矿应当按照《煤矿职业安全卫生个体防护用品配备标准》（AQ 1051）规定，为接触职业病危害的劳动者提供符合标准的个体防护用品，班组应配合煤矿指导和督促其正确使用。

（2）煤矿有劳动防护用品的采购、验收、保管、发放、使用、报废等管理制度，班组按照要求严格遵守履行。

（3）班组从业人员应参加煤矿组织的劳动防护用品的正确佩戴、使用培训。

（4）班组作业人员在作业过程中，必须按照职业安全规章制度和劳动防护用品使用规则，正确佩戴和使用劳动防护用品；未按规定佩戴和使用劳动防护用品的，不得上岗作业。

第二节 粉 尘 防 治

第六百四十条 作业场所空气中粉尘（总粉尘、呼吸性粉尘）浓度应当符合表25的要求。不符合要求的，应当采取有效措施。

表25 作业场所空气中粉尘浓度要求

粉尘种类	游离 SiO_2 含量/%	时间加权平均容许浓度/(mg·m^{-3})	
		总 尘	呼 尘
煤尘	<10	4	2.5
矽尘	10~50	1	0.7
	50~80	0.7	0.3
	≥80	0.5	0.2
水泥尘	<10	4	1.5

注：时间加权平均容许浓度是以时间加权数规定的8 h工作日、40 h工作周的平均容许接触浓度。

条文解读

本条是关于作业场合中粉尘（总粉尘、呼吸性粉尘）浓度的规定。

总粉尘　可进入整个呼吸道（鼻、咽和喉、胸腔支气管、细支气管和肺泡）的粉尘，简称总尘。

呼吸性粉尘　按呼吸性粉尘标准测定方法所采集的可进入肺泡的粉尘粒子，其空气动力学直径均在7.07 μm以下，空气动力学直径5 μm粉尘粒子的采样效率为50%，简称“呼尘”。

粉尘浓度是衡量工作场所空气中的污染程度，即单位空气

中所含粉尘的质量。

游离 SiO_2（二氧化硅）是指在没有与金属或金属化合物结合而呈游离状态的二氧化硅。二氧化硅的粉尘极细，可以悬浮在空气中，如果人长期吸入含有二氧化硅的粉尘，因二氧化硅粉尘硬度大、密度高，极容易沉积在肺泡深处，二氧化硅粉尘长期沉积，就会患矽肺病（因二氧化硅旧称为矽）。长期在二氧化硅粉尘含量较高的场所工作的人易患此病。

☞现场贯彻

班组按照要求自测或者配合粉尘检测，并按照要求佩戴防尘口罩。不符合要求的，应采取以下措施。

（1）煤矿建设项目中职业病防护设施必须与主体工程同时设计、同时施工、同时投入生产和使用。职业病防护设施所需费用应当纳入建设项目工程预算。班组应配合落实，没有落实可以检举举报。

（2）煤矿建设项目在可行性论证阶段，班组应配合煤矿及有资质的职业卫生技术服务机构进行职业病危害预评价，编制预评价报告。

（3）煤矿不得使用国家明令禁止使用的可能产生职业病危害的技术、工艺、设备和材料，限制使用或者淘汰职业病危害严重的技术、工艺、设备和材料。班组有拒绝违章指挥的权利。

（4）煤矿应当优化生产布局和工艺流程，使有害作业和无害作业分开，减少接触职业病危害的人数和接触时间。煤矿应当将检测结果告知班组及其从业人员。

（5）煤矿应当在醒目位置设置公告栏，公布有关职业病危害防治的规章制度、操作规程和作业场所职业病危害因素检测结果；对产生严重职业病危害的作业岗位，应当在醒目位置设置警示标识和中文警示说明。

第六百四十四条　矿井必须建立消防防尘供水系统，并遵守下列规定：

（一）应当在地面建永久性消防防尘储水池，储水池必须经常保持不少于200 m^3 的水量。备用水池贮水量不得小于储水池的一半。

（二）防尘用水水质悬浮物的含量不得超过30 mg/L，粒径不大于0.3 mm，水的pH值在6~9范围内，水的碳酸盐硬度不超过3 mmol/L。

（三）没有防尘供水管路的采掘工作面不得生产。主要运输巷、带式输送机斜井与平巷、上山与下山、采区运输巷与回风巷、采煤工作面运输巷与回风巷、掘进巷道、煤仓放煤口、溜煤眼放煤口、卸载点等地点必须敷设防尘供水管路，并安设支管和阀门。防尘用水应当过滤。水采矿井不受此限。

条文解读

本条是关于矿井防尘供水系统的规定。

煤尘不仅可以燃爆导致重大灾害事故，而且包括煤尘在内的矿尘还能够引起尘肺病。尘肺病是目前还难以治愈的严重威胁煤矿工人身体健康和生命安全的一种顽症。在矿山中，煤矿工人患尘肺病和死于尘肺病的人数均居首位。

目前，治理煤矿粉尘的基本手段仍然是依靠水。一是对煤体进行注水，减少开采过程中的原始煤尘发生量；二是对可能产生浮游煤尘的所有地点实施喷雾、洒水和对沉积煤尘实施清

洗等措施。因此，矿井必须建立完善的防尘供水系统，并接设到防尘、消尘的用水地点。特别是采掘工作面，是主要尘源发生地，也是容易发生煤尘灾害的主要地点，所以没有防尘供水管路的采掘工作面不得生产。

现场贯彻

防尘供水班组应该按照规程执行，其他班组应监督矿井防尘供水系统是否符合规程要求。

（1）井工煤矿必须建立防尘洒水系统。永久性防尘水池容量不得小于200 m^3，且贮水量不得小于井下连续2 h的用水量，备用水池贮水量不得小于永久性防尘水池的50%。

（2）防尘管路应当敷设到所有能产生粉尘和沉积粉尘的地点，没有防尘供水管路的采掘工作面不得生产。静压供水管路管径应当满足矿井防尘用水量的要求，强度应当满足静压水压力的要求。

（3）降尘剂应当无毒、无腐蚀、不污染环境。

（4）防尘供水系统的敷设，应遵守下列规定：

① 防尘供水管路必须接到《规程》本条规定的所有地点；

② 供水管路的管径与强度，应能满足该区段负载的水压和水量；

③ 在井下所有主要运输巷、主要回风巷、上下山、采区运输巷和回风巷、采煤工作面上下顺槽、掘进巷道等敷设的防尘供水管路中，每隔50～60 m都应安设支管和阀门，以供冲洗巷道等使用。

第六百四十九条　井工煤矿掘进井巷和硐室时，必须采取湿式钻眼、冲洗井壁巷帮、水炮泥、爆破喷雾、装岩（煤）洒

水和净化风流等综合防尘措施。

条文解读

本条是对掘进井巷和硐室时必须采取综合防尘措施的规定。

掘进井巷和硐室时，在打眼、爆破、装载、支护和运输、提升的过程中，会产生大量的矿尘（岩尘、煤尘和水泥粉尘的总称）。

矿尘的危害主要表现在以下3个方面：

（1）污染劳动环境，降低生产场所的能见度，影响劳动效率和操作安全，加重机械的磨损。

（2）危害人体。人们长期吸入矿尘，轻者会引起呼吸道炎症，重者会患矽肺病、煤工尘肺病、煤矽肺病、水泥尘肺病，统称尘肺病。据统计，煤矿死于尘肺病的人数是工伤人数的4～5倍。

（3）煤尘能燃烧或爆炸。煤尘燃烧，酿成火灾。煤尘在一定条件下会爆炸，产生巨大的冲击力，毁坏巷道的支架、设备；生成大量的一氧化碳，其浓度可达3%，可造成大量伤亡；爆炸后瞬时温度可达2300～2500 ℃，在这样的高温下可能再引爆扬起的煤尘，造成连续爆炸。

为了消除岩尘、煤尘和粉尘的危害，必须采取湿式钻眼，冲洗井壁巷帮、水炮泥、爆破喷雾、装岩（煤）洒水和净化风流等综合防尘措施；为了消除水泥的危害，喷混凝土时，可采取潮拌料、双水环预加水、加强喷射机密封、使用湿喷机、净化风流和个人防护等综合防尘措施。

☞现场贯彻

煤矿井工掘进井巷和硐室时，相关班组必须采用湿式钻眼，使用水炮泥，爆破前后冲洗井壁巷帮，爆破过程中采用高压喷雾，喷雾压力不低于8 MPa，或者压气喷雾降尘、装岩装煤时洒水和净化风流等综合防尘措施。

第六百五十条 井工煤矿掘进机作业时，应当采用内、外喷雾及通风除尘等综合措施。掘进机无水或者喷雾装置不能正常使用时，必须停机。

条文解读

本条是关于使用掘进机掘进应遵守的规定。

煤矿采掘工作面在生产过程中会产生大量粉尘，高浓度的粉尘弥漫、堆积。在此作业环境中长期吸入采掘工作面的粉尘，可以使作业人员得煤工尘肺（煤肺病、矽肺病及煤矽肺），尤其是直接在掘进（开拓）工作面作业的人员更容易得煤工尘肺。粉尘也是影响煤矿生产安全的祸首，积聚的煤尘容易引起爆炸，严重威胁井下作业人员的生命安全及矿井的安全，因此，在井工煤矿作业时，应采用内、外喷雾及通风除尘等综合措施，降低掘进工作面的粉尘浓度。若掘进机无水或喷雾装置不能正常使用时，必须停机。

☞现场贯彻

煤矿井工掘进机作业时，相关班组应当使用内、外喷雾装置和控尘装置、除尘器等构成的综合防尘系统。掘进机内喷雾压力不得低于2 MPa，外喷雾压力不得低于4 MPa。内喷雾装置

不能正常使用时，外喷雾压力不得低于8 MPa；除尘器的呼吸性粉尘除尘效率不得低于90%。

第六百五十一条　井工煤矿在煤、岩层中钻孔作业时，应当采取湿式降尘等措施。

在冻结法凿井和在遇水膨胀的岩层中不能采用湿式钻眼（孔）、突出煤层或者松软煤层中施工瓦斯抽采钻孔难以采取湿式钻孔作业时，可以采取干式钻孔（眼），并采取除尘器除尘等措施。

条文解读

本条是对井工煤矿在煤、岩层中钻孔作业时，应采取湿式降尘等措施的规定。

井工煤矿在煤、岩层中钻孔作业时，会产生大量的岩尘、煤尘等矿尘。矿尘的危害极大，主要有：

（1）污染劳动环境，降低生产场所的能见度，影响劳动效率和操作安全，加重机械的磨损。

（2）危害人体。人们长期吸入矿尘，轻者会引起呼吸道炎症，重者会患尘肺病。

（3）煤尘能燃烧或爆炸。

现场贯彻

井工煤矿在煤、岩层中钻孔，相关班组应当采取湿式作业。煤层、岩层、瓦斯突出煤层或者软煤层中难以采取湿式钻孔时，可以采取干式钻孔，但必须采取除尘器捕尘、除尘，除尘器的呼吸性粉尘除尘效率不得低于90%。

第六百五十三条　喷射混凝土时，应当采用潮喷或者湿喷

工艺，并配备除尘装置对上料口、余气口除尘。距离喷浆作业点下风流 100 m 内，应当设置风流净化水幕。

条文解读

喷浆或喷射混凝土时，若采取干拌料、干喷工艺，干拌料通过喷射机，以压风作动力沿着管路压到喷嘴处与水短暂混合后，以较高的速度喷射到岩面上，产生大量的水泥灰尘，水泥粉尘浓度大大超过《规程》规定标准，会对人体造成很大损害，使作业环境恶化，工作面能见度降低，给施工安全带来严重威胁。

现场贯彻

井工煤矿相关班组喷射混凝土时应当采用潮喷或者湿喷工艺，喷射机、喷浆点应当配备捕尘、除尘装置，距离锚喷作业点下风向 100 m 内，应当设置 2 道以上自动控制风流净化水幕。为了使喷体与岩面黏结得好，喷射前，必须冲洗岩面。

（1）在井下设专门料场，定点卸料、拌料。料场设专用回风道，用除尘器净化含尘空气，佩戴个体防护用品，以降低卸料、拌料、上料时的粉尘浓度。

（2）潮拌料。搅拌砂、石前先洒水预湿，经滤水后其含水量在 6% ~7% 时才加水泥搅拌，可使拌料过程的粉尘浓度降低。

（3）使用湿式过滤除尘器，以除去喷射机上料口、余气口和结合板上产生的粉尘。

（4）加强喷射的密封，防止漏风泄尘。

（5）用双水环预加水，以延长水泥湿润的时间和距离。

（6）采用小粒径、低风压、近距离的喷射工艺。石子粒径

小于 13 mm，喷嘴出口风压小于 0.12 MPa，喷嘴口距喷射面的距离小于 0.6 m。

(7) 防止堵管事故的发生，以免处理堵管时粉尘飞扬。

(8) 戴防尘口罩进行个体防护。

(9) 使用湿喷机，进行湿喷。

第三节 热 害 防 治

第六百五十五条　当采掘工作面空气温度超过 26 ℃、机电设备硐室超过 30 ℃时，必须缩短超温地点工作人员的工作时间，并给予高温保健待遇。

当采掘工作面的空气温度超过 30 ℃、机电设备硐室超过 34 ℃时，必须停止作业。

新建、改扩建矿井设计时，必须进行矿井风温预测计算，超温地点必须有降温设施。

条文解读

本条是关于采掘工作面、机电设备硐室中空气温度的规定。

采掘工作面、机电硐室的空气温度分别不得超过 26 ℃、30 ℃。这是因为井下生产条件较为恶劣、空气湿度大、劳动强度繁重，为了创造良好的作业环境和舒适的气候条件，保证工人健康，提高工作效率，做出了上述规定。

采掘工作面的空气温度超过 30 ℃、机电硐室超 34 ℃时，必须停止作业。主要是从维护工人身体健康与安全考虑的。因为人无论是在工作或休息时，身体都在不断地产生热量和散放热量，以保持身体的热平衡，维持体温在 36.5 ~ 37 ℃之间。如果

气温过高，劳动中人体产生的热量得不到散放，体温就会上升，产生疲劳、头痛、头晕等症状，甚至中暑。所以，一旦出现威胁工人身体健康和生命安全的高温时，必须停止作业，进行处理。

现场贯彻

（1）测点选择。测定空气温度的测点应符合下列要求：

①掘进工作面空气温度的测点，应选择在工作面距迎头 2 m 处的回风流中；

②机电硐室空气温度的测点，应选择在硐室回风口的回风风流中；

③测定空气温度的测点，不得靠近人体、发热或致冷设备，至少距离 0.5 m 以上。

（2）测定时间。一般应在上午 8 时至下午 4 时内进行。

（3）测定仪器。测温仪器应使用最小分度为 0.5 ℃并经过校正的温度计。

（4）当采掘工作面的空气温度超过 30 ℃、机电设备硐室超过 34 ℃时，必须停止作业。

（5）新建、改扩建矿井设计时，班组要监督矿井风温预测计算，超温地点降温设计及设施落实情况。

第六百五十六条　有热害的井工煤矿应当采取通风等非机械制冷降温措施。无法达到环境温度要求时，应当采用机械制冷降温措施。

条文解读

有热害的井工煤矿高温作业引起的疾病主要有热痉挛、热衰竭和热射病 3 种，都称为中暑。实际工作中中暑多表现为某

一类型，也可两种以上并存，但较少见。

热痉挛。是由于大量出汗，体内盐分过量丢失所引起的疾病。主要表现为四肢肌肉及腹肌的痉挛，伴有收缩样疼痛。痉挛常呈对称性，时而发作，时而缓解。患者神志清醒，体温一般正常。

热衰竭。一般起病迅速，先有头晕、头痛、心悸、恶心、呕吐、大汗、皮肤湿冷、体温不高、血压下降、面色苍白、继以晕厥，通常昏厥片刻即清醒，一般不引起循环衰竭。

热射病。突然发病，体温升高是主要特点，可达 40 ℃以上，开始时大量出汗，以后“无汗”，伴有皮肤干热，以及不同程度的意识障碍等。

☞ 现场贯彻

（1）井工煤矿相关班组应该在采掘工作面和机电设备硐室应当设置温度传感器。

（2）井工煤矿应当采取通风降温、采用分区式开拓方式缩短入风线路长度等措施，降低工作面的温度；当采用上述措施仍然无法达到作业环境标准温度的，应当采用制冷等降温措施。

（3）井工煤矿地面辅助生产系统和露天煤矿应当合理安排劳动者工作时间，减少高温时段室外作业时间。

第四节 噪 声 防 治

第六百五十七条 作业人员每天连续接触噪声时间达到或者超过 8 h 的，噪声声级限值为 85 dB(A)。每天接触噪声时间不足 8 h 的，可以根据实际接触噪声的时间，按照接触噪声时间

减半、噪声声级限值增加 3 dB(A) 的原则确定其声级限值。

条文解读

本条是对生产作业场所中，作业工人接触噪声强度卫生标准和超过卫生标准应采取治理措施的规定。

噪声是人们不需要的声音。物理学上，不同频率和强度的声音无规律的组合称为噪声。从卫生学角度，凡是使人感到厌烦、不需要的或有害身心健康的声音都称为噪声。

生产性噪声种类很多，按照来源可以分为机械性噪声、流体动力性噪声、电磁性噪声和脉冲噪声 4 种。

（1）机械性噪声。由于机械的撞击、摩擦、转动所产生的噪声，如冲压、打磨过程发出的声音。

（2）流体动力性噪声。气体压力或体积的突然变化或流体流动所产生的声音，如空气压缩或施放（汽笛）发出的声音。

（3）电磁性噪声。如变压器所发出的嗡嗡声。

（4）脉冲噪声。噪声突然爆发又很快消失，持续时间不大于 0.5 s，间隔时间大于 1 s，声压有效值变化不小于 40 dB 的噪声。

在煤矿生产中，一种是因撞击、摩擦和在交变的机械重力作用下，所产生的机械振动性噪声，如：输送机、割煤机、钻孔机等。另一种是因气体压力突变引起气体分子的剧烈振动所产生的空气流体动力性噪声，如：水泵、风泵、凿岩机等。

为保护强噪声环境作业工人的听力，防止职业性耳聋，国家规定了噪声强度卫生限值是 85 dB(A)，这个标准不是指发生源的基础噪声，而是指工人每天连续接触噪声 8 h 的限值，即按一个工作日（8 h）用能量平均的方法。也可近似地得出，工人

每日实际接声时间如果减半，可提高 3 dB 的标准。如工人每日实际接声时间为 4 h，噪声卫生标准可放宽到 88 dB。

现场贯彻

（1）班组作业人员每天连续接触噪声时间达到或者超过 8 小时的，噪声声级限值不可以超过 85 dB(A)。

（2）班组作业人员每日实际接声时间为 4 h，噪声卫生标准可放宽到 88 dB。

（3）对在噪声作业环境下作业的工人等效连续 A 声级超过 85 dB 时，必须要进行减声治理，加强工人的个人防护。如佩戴消声耳塞、耳罩等。

第六百五十八条　每半年至少监测 1 次噪声。

井工煤矿噪声监测点应当布置在主要通风机、空气压缩机、局部通风机、采煤机、掘进机、风动凿岩机、破碎机、主水泵等设备使用地点。

露天煤矿噪声监测点应当布置在钻机、挖掘机、破碎机等设备使用地点。

条文解读

本条是关于煤矿噪声检测点布置位置及监测周期的规定。

噪声采样点选择十分重要，它决定了是否能测到准确反映班组接触噪声的强度，是进行真实评价现场达标与否的首要的重要步骤。只有选择了具有代表性的、能反映工作场所噪声强度的采样点，采集的噪声数字才能用于评价检测。在同一个工作场所，选择不同的采样点，测得的噪声强度可能就不同，得出的评价结果也可能不同。

采样点的选择要有“代表性”。选择的采样点必须包括噪声强度最高、班组接触时间最长的地点。考虑噪声发生源在空间和时间上的扩散规律，以及班组接触噪声情况的代表性，井工煤矿噪声监测点应布置在主要通风机、空气压缩机、局部通风机、采煤机、掘进机、风动凿岩机、破碎机、主水泵等设备使用的地点。

现场贯彻

（1）班组人员进行噪声监测时，应在每个监测地点选择3个测点，监测结果以3个监测点的平均值为准。

（2）煤矿测噪班组应当配备2台以上噪声测定仪器，并对作业场所噪声每6个月监测1次。

第六百五十九条　应当优先选用低噪声设备，采取隔声、消声、吸声、减振、减少接触时间等措施降低噪声危害。

条文解读

本条是关于如何降低噪声危害的规定。

根据具体情况采取技术措施，控制或消除噪声源，是从根本上解决噪声危害的一种方法。采用无声或低声设备代替发出强噪声的设备，如用无声液压代替高噪声的锻压，以焊接代替铆接等，均可收到较好效果。对于噪声源，如电机或空气压缩机，如果工艺过程允许远置，则应移至车间外或更远的地方，否则需采取隔声措施。此外，设法提高机器制造的精度，尽量减少机器部件的撞击和摩擦，减少机器的振动，可以明显降低噪声强度。

现场贯彻

（1）井工煤矿班组应当优先选用低噪声设备，通过隔声、消声、吸声、减振、减少接触时间、佩戴防护耳塞、耳罩等措施降低噪声危害。

（2）控制噪声的传播。在噪声传播过程中，应用吸声和消声技术，可以获得较好效果。

（3）加强个体防护。如果因为各种原因，生产场所的噪声强度暂时不能得到有效控制，需要在高噪声条件下工作时，班组佩戴个人防护用品是保护听觉器官的一项有效措施。最常用的是耳塞，一般由橡胶或软塑料等材料制成，根据外耳道形状设计大小不等的各种型号，隔声效果可达 15 dB 左右。此外还有耳罩、帽盔等，其隔声效果优于耳塞，但佩戴时不够方便，成本也较高，普遍采用存在一定的困难。在某些特殊环境，需要将耳塞和耳罩合用，以保护劳动者的听力。

第五节　有害气体防治

第六百六十二条　煤矿作业场所存在硫化氢、二氧化硫等有害气体时，应当加强通风降低有害气体的浓度。在采用通风措施无法达到作业环境标准时，应当采用集中抽取净化、化学吸收等措施降低硫化氢、二氧化硫的浓度。

条文解读

本条是关于如何降低煤矿作业场所硫化氢、二氧化硫等有害气体浓度的规定。

煤矿井下为有限空间，成煤环境又非常复杂，加上采矿扰动影响，各班组的作业环境不可避免地会存在硫化氢、二氧化硫等有毒有害气体；当存在这些有毒有害气体时，应加强通风降低有毒有害气体的浓度。矿井需要的风量应按下列要求分别计算，并选取其中的最大值：

（1）按井下同时工作的最多人数计算，每人每分钟供给风量不得少于 4 m^3。

（2）按采掘工作面、硐室及其他地点实际需要风量的总和进行计算。各地点的实际需要风量，必须使该地点风流中的甲烷、二氧化碳和其他有害气体的浓度，风速、温度及每人供风量符合本规程的有关规定。

（3）使用煤矿用防爆型柴油动力装置机车运输的矿井,行驶车辆的巷道,供风量符合本规程的有关规定外,还应按同时运行的最多车辆数增加巷道配风量,配风量应不小于 4 $m^3/(min \cdot kW)$。

在采用通风措施无法达到作业环境标准时，应采用集中抽取净化、化学吸收等措施降低硫化氢、二氧化硫的浓度。

第六节　职业健康监护

第六百六十五条　对检查出有职业禁忌症和职业相关健康损害的从业人员，必须调离接害岗位，妥善安置；对已确诊的职业病人，应当及时给予治疗、康复和定期检查，并做好职业病报告工作。

条文解读

本条是关于如何处理有职业禁忌症和职业相关健康损害的

从业人员的规定。

职业性健康体检可分为对进入有职业病危害因素的工作岗位上岗前、在岗期间、离岗时和应急性健康检查。

通过就业前健康检查，可以预先发现职业禁忌症，同时也为今后进行定期体检的连续动态观察提供最基础资料，就业后的在岗工人要按一定的间隔时限进行定期体检，以便及早发现职业病或疑似职业病的亚健康群体，做到早期发现、早期治疗、早期处理。

在岗班组员工职业性健康体检周期，是根据班组员工所接触职业病危害的性质、种类、毒性对身体损害的大小及劳动强度，拟定在该作业场所能够引起工人身体健康出现病理改变的最低时限。

煤矿和医疗卫生机构发现职业病病人或者疑似职业病病人时，应当及时向所在地卫生行政部门和安全生产监督管理部门报告。确诊为职业病的，煤矿还应当向所在地劳动保障行政部门报告。

☞现场贯彻

煤矿应当根据职业健康检查报告，采取下列措施，班组应当予以配合：

（1）对有职业禁忌的劳动者，调离或者暂时脱离原工作岗位。

（2）对健康损害可能与所从事的职业相关的劳动者，进行妥善安置。

（3）对需要复查的劳动者，按照职业健康检查机构要求的时间安排复查和医学观察。

（4）对疑似职业病病人，按照职业健康检查机构的建议安排其进行医学观察或者职业病诊断。

（5）对存在职业病危害的岗位，应改善劳动条件，完善职业病防护设施。

第六百六十六条　有下列病症之一的，不得从事接尘作业：

（一）活动性肺结核病及肺外结核病。

（二）严重的上呼吸道或者支气管疾病。

（三）显著影响肺功能的肺脏或者胸膜病变。

（四）心、血管器质性疾病。

（五）经医疗鉴定，不适于从事粉尘作业的其他疾病。

条文解读

本条规定了不能从事接触粉尘作业的职业禁忌症。

职业禁忌症是指劳动者从事特定职业或者接触特定职业病危害因素时，比一般职业人群更易于遭受职业病危害和罹患职业病，或者可能导致原有自身疾病病情加重，或者在从事作业过程中可能诱发导致他人生命健康的个人特殊生理与病理状态。职业禁忌症通常与年龄、性别、营养、健康状况、个体差异、生活习惯、生产方式、家庭遗传等因素有关。

由于粉尘的理化性质、荷电性的作用，接尘工人职业禁忌症主要以呼吸系统和心血管疾病为主。

严重的上呼吸道或支气管疾病主要指中度以上支气管炎、支气管哮喘、支气管扩张、萎缩性鼻炎、鼻腔肿瘤等。

显著影响肺功能的胸廓病或胸膜病主要指肺硬化、肺气肿、严重胸膜肥厚与粘连或由其他病因引起的肺功能中度损伤等。

心血管疾病主要指：冠心病、风湿性心脏病、肺源性心脏病、先天性心脏病、心肌炎、高血压病等。

第六百六十七条　有下列病症之一的，不得从事井下工作：

（一）本规程第六百六十六条所列病症之一的。

（二）风湿病（反复活动）。

（三）严重的皮肤病。

（四）经医疗鉴定，不适于从事井下工作的其他疾病。

条文解读

本条规定了不能从事井下作业的行业禁忌症。

井下是一个特殊的不良作业环境。它与地面工厂比较，气温高、湿度大（相对湿度可达 80% 以上）、气压高，在通风气流中还混杂有各种粉尘颗粒、有害气体，如：甲烷、一氧化碳、二氧化碳、二氧化硫、氮氧化物、硫化氢等，这些物质在气流内的浓度虽然经检测，都不超过国家卫生标准（特殊情况下除外），但多种有害物质混在一起，对身体仍有危害，并且井下作业采掘空间狭窄，作业时长期处于不良体位（如：弯腰、下蹲、前屈、仰首、爬行等），体力劳动强度过大，照明度低，要求井下生产作业人员不但身体素质好，反应也要机敏灵活。

本条所规定的病种，虽然不属于职业禁忌症，但它却是井下煤矿生产的行业禁忌症。有此类疾病的人员在井下作业，也会加重自身疾病的发展，损坏身体健康。

第六百六十八条　癫痫病和精神分裂症患者严禁从事煤矿生产工作。

条文解读

本条规定了癫痫病和精神分裂症为煤矿作业禁忌症。

煤矿是一个特殊、艰苦的作业环境，要求作业人员应保持高度安全意识和敏捷行动能力，而癫痫病、精神分裂症这种疾病在发病时，不仅自己无自主、无自觉的意识能力，还可能因思维狂乱引起自身安全事故或诱发矿井不可预测的大型事故。一般说来，在生产人群中，精神分裂症和癫痫病在发病时是易发现的，但在安定时间内是少有症状的，这就要求医疗机构要严密把好关，一旦发现，应立即报告人事部门予以调离。

第六百六十九条 患有高血压、心脏病、高度近视等病症以及其他不适应高空（2 m 以上）作业者，不得从事高空作业。

条文解读

本条规定了不能从事高空作业的工种禁忌症。

高空作业的职业术语称高处作业，它是指工人凡在坠落高度基准面 2 m 以上（含 2 m）有可能坠落的高处进行作业。高处作业分为一般高处作业和特殊高处作业两种。

在煤矿中高处作业主要分布在立井井筒、露天煤矿、地面建筑、通讯架线等处，作业环境多是在室外露天情况下，所以特殊高空作业所占比重很大。由于高处作业的特殊性和较地面作业相对难度大的原因，国家对高处作业按特殊工种管理，并规定了工种禁忌症。对没有经过高处作业培训的人员，有的会因生理恐惧不敢在高处环境站立、瞭望，而对患有心血管疾病的病人更会因精神因素，激发血压增高、血肌供血不足加剧原有病症，甚至恶化，同时也极易发生安全事故。

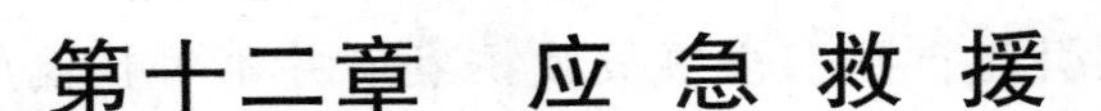

第十二章 应急救援

煤炭行业是高风险行业，工作场所大多在地下受限空间，地质条件复杂多变，经常受到水、火、瓦斯、煤尘、顶板等灾害的威胁，因此，搞好应急救援工作对煤矿企业来说有着重要意义。搞好应急救援工作不但可以减少煤矿灾害事故的发生，还能在灾害事故发生后起到减少人员伤亡降低经济损失的作用。

第一节 一般规定

第六百七十三条　矿井必须根据险情或者事故情况下矿工避险的实际需要，建立井下紧急撤离和避险设施，并与监测监控、人员位置监测、通信联络等系统结合，构成井下安全避险系统。

安全避险系统应当随采掘工作面的变化及时调整和完善，每年由矿总工程师组织开展有效性评估。

条文解读

本条是关于煤矿企业建立井下紧急撤离和避险设施的规定。

煤矿井下紧急避险系统是“六大系统”的核心内容，是矿工生命安全的保障系统。紧急避险设施是指在井下发生火灾、

爆炸、突出等灾害事故时，为无法及时撤离的避险人员提供的一个安全避险密闭空间，对外能够抵御高温烟气，隔绝有毒有害气体，对内提供氧气、食物、水，去除有毒有害气体，创造生存基本条件，并为应急救援创造条件，赢得时间。紧急避险设施主要包括永久避难硐室、临时避难硐室、可移动式救生舱。

1. 永久避难硐室

永久避难硐室是指设置在井底车场、水平大巷、采区（盘区）避灾路线上，具有紧急避险功能的井下专用巷道硐室，服务于整个矿井、水平或采区，服务年限一般不低于5年。

2. 临时避难硐室

临时避难硐室是指设置在采掘区域或采区避灾路线上，具有紧急避险功能的井下专用巷道硐室，主要服务于采掘工作面及其附近区域，服务年限一般不大于5年。

3. 可移动式救生舱

可移动式救生舱是指可通过牵引、吊装等方式实现移动，适应井下采掘作业地点变化要求的避险设施。

井下紧急避险系统应与矿井安全监测监控、人员定位、压风自救、供水施救、通信联络等系统有机联系，形成井下整体安全避险系统。矿井安全监测监控系统应对紧急避险设施的环境参数进行监测；矿井人员定位系统应能实时监测井下人员分布和进出紧急避险设施的情况；矿井压风自救系统应能为紧急避险设施供给足量压气；矿井供水施救系统应能在紧急情况下为避险人员供水，并为在紧急情况下输送液态营养物质创造条件；矿井通信联络系统应延伸至井下紧急避险设施，紧急避险设施内应设置直通矿调度室的电话。

现场贯彻

(1) 认真执行紧急避险系统管理制度，确定专门机构和人员对紧急避险设施进行维护和管理，保证其始终处于正常待用状态。

(2) 紧急避险设施内应悬挂或张贴简明、易懂的使用说明，指导避险矿工正确使用。

(3) 定期对紧急避险设施及配套设备进行维护和检查，并按产品说明书要求定期更换部件或设备。

(4) 经检查发现紧急避险设施不能正常使用时，应及时维护处理。采掘区域的紧急避险设施不能正常使用时，应停止采掘作业。

(5) 建立紧急避险设施的技术档案，准确记录紧急避险设施设计、安装、使用、维护、配件配品更换等相关信息。

第六百七十九条　煤矿作业人员必须熟悉应急救援预案和避灾路线，具有自救互救和安全避险知识。井下作业人员必须熟练掌握自救器和紧急避险设施的使用方法。

班组长应当具备兼职救护队员的知识和能力，能够在发生险情后第一时间组织作业人员自救互救和安全避险。

外来人员必须经过安全和应急基本知识培训，掌握自救器使用方法，并签字确认后方可入井。

条文解读

本条是对煤矿班组长及作业人员应急能力的规定。

煤矿作业环境差，事故危害大，因此煤矿生产企业都应制定详细的应急预案和避灾路线。作业人员熟悉应急预案和

避灾路线，掌握自救互救、安全避险知识，就可以在事故发生时，迅速撤离事故现场。一旦在事故发生时或撤离时有人员受伤，也可第一时间开展自救互救，以便尽快安全离开事故现场。

自救器是入井人员防止有害气体中毒或缺氧窒息的一种随身携带的呼吸保护器具。自救器是煤矿井下人员的救命器，《规程》规定，入井人员必须随身携带额定防护时间不低于30 min的隔绝式自救器。目前，煤矿井下常用的自救器有ZH30(C)型隔绝式化学氧自救器和ZYX45隔绝式压缩氧自救器。

1. ZH30(C) 型隔绝式化学氧自救器

1）结构

ZH30(C) 型隔绝式化学氧自救器结构如图12-1所示。

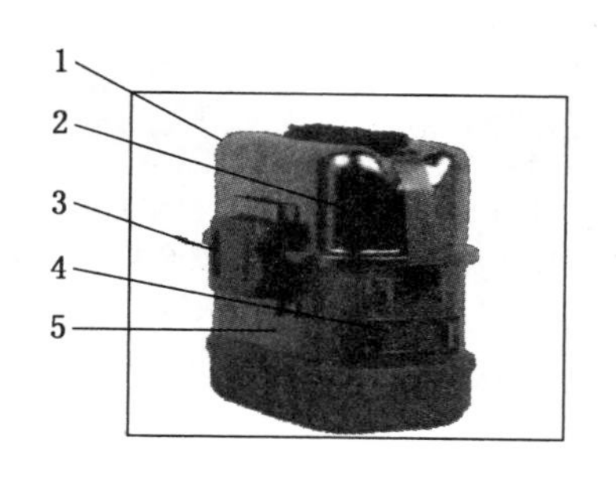

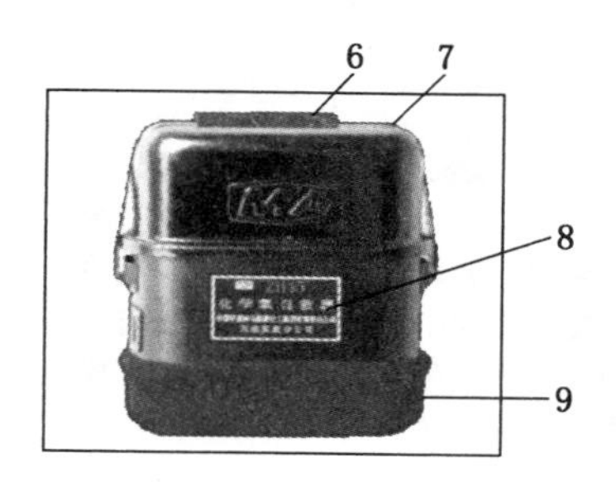

1—上外壳；2—封口带；3—腰带环；4—号码牌；5—下外壳（生氧罐）；
6—扳手粘扣；7—扳手；8—铭牌；9—减震套

图12-1 ZH30(C) 型隔绝式化学氧自救器结构图

2）佩戴操作步骤

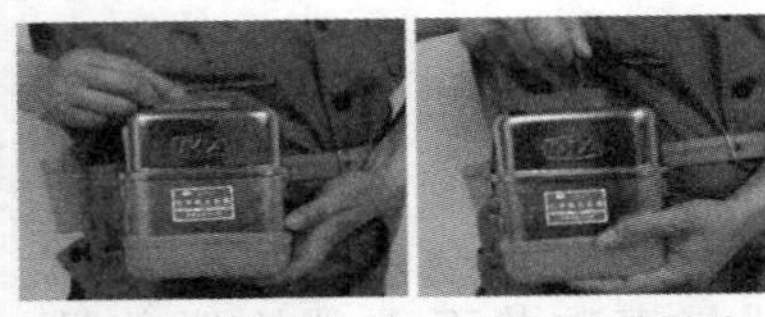

(1)揭开扳手粘贴，扳起封口带扳手，至封印条断开，扔掉封口带

(2)揭开上外壳扔掉，拔掉初期生氧器启动针

(3)套上脖带，注意隔热垫应靠身体

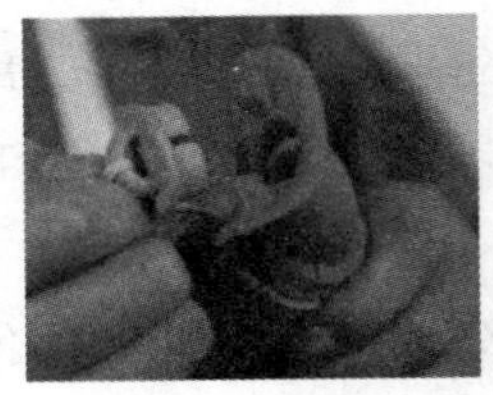

(4)拔掉口具塞

(5)将口具放入唇齿间，上下齿咬住牙垫，紧闭嘴唇。此时，初期生氧装置启动生氧，气囊自动鼓起。如遇到初期生氧装置不能正常发挥作用，应迅速向自救器内呼气，将气囊吹鼓

(6)捏住鼻夹垫圆柄，拉开鼻夹垫，夹住鼻子，不能漏气

(7)佩戴完毕后，戴好安全帽，匀速撤离灾区

2. ZYX45 隔绝式压缩氧自救器

1）结构

ZYX45 隔绝式压缩氧自救器的结构如图 12－2 所示。

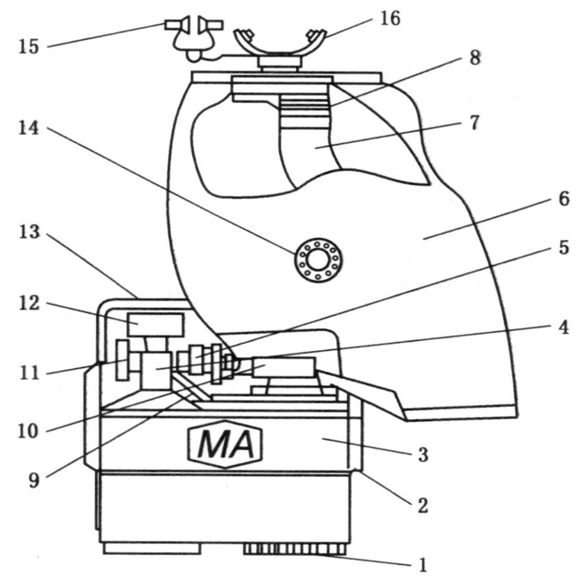

1—底盖；2—挂钩；3—清净罐；4—氧气瓶；5—减压阀；6—气囊；
7—呼气软管；8—呼吸阀；9—支架；10—补气压板；11—手轮开关；
12—压力表；13—上盖；14—排气阀；15—鼻夹；16—口具

图 12－2 ZYX45 隔绝式压缩氧自救器的结构

2）佩戴操作步骤

（1）将佩戴的自救器移至身体的正前面

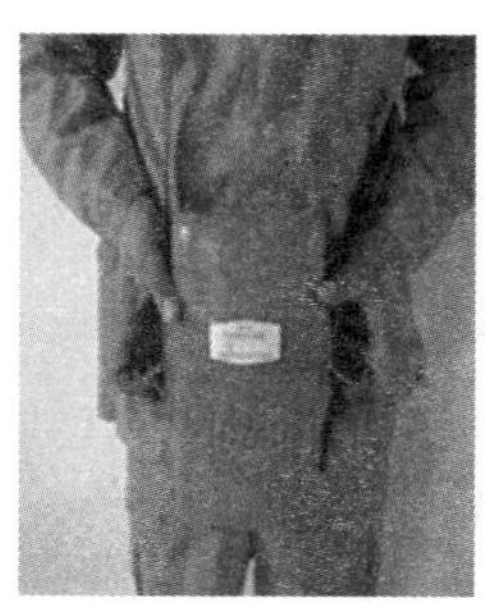

（2）拉开自救器封口带并取下上盖

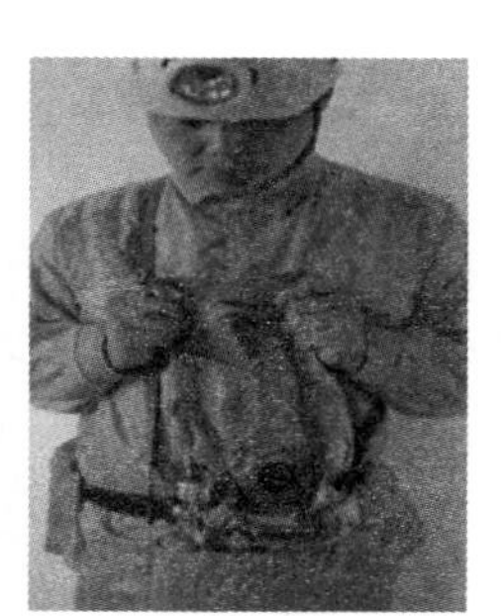

（3）展开气囊，注意气囊不能扭折

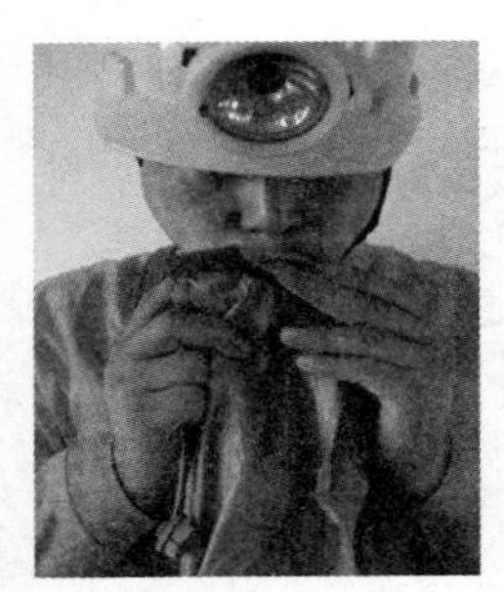

(4)把口具放入口中，口具片应放在唇齿之间，牙齿紧紧咬住牙垫，紧闭嘴唇，使之具有可靠的气密性

(5)逆时针转动氧气开关手轮，打开氧气瓶开关（必须完全打开），用手指按动补气压板，使气囊迅速鼓起

(6)把鼻夹弹簧扳开，将鼻垫准确的夹住鼻孔，用嘴呼吸。使用时如果看见气囊在呼完气后仍不太鼓或吸气有憋气感时，应及时用手指按动补气压板向气囊补气，直到气囊鼓起；也可用力吸气，气囊吸瘪后，补气压板压迫补气杆，也会自动补气

(7)撤离灾区

☞现场贯彻

积极参加矿上组织的关于应急救援知识的培训，认真学习、熟练掌握煤矿各类灾害事故的避灾路线和避灾方法，以便在遇到灾害事故时能有效利用避灾路线进行自救。

1. 瓦斯与煤尘爆炸事故时的避灾方法

（1）背向空气颤动的方向，俯卧倒地，面部贴在地面，以降低身体高度，避开冲击波的强力冲击。

（2）要闭住气暂停呼吸，用毛巾捂住口鼻，防止把火焰吸入肺部。尽量用衣物盖住身体，尽量减少皮肤的暴露面积，以减少烧伤。

（3）迅速按规定佩戴好自救器。

（4）位于爆炸地点进风测的人员，要逆着进风撤离灾区；回风测的人员要利用附近的联络巷道绕到进风巷，再迎着进风撤离灾区。

（5）若实在无法安全撤离灾区时，应尽快在附近找一个（或建一个）避难硐室躲避待救。

（6）及时向调度室汇报。

2. 煤与瓦斯突出时的避灾方法

1）掘进工作面发生突出时的避灾方法

（1）发现突出预兆时或发生突出后，现场人员应迅速戴上自救器，向外撤至防突反向风门之外后把风门关好，然后继续外撤。

（2）如果自救器发生故障或佩用自救器不能安全到达有安全地点时，应在撤退途中到避难所或利用压风自救装置进行自救，等待救护队援救。

（3）及时向调度室汇报。

2）采煤工作面突出事故时的避灾方法

（1）发现有突出预兆时或发生突出事故后，现场人员应迅速戴上自救器，突出地点进风侧的人员从采面机巷快速撤离采面，然后迎着风流撤离灾区；回风侧的人员在戴好自救器后迅速从回风巷撤离采面，然后再利用联络巷绕到进风巷迎着风流撤离灾区。

（2）如果自救器发生故障或佩用自救器不能安全到达有安

全地点时，应在撤退途中到避难所或利用压风自救装置进行自救，等待救护队援救。

（3）及时向调度室汇报。

3. 矿井火灾事故时的避灾方法

《规程》规定：任何人发现井下火灾时，应视火灾性质、灾区通风和瓦斯情况，立即采取一切可能的方法直接灭火，控制火势，并迅速报告矿调度室。如果火势太大或是瓦斯浓度太高，直接灭火太危险时，就要迅速按照以下方法避灾：

（1）首先要尽最大的可能迅速了解或判明事故的性质、地点、范围和事故区域的巷道情况、通风系统、风流及火灾烟气蔓延的速度、方向以及与自己所处巷道位置之间的关系,并根据应急预案及现场的实际情况,确定撤退路线和避灾自救的方法。

（2）撤退时，任何人无论在任何情况下都不要惊慌、不能狂奔乱跑。应在现场负责人及有经验的老工人带领下有组织地撤退。

（3）位于火源进风侧的人员，应迎着新鲜风流撤退。

（4）位于火源回风侧的人员，应迅速戴好自救器，尽快通过捷径绕到新鲜风流中去，然后再应迎着新鲜风流撤退。如果距火源较近而且越过火源没有危险时，也可迅速穿过火区撤到火源的进风侧。

（5）如果在自救器有效使用时间内不能安全撤出时，应在设有储存备用自救器的硐室换用自救器后再行撤退，或是寻找有压风管路系统的地点，以压缩空气供呼吸之用。

（6）如果无论是逆风或顺风撤退，都无法躲避着火巷道或火灾烟气可能造成的危害，则应迅速进入避难硐室；没有避难硐室时应在烟气袭来之前，选择合适的地点就地利用现场条件，

快速构筑临时避难硐室，进行避灾自救。

（7）及时向调度室汇报。

4. 矿井透水事故时的避灾方法

（1）透水后，应在可能的情况下迅速观察和判断透水的地点、水源、涌水量、发生原因、危害程度等情况，根据应急救援预案中规定的撤退路线，迅速撤退到透水地点以上的水平，而不能进入透水点附近及下方的独头巷道。

（2）行进中，应靠近巷道一侧，抓牢支架或其他固定物体，尽量避开压力水头和泄水流，并注意防止被水中滚动的矸石和木料撞伤。

（3）如透水破坏了巷道中的照明和路标，迷失行进方向时，遇险人员应朝着有风流通过的上山巷道方向撤退。

（4）在撤退沿途和所经过的巷道交叉口，应留设指示行进方向的明显标志，以提示救护人员的注意。

（5）人员撤退到竖井，需从梯子间上去时，应遵守秩序，禁止慌乱和争抢。行动中手要抓牢，脚要蹬稳，切实注意自己和他人的安全。

（6）如唯一的出口被水封堵无法撤退时，应有组织的在独头上山工作面躲避，等待救护人员的营救。严禁盲目潜水逃生等冒险行为。

第六百八十条　煤矿发生险情或者事故后，现场人员应当进行自救、互救，并报矿调度室；煤矿应当立即按照应急救援预案启动应急响应，组织涉险人员撤离险区，通知应急指挥人员、矿山救护队和医疗救护人员等到现场救援，并上报事故信息。

条文解读

及时报告灾情是防止人员伤亡或伤亡扩大，消除或降低险情，防止事故扩大的基础和保障。在灾害事故发生初期，事故现场的作业人员应沉着冷静，根据看到的异常现象，听到的异常声响和感觉到的异常冲击等情况，尽量了解或判断事故性质、地点和灾害程度，在确保自身安全的情况下，采取积极有效的措施和方法，投入现场抢救，将事故消灭在初始阶段或控制在最小范围内，最大限度地减少事故造成的损失。同时，第一时间向矿调度室报告灾情，因为矿调度室是全矿安全生产指挥中心，也是事故救援指挥中心，24 h 有人值班，向矿调度室汇报可以提高应急响应速度，调动全矿人力和物力投入事故救援。

现场贯彻

（1）充分利用现场最近处的电话进行报告，报告不要舍近求远，更不要跑到井上进行口头报告。

（2）报告时，应将事故发生的时间、地点、性质、遇险遇难人数、影响范围等表述清楚。

（3）报告应沉着冷静，要尽量把话说清楚，要如实报告灾情。应按照调度的指令和要求，完成其他工作。

（4）处理灾害事故时，必须统一指挥、密切配合，严禁冒险蛮干和惊慌失措，严禁各行其是和单独行动。

（5）在积极抢救过程中，首先要确保自身安全，要注意观察风流、气体、顶板、设备及设施的变化，不具备救援条件或救援对自身安全无法保障时，严禁冒险强行施救。

（6）在抢救遇险人员时，应先救命后治伤，要正确分析判

断伤情，正确运用止血、包扎、临时固定和搬运等急救技术。

（7）要采取各种有效的措施，消除初始灾害或防止灾区事故恶化或扩大。

第二节　安全避险

第六百八十四条　井下所有工作地点必须设置灾害事故避灾路线。避灾路线指示应当设置在不易受到碰撞的显著位置，在矿灯照明下清晰可见，并标注所在位置。

巷道交叉口必须设置避灾路线标识。巷道内设置标识的间隔距离：采区巷道不大于200 m，矿井主要巷道不大于300 m。

条文解读

本条是关于井下所有工作地点必须设置灾害事故避灾路线及避灾路线指示的规定。

煤矿井下巷道很多，工作场所分散，井下所有工作地点设置灾害事故避灾路线，并在不易受到碰撞的显著位置设置避灾路线指示，可以引导遇险人员合理选择逃生避灾路线、迅速逃离灾害区域、顺利到达地面或避险设施地点。为使避灾路线指示能够在事故发生时起到指示作用，规程对避灾路线指示的位置、间距、清晰度做了明确的规定。

现场贯彻

认真学习、熟练掌握煤矿各类灾害事故的避灾路线。能准确识别逃生路线指示牌和“生命绳”的含义，在遇到灾害事故时能有效利用避灾路线和逃生指示系统进行自救。

(1) 避灾路线的体现方法、规格、形式企业应统一规定，如矿图、表格。

(2) 避灾路线标牌设置的位置（如距离某地点多少米等）、材质、样式、内容、规格和色彩应符合有关法规标准的要求，并做到统一。

(3) 巷道交叉口设置的避灾路线标识应指明通往的地点及距离。

(4) 煤矿企业应指定单位部门或人员负责避灾路线标识的设计布置，并在相关的矿图上体现出来。指定的单位部门或人员负责避灾路线标识的设置、维护。井下作业要自觉爱护避灾路线标识。

(5) 矿井应定期组织入井人员熟悉避灾路线，将应急演练作为有效载体，认真组织开展。

第六百八十九条　突出矿井必须建设采区避难硐室，采区避难硐室必须接入矿井压风管路和供水管路，满足避险人员的避险需要，额定防护时间不低于 96 h。

突出煤层的掘进巷道长度及采煤工作面推进长度超过 500 m 时，应当在距离工作面 500 m 范围内建设临时避难硐室或者其他临时避险设施。临时避难硐室必须设置向外开启的密闭门，接入矿井压风管路，设置与矿调度室直通的电话，配备足量的饮用水及自救器。

条文解读

本条是关于井下避难硐室如何设置的规定。

额定防护时间是指在规定做功条件下不依靠外界支持，避难硐室在独立工作条件下保证额定遇险人员维持生命所能持续

的时间。只要避难硐室的额定防护时间不低于 96 h，在避难硐室避灾的遇险人员基本上都能够安全获救。500 m 是指遇险人员在灾区的环境中，佩戴有效防护时间为 30 min 的隔绝式自救器能有效走完的距离，只要避难硐室距工作面的距离不超过 500 m，在遇到灾害时，遇险人员就可以在 30 min 内佩戴着自救器安全地撤离灾区或到达避难硐室内避难。

由于自救器有效时间较短，当佩戴自救器后，在其有效作用时间内不能到达安全地点或撤退路线无法通过而有害气体含量又较高时，避难硐室就可以发挥作用。因此，在煤矿井下避灾路线上，设置避难硐室是十分必要的。

☞现场贯彻

（1）在避难硐室内对入井人员进行操作培训，使其掌握如何进入避难硐室，进入后如何操作，如何配合地面施救，如何利用避难硐室进行自救。

（2）紧急状态下，矿工接到灾害信息，必须根据所在地点具体情况，按照相应的避灾路线和声光指示，有序、快速撤离，在无法安全升井的条件下，方可选择进入避难硐室进行避险。

（3）进入避难硐室必须严格按照《避难硐室操作流程》《避难硐室设备操作说明》《避难硐室日常管理维护规定》等矿井有关规定执行。

第六百九十一条　突出与冲击地压煤层，应当在距采掘工作面 25～40 m 的巷道内、爆破地点、撤离人员与警戒人员所在位置、回风巷有人作业处等地点，至少设置 1 组压风自救装置；在长距离的掘进巷道中，应当根据实际情况增加压风自救装置的设置组数。每组压风自救装置应当可供 5～8 人使用，平均每

人空气供给量不得少于0.1 m^3/min。

其他矿井掘进工作面应当敷设压风管路，并设置供气阀门。

条文解读

本条是关于井下压风自救装置如何设置的规定。

矿井压风自救装置可安装在巷道、硐室或工作面，利用矿井已装备的管道压缩空气系统供风。当井下发生煤与瓦斯突出或巷道冒顶堵死出路时，受灾人员可迅速使用矿井压风自救装置获得自救，或等待救护队救援。

现场贯彻

当井下发生煤与瓦斯突出后现场工作人员不能有效撤离时，应以最快速度进入压风自救装置，首先打开球阀开关，再解开披肩防护袋，迅速地进入袋内避灾，等待地面来人营救。

第三节　灾 变 处 理

第七百一十二条　处理矿井火灾事故，应当遵守下列规定：

（一）控制烟雾的蔓延，防止火灾扩大。

（二）防止引起瓦斯、煤尘爆炸。必须指定专人检查瓦斯和煤尘，观测灾区的气体和风流变化。当甲烷浓度达到2.0%以上并继续增加时，全部人员立即撤离至安全地点并向指挥部报告。

（三）处理上、下山火灾时，必须采取措施，防止因火风压造成风流逆转和巷道垮塌造成风流受阻。

（四）处理进风井井口、井筒、井底车场、主要进风巷和硐室火灾时，应当进行全矿井反风。反风前，必须将火源进风侧

的人员撤出，并采取阻止火灾蔓延的措施。多台主要通风机联合通风的矿井反风时，要保证非事故区域的主要通风机先反风，事故区域的主要通风机后反风。采取风流短路措施时，必须将受影响区域内的人员全部撤出。

（五）处理掘进工作面火灾时，应当保持原有的通风状态，进行侦察后再采取措施。

（六）处理爆炸物品库火灾时，应当首先将雷管运出，然后将其他爆炸物品运出；因高温或者爆炸危险不能运出时，应当关闭防火门，退至安全地点。

（七）处理绞车房火灾时，应当将火源下方的矿车固定，防止烧断钢丝绳造成跑车伤人。

（八）处理蓄电池电机车库火灾时，应当切断电源，采取措施，防止氢气爆炸。

（九）灭火工作必须从火源进风侧进行。用水灭火时，水流应从火源外围喷射，逐步逼向火源的中心；必须有充足的风量和畅通的回风巷，防止水煤气爆炸。

条文解读

本条是关于处理矿井火灾事故的规定。

掘进工作面发生火灾后，通风机可能出现两种情况。一种情况是由于着火电源被切断，风机停止了运转。另一种情况是发生火灾后，风机还在正常运转供风。如果改变原有通风状态，可能使事故现场具备瓦斯爆炸的条件,造成瓦斯爆炸的严重后果。

第一种情况下，救护队到达现场后，掘进工作面可能积聚着瓦斯并达到或超过了爆炸下限，但是因为空气中氧气浓度过低（低于12%），没有发生爆炸。这时如果启动风机向灾区供

风，就给灾区补充氧气而发生爆炸。也可能是由于火源以里有积聚的瓦斯，而火源处瓦斯浓度没有达到爆炸下限，这时救护队到达现场后如果盲目启动风机，就会将火源以里的瓦斯排出而经过火点造成爆炸。

第二种情况下，矿山救护队到达现场后，如果盲目将风机停止，就可能因为掘进工作面停风而形成瓦斯积聚，达到爆炸限度而造成爆炸。

因此，处理掘进工作面火灾时，应保持原有的通风状态，进行侦察后再采取措施。

第七百一十四条　处理瓦斯（煤尘）爆炸事故时，应当遵守下列规定：

（一）立即切断灾区电源。

（二）检查灾区内有害气体的浓度、温度及通风设施破坏情况，发现有再次爆炸危险时，必须立即撤离至安全地点。

（三）进入灾区行动要谨慎，防止碰撞产生火花，引起爆炸。

（四）经侦察确认或者分析认定人员已经遇难，并且没有火源时，必须先恢复灾区通风，再进行处理。

条文解读

本条是关于处理瓦斯（煤尘）爆炸事故的规定。

灾区电源如果没有被切断，其一可能造成人员触电；其二是如果电缆被崩断而带电，人员触及电缆使其移动就有可能使其放电而引发瓦斯再次爆炸。所以救护小队进入灾区前，为了保证安全必须要切断灾区电源。

如果发生再次爆炸，在灾区的救护队员就会有生命危险，

所以，发现有再次爆炸危险时，必须立即撤到安全地点。

在进入灾区行进及工作中，对于自己携带的装备（特别是铁质的）要拿稳，在搬移铁质支柱、支架等要小心，轻拿轻放，防止碰撞产生火花而引起爆炸。

矿井发生爆炸事故后，会产生大量的有毒有害气体（主要是 CO），氧气浓度也会显著减少。这不仅会造成遇险人员的大量伤亡，也会对抢险救灾人员的生命安全构成严重的威胁。因此，必须先恢复灾区通风，改善工作环境，在保证救护队员安全的前提下再进行处理。

第七百一十五条　发生煤（岩）与瓦斯突出事故，不得停风和反风，防止风流紊乱扩大灾情。通风系统及设施被破坏时，应当设置风障、临时风门及安装局部通风机恢复通风。

恢复突出区通风时，应当以最短的路线将瓦斯引入回风巷。回风井口 50 m 范围内不得有火源，并设专人监视。

是否停电应当根据井下实际情况决定。

处理煤（岩）与二氧化碳突出事故时，还必须加大灾区风量，迅速抢救遇险人员。矿山救护队进入灾区时要戴好防护眼镜。

条文解读

本条是关于处理煤与瓦斯突出事故的规定。

煤与瓦斯突出时，将会突出大量的煤（岩）与瓦斯，突出的煤（岩）可能堵塞巷道。瞬时突出的大量煤（岩）与瓦斯也可形成冲击波而造成通风系统被破坏，这时高浓度的瓦斯不但存在于回风侧，而且也向进风侧蔓延。高浓度的瓦斯使空气中的氧气浓度下降而造成人员窒息。突出大量瓦斯的浓度可能达

到爆炸界限，如遇到火源还可能发生燃烧或爆炸。

为了阻止高浓度瓦斯向进风侧蔓延，应尽快恢复正常通风。恢复通风可对尽快排放瓦斯起到好的作用。突出后还可以利用风流短路的方法，将高浓度瓦斯引入回风道，起到救人和排放瓦斯的作用。

进入灾区内，不准随意启闭电气开关和扭动矿灯开关或灯盖，发现火源应迅速扑灭，以免引起瓦斯爆炸。

瓦斯从回风井口排到地面时，一旦遇到火源，就会发生燃烧或爆炸。所以，发生煤与瓦斯突出事故后，回风井口 50 m 范围内不得有火源，并设专人监视，防止引起回风井口瓦斯燃烧或爆炸。

第七百一十六条　处理水灾事故时，应当遵守下列规定：

（一）迅速了解和分析水源、突水点、影响范围、事故前人员分布、矿井具有生存条件的地点及其进入的通道等情况。根据被堵人员所在地点的空间、氧气、瓦斯浓度以及救出被困人员所需的大致时间制定相应救灾方案。

（二）尽快恢复灾区通风，加强灾区气体检测，防止发生瓦斯爆炸和有害气体中毒、窒息事故。

（三）根据情况综合采取排水、堵水和向井下人员被困位置打钻等措施。

（四）排水后进行侦察抢险时，注意防止冒顶、掉底和二次突水事故的发生。

条文解读

本条是关于处理水灾的规定。

矿山救护队到达事故矿井后，要了解灾区情况，灾区内是

否有遇险人员、水源、事故前人员分布及灾区内的巷道布置，准确判断遇险人员的所在地点，并根据遇险人员的所在地点判断其生存条件，计算遇险人员的生存时间，然后采取相应的救灾方案，保证在遇险人员的生存时间内将其救出。

在采取排水措施的同时，采取措施为受困人员创造生存条件。当受困人员所在地点高于透水后水位时，要依据巷道情况采取开绕道或原巷道疏通的方法，尽快地接近受困人员。如果以上方法受现场条件、抢救时间的限制不可行时，可利用打钻等方法供给新鲜空气、饮料及食物；如果其所在地点低于透水后水位时，则禁止打钻，防止泄压扩大灾情。

尽快恢复灾区通风，加强灾区气体检测，防止发生瓦斯爆炸和有害气体中毒、窒息事故。

实践证明，矿井发生水灾后，伴随着矿井突水的水流，会流出大量的 H_2S 和 CH_4 等有毒有害气体；同时，具有一定压力的水流奔腾而下，形成巨大的压力水头，高压水流流过巷道时，就会对巷道的支护造成破坏。因此，救灾时应尽快恢复灾区通风，加强灾区气体检测，防止发生瓦斯爆炸和有害气体中毒、窒息事故；排水后进行侦察抢险时，注意防止冒顶、掉底和二次突水事故的发生。

第七百一十七条　处理顶板事故时，应当遵守下列规定：

（一）迅速恢复冒顶区的通风。如不能恢复，应当利用压风管、水管或者打钻向被困人员供给新鲜空气、饮料和食物。

（二）指定专人检查甲烷浓度、观察顶板和周围支护情况，发现异常，立即撤出人员。

（三）加强巷道支护，防止发生二次冒顶、片帮，保证退路安全畅通。

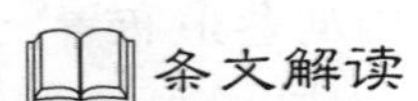

本条款是关于处理顶板事故的规定。

顶板事故是指在地下采煤过程中，顶板意外冒落造成人员伤亡、设备损坏、生产终止等的事故。顶板冒顶前一般都有预兆，如：顶板断裂发出响声，裂隙增多，裂缝变宽，顶板出现离层，出现掉矸现象，煤壁严重片帮，支架突然明显变形，瓦斯涌出突然增大，淋水加大等现象。井下作业人员发现冒顶预兆时，应及时向上级汇报，并采取有效措施，尽快撤离危险区。

顶板冒落后，救护队应配合现场人员一起救助遇险人员。可通过呼喊、敲击或采用探测仪器等方法，判断遇险人员位置，与遇险人员建立通信联系；可采用掘小巷、绕道或使用临时支护等技术措施，通过冒落区接近遇险者。当清理大块矸石等冒落物压人时，救护队可提供和操作千斤顶、液压起重器具、液压剪、起重气垫等工具进行处理。一时无法接近时，应设法利用钻孔、压风管路等设施和技术手段提供新鲜空气、饮料和食物。同时，加强巷道支护，防止发生二次冒顶、片帮，保证退路安全畅通。处理冒顶事故时，应指定专人检查瓦斯浓度、观察顶板和周围支护情况，发现异常，立即撤出人员。

第七百一十八条　处理冲击地压事故时，应当遵守下列规定：

（一）分析再次发生冲击地压灾害的可能性，确定合理的救援方案和路线。

（二）迅速恢复灾区的通风。恢复独头巷道通风时，应当按照排放瓦斯的要求进行。

（三）加强巷道支护，保证安全作业空间。巷道破坏严重、

有冒顶危险时，必须采取防止二次冒顶的措施。

（四）设专人观察顶板及周围支护情况，检查通风、瓦斯、煤尘，防止发生次生事故。

条文解读

本条是关于处理冲击地压事故的规定。

矿井冲击地压又称岩爆，是指井巷或工作面周围岩体由于弹性变形能的瞬时释放而产生突然剧烈破坏的动力现象，常伴有煤岩体抛出、巨响及气浪等现象，它具有很大的破坏性，是煤矿重大灾害之一。

矿井冲击地压发生机理比较复杂。在自然地质条件上，地质构造从简单到复杂，煤层厚度从薄煤层到特厚煤层，倾角从水平到急倾斜，顶板包括砂岩、灰岩、油母页岩等，都可能发生冲击地压。在采煤方法和采煤工艺等技术条件方面，不论炮采、普采或综采，采空区处理采用全部垮落法或是水力充填法，是长壁、短壁或是柱式开采，也都发生过冲击地压。

因此，在处理矿井冲击地压事故时，必须首先组织救护队进行灾区侦察，探明事故发生的地点、波及范围，通风系统破坏及瓦斯涌出情况，供水、供电、压风系统破坏情况，灾区坍塌、底鼓及堵埋人员情况，有无积水涌出情况等。灾区侦察结束后，指挥部应根据探明的情况分析判断，再次发生冲击地压灾害的可能性，确定合理的救援方案和路线。

迅速恢复灾区的通风。因煤体突出、冒顶导致灾区瓦斯涌出浓度超限时，要立即切断电源，采取恢复通风的措施排出瓦斯。恢复独头巷道通风时，除应将局部通风机安设在新鲜风流处外，其余措施应按照排放瓦斯的要求进行。因冒顶、煤体突出不能正常向掘进迎头或冒顶区供风时，如有条件，通过修复压风管路、恢复压风系统，对迎头或冒顶区进行通风。

加强巷道支护，保证安全作业空间。事故救援必须按照由外向里的原则，逐架整理好变形的支架，清理好畅通的退路，对支架变形严重的地点要采取加强支护的措施，维护好工作空间。巷道破坏严重、有冒顶危险时，必须采取防止二次冒顶的措施。

在抢救过程中，要设专人观察顶板及周围支架牢固情况，检查通风、瓦斯煤尘，发现二次来压征兆或其他异常情况，必须先将人员撤出，待顶板稳定或采取防范措施后再组织抢救。

图书在版编目（CIP）数据

《煤矿安全规程》班组学习读本．掘进班组／国家安全生产监督管理总局信息研究院组织编写．--北京：煤炭工业出版社，2016

ISBN 978-7-5020-5259-1

Ⅰ．①煤…　Ⅱ．①国…　Ⅲ．①煤矿开采—井巷掘进—安全规程—中国—学习参考资料　Ⅳ．①TD7-65

中国版本图书馆 CIP 数据核字（2016）第 076394 号

《煤矿安全规程》班组学习读本　掘进班组

组织编写　国家安全生产监督管理总局信息研究院
责任编辑　徐　武　成联君
责任校对　邢蕾严
封面设计　于春颖

出版发行　煤炭工业出版社（北京市朝阳区芍药居 35 号　100029）
电　　话　010-84657898（总编室）
010-64018321（发行部）　010-84657880（读者服务部）
电子信箱　cciph612@126.com
网　　址　www.cciph.com.cn
印　　刷　北京市郑庄宏伟印刷厂
经　　销　全国新华书店

开　　本　850mm×1168mm 1/32　**印张**　11 3/4　**字数**　264 千字
版　　次　2016 年 4 月第 1 版　2016 年 4 月第 1 次印刷
社内编号　8110　**定价**　26.00 元